Automobiltechnische Bibliothek, Bd. III.

Dechamps-Praetorius, Vergaser

Automobiltechnische Bibliothek

Die Automobiltechnik in Einzeldarstellungen

Bd. I. Pfitzner-von Loewe. Der Automobilmotor und seine Konstruktion.

Bd. II. W. A. Th. Müller. Der Automobilzug.

Bd. III. H. Dechamps-Praetorius. Vergaser.

Bd. IV. A. Bauschlicher. Kugellagerungen.

Bd. V. A. Haenig. Der Konstruktionsstahl und seine Mikrostruktur.

Bd. VI. R. Lutz. Das Fahrgestell von Gaskraftwagen. 2 Teile.

Bd. VII. E. Bobeth. Die Leistungsverluste und die Abfederung von Kraftfahrzeugen.

Bd. VIII. A. G. von Loewe. Konstruktionsberechnungen von Kraftfahrzeugen und die Organisation des Konstruktionsbüros.

Bd. IX. K. R. H. Praetorius. Die Schmierung leichter Verbrennungsmotoren.

Bd. X. K. R. H. Praetorius. Die Kühlung leichter Verbrennungsmotoren.

Bd. XI. E. Hansland. Das Motorrad und seine Konstruktion.

Berlin W.
Verlag von M. Krayn

Vergaser.

Von

Heinrich Dechamps

Dipl.-Ingenieur

Zweite gänzlich neu bearbeitete Auflage

von

K. R. H. Praetorius

Mit 189 Textfiguren

Berlin W.

Verlag von M. Krayn

1922

Druck von Rosenthal & Co., Berlin NW 21.

Vorwort zur zweiten Auflage.

Die erste Auflage des vorliegenden Werkes, die unter dem Titel „Automobil-Vergaser" erschien, hatte den Stand der Vergasertechnik zur Zeit ihres Erscheinens in umfassender Weise behandelt. Die wachsenden Anforderungen, welche an die Verbrennungsmotoren gestellt wurden und die immer notwendiger werdende stärkere Berücksichtigung der Wirtschaftlichkeit des Betriebes haben in den letzten Jahren eine rasch ansteigende Entwicklung des Vergaserbaues zur Folge gehabt, so daß sich eine Erweiterung des Werkes als erforderlich erwies. Eine besondere bauliche Durchbildung haben die Vergaser für Luftfahrzeuge verlangt, deren Aufbau wohl die im Kraftwagenbetrieb gesammelten Erfahrungen zugrunde liegen, deren eigenartigen Betriebsbedingungen aber durch entsprechende Sondereinrichtungen Rechnung zu tragen ist. Das diesbezügliche Kapitel IV wurde von Herrn Diplom-Ingenieur Dechamps bearbeitet. Die Behandlung dieser Vergaser rechtfertigt die Erweiterung des alten Titels des Werkes in den umfassenden „Vergaser".

Bei der Neubearbeitung, die ich an Stelle des durch andere Arbeiten in Anspruch genommenen Verfassers der 1. Auflage übernahm, war ich bemüht, den systematischen Aufbau dieser Auflage beizubehalten und unter Weglassung einiger, die Entwicklung nicht näher kennzeichnender, älterer Konstruktionen das Werk nach dem jetzigen Stande der Vergasertechnik und den jetzt maßgebenden Gesichtspunkten auszubauen.

Herr Diplom-Ingenieur Anton O. Zeithammer leistete mir bei meiner Arbeit unter Verwertung seiner reichen Erfahrungen eine wesentliche Unterstützung, wofür ich ihm an dieser Stelle meinen Dank ausspreche.

Praetorius.

INHALT

I. Allgemeines über Vergaser und Brennstoffe.

Vergaser für Verbrennungskraftmaschinen sind Apparate, welche dazu dienen, die flüssigen Brennstoffe in einen zur Verbrennung im Motor geeigneten Zustand zu bringen.

Neben der Bezeichnung „V e r g a s e r", welche übrigens dem Wesen der sich in demselben abspielenden Vorgänge nicht vollkommen entspricht, wurde früher die von Lenoir zuerst angewandte Nennweise „K a r b u r a t o r" gebraucht. — V e r d a m p f e r und Z e r s t ä u b e r sind als Unterbegriffe des allgemeinen Begriffs Vergaser aufzufassen, als Sonderbauten für besondere Bedingungen; eine scharfe Grenze ist in ihrer Wirkungsweise nicht zu ziehen.

Damit die Verbrennung in geeigneter Weise erfolgt, muß der Brennstoff innig mit Luft gemischt werden und zwar in einem ganz bestimmten Verhältnis. — Bevor wir also auf die Behandlung der Vergaser eingehen, wird es notwendig sein, das geeignetste Mischungsverhältnis für die einzelnen Brennstoffe festzustellen.

Zum Betrieb von Kraftfahrzeugen wurden früher fast ausschließlich E r d ö l d e s t i l l a t e benutzt. In der neueren Zeit werden namentlich in Deutschland aus Beschaffungsgründen S t e i n k o h l e n t e e r ö l d e s t i l l a t e als Betriebsstoffe verwendet. Nachträglich zeigte es sich auch, daß für verschiedene Fälle das Steinkohlenteerölprodukt — Benzol — ebenso geeignet ist als Benzin.

Die in Betracht kommenden Erdöldestillate sind unter den Namen L e i c h t b e n z i n, M i t t e l b e n z i n und S c h w e r b e n z i n bekannt. Die Grenzen zwischen diesen Benzinsorten sind bisher sehr verschwommen gewesen, da dieselben keine chemisch genau bestimmten Stoffe sind, sondern ihre Zusammensetzung je nach Herkunft und Destillationsgrad wechselt. Zur genauen Beurteilung eines Benzins genügt keineswegs, wie man früher fälschlicherweise annahm, die Prüfung des spezifischen Gewichtes, da dieselbe keinen Aufschluß über das Vorhandensein verschiedener nachteiliger Bestandteile gibt. So bezeichnete man z. B. als Leichtbenzin solches von 0,68 bis 0,72 spez. Gew. und als Schwerbenzin solches von 0.72

bis 0,77 spez. Gew. Mit genügender Sicherheit wird die Güte eines Benzins durch die Destillationsprobe festgestellt.

Helffenberg schlägt eine Vereinheitlichung der Kraftwagenbrennstoffe vor,*) bei welcher unter Zugrundelegung der Destillationsprobe genaue Grenzen für die einzelnen Benzinarten gezogen werden. Nach diesem Vorschlag findet folgende Unterteilung statt:

I. 90% Motoren-Benzin = Leicht-, Luxus-Benzin, bei welchem bis 100° mindestens 90% übergehen.

II. 70% Motoren-Benzin = Mittelbenzin, bei dem bis 100° mindestens 70% übergehen.

III. 25 bis 30% Motoren-Benzin = Schwer-Nutz-Benzin, bei dem bis 100° mindestens 25% übergehen.

Es wäre wünschenswert, wenn eine derartige Normalisierung durchgreifend eingeführt würde.

Je enger die Siedegrenzen eines Brennstoffes zusammenliegen, desto besser ist er für den motorischen Betrieb geeignet, da die Gemischbildung gleichmäßiger, und somit die Verbrennung besser ist. Liegen die Siedegrenzen zu weit auseinander, so besteht bei niedriger Kompression die Gefahr, daß die schwerflüchtigen Bestandteile unvollkommen verbrennen und daher Rückstände bilden. Außerdem wird bei dem geringen Verdichtungsdruck das Wärmegefälle ungünstig. Wird dagegen zu hoch komprimiert, so geben die leichtentzündlichen Bestandteile zu Selbstzündungen Anlaß.

Die Erdöldestillate gehören in ihrer chemischen Zusammensetzung zu den aliphatischen Kohlenwasserstoffverbindungen (Paraffinverbindungen). Die Hauptbestandteile derselben sind „offene“ oder „kettenförmige“ Verbindungen von Kohlenstoff und Wasserstoff. Dieselben entsprechen der Grundformel

$$C_n H_{2n+2};$$

es sind dies vornehmlich Methan ($C H_4$), Aethan ($C_2 H_6$), Propan ($C_3 H_8$), Butan ($C_4 H_{10}$), Pentan ($C_5 H_{12}$), Hexan ($C_6 H_{14}$), Heptan ($C_7 H_{16}$) usw.

Die Verbrennung dieser Bestandteile läßt sich durch die entsprechende chemische Formel ausdrücken, so z. B. für das Heptan, einen Hauptbestandteil des Mittelbenzins:

$$C_7 H_{16} + 22 O = 7 CO_2 + 8 H_2O.$$

Durch Einsetzen der Atomgewichte findet man, daß 1 kg Benzin zur Verbrennung 3,52 kg Sauerstoff notwendig hat. Da Luft etwa

---

*) Vgl. Autotechnik 1919.

0,23 Gewichtsteile Sauerstoff enthält, ist die entsprechende Luftmenge 15,3 kg. Drückt man den Luftbedarf in Raumteilen aus, so erhält man für eine Dichte von 1,293

$$11{,}7\ m^3 \text{ Luft für 1 kg. Benzin.}$$

Da die Verbrennung im Zylinder niemals vollkommen ist, trifft diese theoretisch günstigste Gemischzusammensetzung nur annähernd zu. In den Auspuffgasen befinden sich nämlich stets noch unverbrannte Rückstände, deren Menge man möglichst klein halten kann durch Einführung eines gewissen Ueberschusses an Verbrennungsluft. Unter normalen Verhältnissen wird dieser Luftüberschuß etwa das 1,3fache des theoretisch ermittelten Wertes betragen; er kann unter Umständen aber bis zum 1,7fachen steigen.

Gewöhnlich werden als praktische Grenzen eines zündfähigen Benzinluftgemisches 14 und 27 Gewichtsteile Luft auf 1 Teil Benzin angegeben, welche Angaben in guter Uebereinstimmung mit den rechnerisch ermittelten Werten sind. Verschiedene Fachleute haben noch weitere Explosionsgrenzen gefunden. Die Unterschiede erklären sich durch die verschiedene Art der Versuchsumstände. In jedem Falle ist der Explosionsbereich bei Motoren wegen der Mischung und Erwärmung beim Verdichtungshub größer als bei Laboratoriumsversuchen mit Bomben.

Bisher war von dem Hauptbestandteil des Mittelbenzins (Heizwert 10 100—11 000 Kcal) die Rede. Zur genaueren Bestimmung des theoretischen Luftbedarfs eines Brennstoffes ist die Kenntnis der chemischen Zusammensetzung desselben notwendig, d. h. der Gewichtsanteile an Kohlenstoff und Wasserstoff. Der Luftbedarf läßt sich durch folgende Formel ausdrücken:

$$L = 8/3 \,.\, 4{,}25 \,.\, C + 8 \,.\, 4{,}25 \,.\, H$$

worin C und H die Gewichtsanteile von Kohlenstoff und Wasserstoff in Prozenten darstellen. Die Formel leitet sich folgendermaßen ab: 1 kg Kohlenstoff benötigt zu seiner Verbrennung 8/3 kg Sauerstoff, gemäß der Bezeichnung

$$C_2 + 2\,O_2 = 2\,C\,O_2$$

und Einsetzung der entsprechenden Molekulargewichte.

In 4,25 kg Luft ist bekanntlich 1 kg Sauerstoff enthalten, demnach ist zur Verbrennung von 1 kg Kohlenstoff eine Luftmenge von 8/3 . 4,25 kg erforderlich.

Ebenso ergibt sich für Wasserstoff nach der Formel

$$2\,H_2 + O_2 = 2\,H_2\,O$$

unter Einsetzung der entsprechenden Molekulargewichte ein Sauerstoffverbrauch von 8 kg, was einer Luftmenge von 8 . 4,25 kg entspricht für die Verbrennung von 1 kg Wasserstoff.

Ebenfalls zur Gruppe der aliphatischen Kohlenwasserstoffe gehört das P e t r o l e u m. Es geht zwischen 150 und 300° aus dem Erdöl über. Das spezifische Gewicht des Petroleums ist ungefähr 0,81 und sein unterer Heizwert ungefähr 10 400 Kcal. Der Flammpunkt des Petroleums beträgt gewöhnlich mehr als 25° C und darf nicht niedriger sein als 21°, da es anderenfalls im Handel als feuer gefährlich nicht zugelassen wird.

Zur Berechnung der erforderlichen Verbrennungsluft für Petroleum sei eine mittleren Verhältnissen entsprechende Zusammensetzung von 0,84 kg C + 0,16 kg H angenommen. Die Rechnung ergibt die entsprechenden Sauerstoffmengen für

0,84 kg C . . . . . 2,23 kg O
0,16 kg H . . . . . 1,28 kg O.

Zusammen 3,51 kg O, was einer Luftmenge von 15,3 kg oder 11,7 m³ pro Kilogramm Petroleum entspricht.

Während die aliphatischen Kohlenwasserstoffverbindungen „offene" oder „kettenförmige" Verbindungen darstellen, sind die aus dem Steinkohlenteeröle gewonnenen Destillate aus „ringförmig" gebundenen Kohlenwasserstoffen zusammengesetzt. Das Wichtigste dieser Destillate ist das B e n z o l. Diese Verbindung ist schwerer zersetzlich als die Verbindung aliphatischer Kohlenwasserstoffe, und es ist zur vollständigen Verbrennung des Benzols ein größerer Luftüberschuß erforderlich als bei Benzin.

Das handelsübliche 90er Benzol verdampft bis 100° zu 90%. Das spezifische Gewicht beträgt etwa 0,870—0,950 und der Heizwert etwa 9500—9700 Kcal.

Ein weiteres, sehr kohlenstoffreiches Destillat (93,7%) der Steinkohlenteeröle ist das N a p h t a l i n, (C_{10} H_8) dasselbe wird erst bei einer Temperatur von 80° C flüssig. Der Heizwert ist 9400—9650 Kcal. und das spezifische Gewicht 1,1—1,2. Zur Verbrennung von 1 kg Naphtalin sind 13 kg Luft erforderlich. Da es sich nur in flüssigem Zustande im Vergaser verwenden läßt, muß es vorher geschmolzen werden. Diese Notwendigkeit erschwert das Anlassen der kalten Maschine wesentlich, worauf es zurückzuführen ist, daß der Brennstoff sich nicht in der Praxis in dem Umfange eingeführt hat, wie es mit Rücksicht auf seine Billigkeit erwünscht war.

Verhältnismäßig wenig Versuche wurden mit Paraffinvergasern gemacht. Näheres hierüber siehe in Kapitel V 2. Das P a r a f f i n ö l ist ein Braunkohlenteerprodukt und geht aus Braunkohlenteeröl zwischen 200 und 300° über. Sein spezifisches Gewicht beläuft sich auf etwa 0,9 und sein unterer Heizwert auf 9800 Kcal. Der Flammpunkt liegt annähernd bei 115°. 1 kg Paraffinöl erfordert zur Verbrennung ungefähr 10,7 m^3 Luft.

Ein Brennstoff, welcher aus vegetabilischen Rohstoffen gewonnen wird, ist der Spiritus. Der Luftbedarf für die Verbrennung desselben ergibt sich aus:

$$0{,}437 \text{ kg C} + 0{,}111 \text{ kg H} + 0{,}303 \text{ kg O} + 0{,}149 \text{ kg } H_2O.$$

Durch Einsetzen der Atomgewichte findet man, daß zur Verbrennung von

0,437 kg C . . . . . 1, 14 kg O
0,111 kg H . . . . . 0,888 kg O

zusammen also 2,03 kg O notwendig ist. — Da im Brennstoff selbst 0,30 kg O enthalten ist, muß durch die Luft noch rund 1,7 kg O eingeführt werden. — Dies entspricht einer Luftmenge von 7,39 kg oder 5,73 m^3 pro Kilogramm Spiritus.

Natürlich können je nach dem Wassergehalt oder der Mischung des Spiritus mit anderen Brennstoffen in der Praxis nicht unerhebliche Abweichungen von diesen Werten auftreten. Der Heizwert des Spiritus beträgt etwa 6000 Kcal. und das spezifische Gewicht 0,810 bis 0,830. Der Heizwert liegt also wesentlich niedriger als beim Benzin oder Benzol. Sowohl Heizwert als auch spezifisches Gewicht hängen von dem im Spiritus enthaltenen Wassergrade ab. Für motorische Zwecke verwendet man 90 bis 95 gradigen denaturierten Spiritus, also solchen mit 90 bis 95 Gewichtsprozenten Alkohol und 10 bis 5 Gewichtsprozenten Wasser. Zur vollkommenen Verbrennung erfordert Spiritus einen großen Luftüberschuß. Ist dieser nicht vorhanden, so bildet sich Essigsäure, welche rostbildend wirkt.

Anfänglich verwendete man lediglich Benzin als Brennstoff für leichte Verbrennungsmotoren und glaubte auch noch kurz vor dem Kriege aus mannigfachen Gründen nicht davon abgehen zu können. Einsichtsvolle Fachleute hatten allerdings schon seit Jahren (es sei bei dieser Gelegenheit auf die Prinz-Heinrich-Fahrt hingewiesen) lebhafte Propaganda für den Benzolbetrieb gemacht, jedoch mit schwachem Erfolge. Erst als die unbedingte Notwendigkeit eintrat und man lediglich auf inländische Erzeugnisse angewiesen war, ging man mit Erfolg zur Verwendung von Benzol über und es zeigte sich, daß dasselbe sogar für die empfindlichsten Flugmotoren durchaus brauchbar war. Die einzige Unannehmlichkeit, welche Benzol bietet.

ist der hohe Erstarrungspunkt desselben, welcher bei ungefähr —5° liegt. Besonders für Flugmotoren kommt dieser Erstarrungspunkt in Betracht, es muß hier durch Beimischung von Benzin, Toluol und dergleichen der Erstarrungspunkt herabgesetzt werden. Von Vorteil ist, daß sich bei Verwendung von Benzol der Verdichtungsdruck wesentlich steigern läßt, was eine bessere Wärmeausnutzung gewährleistet. Die geringere Zündgeschwindigkeit des Benzol-Luft-Gemisches bedeutet keinen Nachteil, da dies durch eine entsprechend größere Vorzündung ausgeglichen werden kann.

Der Vorteil der ganz leichten Betriebsstoffe gegenüber den schwereren ist der, daß auch bei kalter Witterung eine gute Vergasung ohne besondere Vorwärmung möglich ist. Je kälter das Gemisch ist, desto günstiger ist naturgemäß der volumetrische Wirkungsgrad.

Der Spiritusbetrieb hat gegenüber dem Betrieb mit Benzin oder Benzol den bereits erwähnten Nachteil der Rostgefahr, und es ist wegen der gegenüber Benzin etwa 40° höheren Sättigungstemperatur des Gemisches eine stärkere Vorwärmung erforderlich. Der volumetrische Wirkungsgrad ist daher schlecht, was in Vereinigung mit dem geringeren Heizwert auch in der etwa 25% niedrigeren Leistung zum Ausdruck kommt.

Zu den für den Vergaserbetrieb geeigneten Brennstoffen sind auch die Mischbrennstoffe zu rechnen, welche aus Mangel an Benzin und Benzol in Vermischung mit diesen in den letzten Jahren zur Verwendung gelangten. Zu diesen Mischungen gehört der B e n z o l - s p i r i t u s. Um die vorerwähnten Nachteile des reinen Spiritusbetriebes zu beheben, hat man 75 Volumen % Spiritus (95 gradig) mit 25 Volumen % Benzol versetzt und mit diesen Mischungen gute Erfahrungen gemacht. Später mußte man jedoch wegen der steigenden Spirituspreise davon abgehen.

Eine andere Mischung stellen die Naphtalinlösungen mit Benzin oder Benzol als Lösungsmittel dar. Umfangreiche Versuche wurden mit diesem Betriebsstoff bei der Kraftfahrtechnischen Prüfungskommission (KPK) gemacht. (Siehe „Auto-Technik“ vom 5. Juli 1919).

Da diese Lösungen mit fallender Temperatur Naphtalin in Kristallen ausscheiden, so empfiehlt es sich, auf 100 Gewichtsteile Benzin 10 Gewichtsteile Naphtalin zu rechnen, welche Lösung bis etwa + 4° C beständig bleibt.

Bei Mischungen mit Benzol kann hingegen der Naphtalingehalt bis 20% betragen, wobei das Gemisch einen Kältepunkt von — 10° C aufweist, welcher somit günstiger liegt als bei reinem Benzol. Der

Naphtalinzusatz wirkt also in diesem Falle als Schutzmittel gegen Einfrieren.

Versuche der K. P. K. haben ergeben, daß Lösungen von 10 Gewichtsteilen Naphtalin in 100 Gewichtsteilen Benzin oder Benzol bei der Vergasung ein Gemisch liefern, dessen Sättigungspunkt etwa + 57° C beträgt. Daraus geht hervor, daß eine starke Vorwärmung der Luft, sowie ein guter Wärmeschutz des Vergasers und der Saugleitung bis zu den Zylindern notwendig sind, um ein Ausscheiden des Naphtalins aus dem Gemisch zu verhindern.

Der Mangel an den erwähnten Brennstoffen zeitigte notwendigerweise Versuche mit Schwerölen. Als brauchbarstes hat sich hierbei das Marinetreiböl erwiesen, ein unter dem Namen „Gasöl" bekanntes Erdöldestillat. Der Heizwert des Gasöls beträgt 9800 bis 10 200 Kcal. Dieser Brennstoff eignet sich jedoch nicht für sich allein zum Betrieb von Leichtmotoren, sondern in Mischung mit Benzol im Verhältnis von 1 : 1. Das spezifische Gewicht bewegt sich zwischen 0,840—0,890 und der Siedepunkt liegt zwischen 68 und 300° C. Bezüglich der Verwendung dieser Brennstoffmischung sei auf das Merkblatt von Dr. Karl Dietrich-Helfenberg in der „Auto-Technik" vom 7. Juni 1919 hingewiesen.

Diese Mischung, gewöhnlich Benzoltreiböl genannt, vergast in den üblichen Vergasern, erfordert jedoch eine kräftige Vorwärmung der Frischluft und des Betriebsstoffes sowie guten Wärmeschutz der Saugleitung, um das Niederschlagen des erzeugten Gemisches zu verhüten. Näheres hierüber ist aus Kapitel III B 2 c zu ersehen. Auch empfiehlt es sich, mit möglichst großem Luftüberschuß zu arbeiten, um eine möglichst vollkommene Verbrennung zu erzielen. Besonders für den Kraftwagenbetrieb, wo auch gedrosselter Lauf des Motors verlangt wird, muß der Wärmezustand dem Treibölbetrieb angepaßt werden. Relativ günstige Ergebnisse zeitigten hierin die Versuche mit der Semmlerschen Heißkühlung. Einige Schwierigkeiten bereitet das Anwerfen des kalten Motors. Man muß entweder mit Benzin oder Benzol einlaufen lassen, bis die Maschine genügend warm geworden ist oder dem Treiböl Toluol beimischen. Ein bewährtes Mischverhältnis ist: 50 % Treiböl, 25 % Benzol und 25 % Toluol. Mit dieser Mischung gelang die Inbetriebsetzung des kalten Motors ohne Zuhilfenahme von reinem Benzol oder Benzin.

Bezüglich der Verwendung von Benzoltreiböl und Naphtalin sei jedoch ausdrücklich darauf hingewiesen, daß diese Brennstoffe lediglich als Ersatzstoffe anzusprechen sind, da unter anderen Nachteilen eine starke Verschmutzung des Motors, Verschlechterung des Schmieröls und eine Minderleistung in Kauf genommen werden müssen. Ein vergleichendes Bild für die Verdampfungskurven verschiedener Brennstoffe gibt Abb. 1.*)

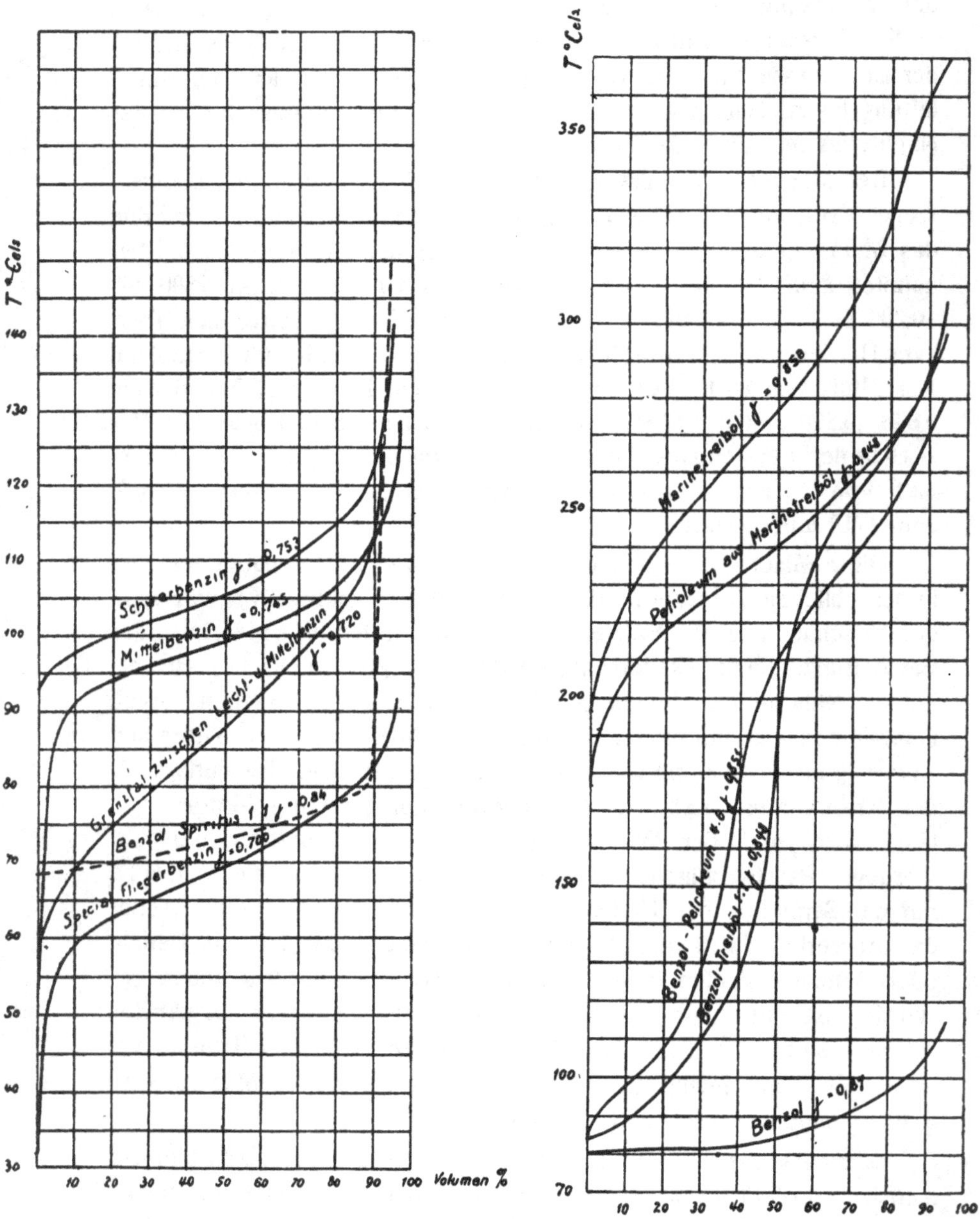

Abb. 1. Verdampfungskurven verschiedener Brennstoffe.

*) Die Kurven wurden von Herrn Obering. Adam zur Verfügung gestellt.

Die Verwendung des Azetylens als Motorenbetriebsstoff beschränkte sich bisher auf Versuche, welche namentlich in der Schweiz vorgenommen wurden. In den Mitteilungen des Schweizerischen Azetylen-Vereins**) berichtet Prof. Keel über die diesbezüglichen Erfahrungen folgendes:

Man erzielt mit 1 kg Calciumcarbid CaC_2 nach der Gleichung:

$$CaC_2 + 2\,H_2O = C_2H_2 + Ca.2\,(OH)$$

300 Liter Azetylen C_2H_2.

Das spezifische Gewicht des Azetylens ist 0,910. Azetylen hat einen unteren Heizwert von 12 500 Kcal. Da sich das Azetylenluftgemisch bereits bei einer Temperatur von 380—400° C von selbst entzündet, ist es für den Betrieb von Motoren der gebräuchlichen Verdichtung von 4—5 Atm. nicht verwendbar. Am brauchbarsten hat sich eine Verdichtung von 2—3 dafür erwiesen. Will man Motoren von normaler Kompression mit Azetylen betreiben, so muß man das Azetylenluftgemisch mit Wasser versetzen.

Man führt einem Vergaser der üblichen Bauart das Azetylenluftgemisch von einem besonderen Mischventil aus zu und speist das Schwimmergehäuse des Vergasers mit Wasser, so daß durch die Brennstoffdüse ein Wasserstrahl angesaugt und fein zerstäubt wird. Es lassen sich bei einem Azetylenbetrieb nur etwa 60—70% der Leistungen des Benzinbetriebes erzielen. Die Leistungen sind jedoch erheblich steigerungsfähig, wenn mit einem Azetylen-Benzingemisch gearbeitet wird. Der Azetylenbetrieb kommt zurzeit wegen der hohen Preise und schwierigen Beschaffung des Calciumkarbids für Deutschland nicht in Betracht.

Für die obenerwähnten Brennstoffe den jeweiligen theoretischen Luftbedarf auszurechnen, erübrigt sich, da derselbe keine wesentlichen Anhaltspunkte für die Praxis gibt. Der wirkliche Luftbedarf ist bedeutend höher und muß durch Versuche festgestellt werden.

Innerhalb der verhältnismäßig engen Grenzen der Brennbarkeit des Gemisches von Luft und Gas sind bezüglich der entwickelten Kraft und rationellen Wärmeausnutzung noch viele Stufen vorhanden. Mischungen, die etwa in der Mitte der beiden Grenzen liegen, ergeben die stärkste Explosionswirkung, während die Verpuffungskraft bei anderen Gemischzusammenstellungen nach beiden Seiten hin abnimmt.

Bei zu gasreichen Mischungen kommt außer der schwächeren Wirkung auch noch der Uebelstand hinzu, daß eine stärkere Erhitzung des Zylinders auftritt, und daß die Auspuffgase viele übelriechende,

**) Vgl. Motorwagen 1919 Heft I.

unverbrannte Bestandteile enthalten, die sich als schwarze Dämpfe kenntlich machen.

Ist hingegen ein Luftüberschuß vorhanden, so ist der Kraftverlust mit den erwähnten unangenehmen Begleiterscheinungen nicht so sehr verknüpft. — Selbst bei ungenügender Mischung finden die Gasteilchen genügend Sauerstoff zur Verbrennung, wovon man sich durch die Farbe und den Geruch der Auspuffgase überzeugen kann. — Für den ruhigen Gang der Maschine ist außerdem der Umstand sehr wichtig, daß die Verbrennungslinie der armen Gemische einen langsamer abfallenden Verlauf zeigt, was auch durch Versuche von Clerk[1]) bestätigt wird.

Es sei an dieser Stelle eingeschoben, daß der Versuch unternommen worden ist, den zur Verbrennung erforderlichen Sauerstoff nicht als Luft, sondern durch chemische Mittel einzuführen. Roth[2]) hat sich ein Verfahren schützen lassen, die Treibmittel für Explosionsmotore durch Zusatz von Sauerstoffträgern leistungsfähiger zu machen. Als geeigneten Körper wendet er vor allem Ammoniumnitrat an. — Dies verbrennt ohne festen Rückstand zu Wasser und Stickstoff, indem es gleichzeitig freien Sauerstoff an den Kohlenstoff und Wasserstoff des Brennmaterials überträgt und mit diesen Kohlensäure und Wasser bildet. Die Wirkung ist eine außerordentlich intensive, weil sich der Sauerstoff im „status nascendi" befindet und daher chemisch besonders wirksam ist. — Außer einer leichteren Zündfähigkeit und gesteigerten Explosionswirkung erwartete man von diesem Arbeitsverfahren eine vollkommenere und geruchlosere Verbrennung ohne Rückstände. Die an dieses und ähnliche Verfahren geknüpften Erwartungen haben sich nicht erfüllt, keins hat sich in der Praxis bewährt.

Um den flüssigen Brennstoff mit der Luft vermischen zu können, muß er entweder durch Verdunsten oder Verdampfen in gasförmigen Zustand übergeführt, oder nur zerstäubt werden, d. h. er muß, ohne seinen Aggregatzustand zu ändern, in Form von kleinen Bläschen mit der Luft eine Art Nebel bilden.

Mit einer vollständigen Vergasung hat man es bei Automobilvergasern nie zu tun. — Es wird sich stets um eine vereinigte Wirkung des Zerstäubens und Vergasens handeln. — Selbst bei Verdunstungsvergasern wird ein Zerstäuben auftreten, indem die durch oder über den Brennstoff streichende Luft auch kleine Flüssigkeits-

---

*) „The Gas engine" 1886.

**) „Der Motorwagen" 1905 S. 781.

teilchen in Nebelform mitreißt, ohne ihren Aggregatzustand durch Verdunsten zu ändern.

Wenn der Brennstoff im Vergaser vollständig vergast werden soll, muß dieser stark beheizt werden. — Hierbei ist es unvermeidlich, daß Bestandteile des Oeldampfes von hohen Siedetemperaturen bei der Abkühlung in der Zuleitung in den flüssigen Zustand zurückkehren und sich als Tropfen niederschlagen, wenn nicht auch die ganze Leitung auf einer entsprechenden Temperatur gehalten wird. — Die Menge und Wärmekapazität des Oeldampfes ist nämlich zu gering, als daß sich trotz der kälteren Hülle die zur Dampfbildung erforderliche Mindesttemperatur erhalten könnte. — Die in den Zylinder mitgerissenen flüssigen Teilchen verbrennen unvollkommen, was die bekannten Uebelstände: Nachbrennen, Krustenbildung, Erhitzung des Motors zur Folge hat.

Wird hingegen der Brennstoff durch Zerstäuben in „K a l t d a m p f" verwandelt, so ist jede Kondensation ausgeschlossen. — Höchstens verdichtet sich etwas von dem feinen Oelstaub beim Anprall gegen die Wandungen. — Da die Einführung eines kalten Gemisches überdies nicht nur die Leistung des Motors, sondern auch seine Lebensdauer, insbesondere die der Zündungs- und Steuerungsorgane außerordentlich günstig beeinflußt, ist das Streben im Vergaserbau neuerdings mehr auf eine vollkommene Zerstäubung gerichtet.

Aus den erwähnten Eigenschaften der Brennstoffluftgemische geht die große Bedeutung des Gemischerzeugers, des Vergasers für den Motor hervor. — In erster Reihe hängt vom Vergaser die maximale Motorleistung ab, bei welcher derselbe das stärkste Gemisch bei geringsten Saugwiderständen, also maximaler Füllung, liefert. — Seine Fähigkeit, auch bei geringerem Vakuum ein brennbares Gemisch zu erzeugen, bestimmt sodann in weitem Maße die kleinste Drehzahl, sowie die Leichtigkeit des Ingangsetzens. — Betrachtet man außer diesen Grenzfällen die weiteren Anforderungen, daß der Vergaser imstande sein muß, sich allen Betriebsschwankungen von Vollbelastung bis zum Leerlauf plötzlich anzuschmiegen, daß er auch den veränderlichen Verhältnissen der Lufttemperatur, Feuchtigkeit und Druck Rechnung tragen muß, und bedenkt man ferner, wie sehr der spezifische Brennstoffverbrauch von der Beständigkeit der besten Gemischzusammensetzung abhängt, so erkennt man die große Bedeutung des Vergasers, dieser „Seele des Motors", wie er nicht mit Unrecht genannt wird.

Die Brennbarkeit des Gemisches und die Stärke der Explosionswirkung ergab die Forderung, daß der Vergaser Gemisch von ganz bestimmter Zusammensetzung liefern muß. — Diese Mischungsverhältnisse dürfen durch die Drehzahl des Motors oder den Unterdruck beim Aussaugen in keiner Weise geändert werden. — Gleichviel, ob es sich vorzugsweise um eine Vergasung oder eine Zerstäubung handelt, in beiden Fällen muß die Mischung von Luft und Brennstoff innig sein, der Brennstoff muß also möglichst fein verteilt werden.

Während die Erzeugung eines homogenen Gemisches von stets gleicher Zusammensetzung, unbeeinflußt durch die Gangart des Motors, auch von den Vergasern für standfeste Maschinen verlangt wird, stellt die Natur des automobilen Betriebes die weitere Anforderung, daß sich diese Gemischbildung in einem leichten kleinen Apparate vollzieht, daß dieser Apparat in allen Teilen kräftig genug ist, um von den Stößen durch die Unebenheiten der Straße nicht beschädigt zu werden, wie auch seine Funktion durch dieselben nicht beeinflußt werden darf. — Mehr wie standfeste Vergaser muß er plötzliche Belastungsschwankungen des Motors, sowie Aenderungen der Betriebsbedingungen, Temperatur, Brennstoff- und Luftbeschaffenheit aushalten können. — Der durch diese Aenderungen bedingten Regulierung des Vergasers soll der Führer nach Möglichkeit enthoben sein, sie sollen sich automatisch vollziehen. — Die leicht zu befürchtende Verschmutzung durch Wasser und Staub macht Zugänglichkeit aller Teile, einfache Montage, Reinigung, Reparaturfähigkeit und Regulierung auch durch Nichtfachleute notwendig.

Bezüglich der Wirkungsweise der Vergaser unterscheidet man vor allem zwei Arten, nämlich **Verdunstungs- und Zerstäubungsvergaser.** — Bei ersteren — auch Oberflächenvergaser genannt — wird ein Luftstrom über oder durch den Brennstoff gesaugt und sättigt sich dabei mit den Benzindämpfen; bei letzteren hingegen wird ein feiner Brennstoffstrahl in die angesaugte Luft gespritzt und dabei zerstäubt.

Das Einspritzen des Benzins erfolgt bei den meisten Konstruktionen durch eine einfache offene Düse infolge des Unterdrucks beim Ansaugen. — Außerdem gibt es Vorrichtungen mit Ventilverschluß, Brennstoffpumpen und ähnliche Apparate mit mechanischer Verteilung. — Diese mögen, da ihre Wirkungsweise mehr oder weniger deutlich auf das Prinzip der Zerstäubung zurückzuführen ist, auch zu den Zerstäubungsvergasern gezählt werden.

Der Vollständigkeit halber sei erwähnt, daß es auch Vereinigungen der beiden Arten gibt, bei denen die durch eingespritztes Benzin angereicherte Luft noch durch einen Benzinbehälter geleitet wird, um sich dabei noch stärker anzureichern; praktische Bedeutung haben diese Bauarten nicht.

Bei der Entwicklung der Vergaser ist ebenso wie bei der der Automobilmotoren genau zu verfolgen, wie zunächst die bewährten Formen der ortsfesten Maschinen einfach übernommen wurden, und wie erst nach und nach die besonderen Anforderungen des automobilen Betriebes Spezialkonstruktionen zeitigten. — Es ist eine Folge dieses Entwicklungsganges, daß die Verdunstungsvergaser sowohl wie die mechanisch gesteuerten Apparate allmählich von den Spritzvergasern verdrängt worden sind, die heute fast ausschließlich angewandt werden. — Aus diesem Grunde möge sich die Besprechung der Verdunstungsvergaser auf eine Behandlung der allgemeinen Gesichtspunkte und der kennzeichnenden Bauarten beschränken, während die nähere Erörterung der einzelnen Vorgänge und der sie begleitenden Umstände mit der Untersuchung der Spritzvergaser vereinigt werden soll.

Die Entwicklung des Flugzeugwesens hat eine besondere Vervollkommnung der dafür verwendeten Vergaser zur Folge gehabt, da es sich als notwendig erwies, den Einfluß des wechselnden Luftdruckes zu berücksichtigen.

II. Verdunstungsvergaser.

1. Allgemeines über Verdunstungsvergaser.

Die Verdunstungsvergaser beruhen auf der Eigenschaft der in Frage kommenden flüssigen Brennstoffe, bei normaler Temperatur zu verdunsten. — Läßt man diese Verdunstung in einem geschlossenen Raum vor sich gehen, so mischt sich die über den Brennstoff streichende Luft mit den Dämpfen zu einem brennbaren Gemisch. — Zur wirksamen Verdunstung der Flüssigkeit ist eine bedeutende Oberfläche notwendig. — Um diese auf einem kleinen Raum unterzubringen, setzt man bei den sogenannten „Dochtvergasern" ein mit Brennstoff getränktes Gewebe dem Luftstrome aus. — Die Verdunstungswirkung wird wesentlich verstärkt, wenn man die Luft nicht über, sondern durch die Flüssigkeit leitet. — Die aufsteigenden Luftbläschen sättigen sich dann beim Durchgang mit Gasdämpfen.

Für die Wirkungsweise des Vergasers ist maßgebend:

a) die Größe der Berührungsfläche von Flüssigkeit und Luft, bezw. der Weg, den die Luft durch die Flüssigkeit zurücklegt;

b) die Form der Ausflußöffnung der Luft, ihr Abstand vom Flüssigkeitsspiegel und die Luftgeschwindigkeit;

c) die Brennstoff- und Luftbeschaffenheit.

In allen drei Beziehungen ergibt sich nun, daß das System der Verdunstungsvergaser für den automobilen Betrieb ungeeignet ist. — Zunächst ist es erforderlich, daß die Größe der Berührungsflächen von Brennstoff und Luft, bezw. die Höhe der durchströmten Schicht unverändert bleibt. — Vollständig wird dies niemals zu erreichen sein, da die Wegstöße durch Wellenbildung die Höhe des Brennstoffspiegels ständig ändern. — Sodann wird auch die Gemischbildung, da sie von der Luftgeschwindigkeit abhängt, von der Tourenzahl des Motors beeinflußt. — Endlich spielt noch die Brennstoffbeschaffenheit bei Verdunstungsvergasern eine größere Rolle als bei den Zerstäubungsvergasern.

Ihrer Natur nach sind dieselben nur für leicht flüchtige Brennstoffe geeignet. Der Siedepunkt von Benzin liegt so, daß eine genügende Verdunstung schon bei normaler Temperatur erzielt werden kann; dagegen verdampfen etwa 60 Raumteile von Petroleum erst zwischen 200° und 300° C. Nun reißt allerdings die Luft eine Anzahl Flüssigkeitsteilchen mit und bildet, ohne sie zu vergasen, mit ihnen eine Art Nebel. Jedoch ist diese Nebelbildung allein nicht intensiv genug, wenn sie nicht durch eine entsprechende Verdunstung unterstützt wird. Aber auch der Grad der Verdunstungsfähigkeit sichert noch keine konstante Gemischbildung zu. Da die Brennstoffe Gemenge aus mehr oder weniger leicht flüchtigen Teilen sind, und die anzureichernde Luft meist mit einem größeren Vorrat von Brennstoff in Berührung kommt, werden die leichteren Teile zuerst vergast, so daß ein immer schwerer werdender Rückstand bleibt, der eine ständige Regelung notwendig macht. Alte, abgestandene, der Luft ausgesetzt gewesene Brennstoffe sind zur Verwendung bei Verdunstungsvergasern überhaupt nicht mehr brauchbar, wodurch in der Praxis ein nicht unbeträchtlicher Verlust entsteht.

Bezüglich der baulichen, durch die Natur des automobilen Betriebes gegebenen Anforderungen steht es nicht viel besser. Die Verdunstungsvergaser sind raumsperrige, nicht leichte Apparate. Da sie vielfach mit dem Brennstoff-Vorratsbehälter vereinigt sind, macht ihre Unterbringung große Schwierigkeiten; die erheblichen Saugwiderstände verursachen stets einen Kraftverlust, — eine Beeinflussung der Funktion durch Wegstöße ist nie zu vermeiden. Alle Schwankungen der Betriebsbedingungen des Motors, der Belastung, der Geschwindigkeit, ja selbst der Wegbeschaffenheit, machen eine ständige, sehr empfindliche Regelung notwendig, so daß nur ein geübter Fahrer befriedigende Resultate mit ihnen erzielen kann.

Aus alledem folgt, daß die Verdunstungsvergaser für den automobilen Betrieb recht ungeeignet sind. Bei standfesten Anlagen mit ihren gleichbleibenden Betriebszuständen liegen die Verhältnisse wesentlich anders, und nur den guten Erfahrungen, welche man dort früher mit Verdunstungsvergasern gemacht hat, ist es zuzuschreiben, daß manche Firmen noch so lange an ihnen festgehalten haben. Zurzeit werden sie bei Motorwagen nicht mehr verwendet.

2. Bauarten.

Bei der Konstruktion von Verdunstungsvergasern sind vor allem diejenigen Vorrichtungen bemerkenswert, welche dazu dienen, den Abstand der Saugplatte von der Flüssigkeit bezw. die Höhe der von der Luft zu durchströmenden Brennstoffschicht konstant zu halten.

Primitivere Bauarten begnügten sich damit, die Nachstellung von Hand bewirken zu lassen, indem das Luftrohr in seiner Höhe verstellbar war.

Eine Vorrichtung dieser Art besaß der Vergaser des historisch wichtigen ersten Automobils mit Explosionsmotor, des B e n z-Wagens. Auch der Dreiradvergaser D i o n & B o u t o n, Abb. 2, der Vergaser des ersten in größeren Mengen hergestellten Fahrzeuges, bediente sich der erwähnten Einrichtung. Die durch das verschiebbare Luftrohr eintretende Luft L wird durch die Platte gezwungen, dicht über den Flüssigkeitsspiegel hinzuströmen. Hierbei sättigt sie sich mit Gas an, wird in dem oberen Hahn mit Zusatzluft Z gemischt und strömt durch M zum Zylinder. Der Hahn besitzt zwei Küken, die zur quantitativen und qualitativen Gemischregelung dienen. Für die Heizung des Vergasers ist eine Rohrschlange H H vorgesehen.

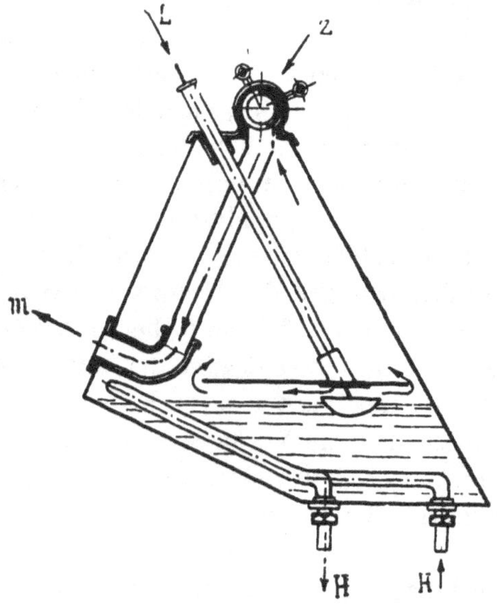

Abb. 2. Vergaser des Motorrades von Dion-Bouton.

Um die Höhe des durchströmenden Brennstoffes selbsttätig gleich zu halten, ließ man bei dem oben erwähnten Dreiradvergaser D i o n - B o u t o n, Abb. 2, die Saugplatte P mittels eines Zwischenstückes auf dem Schwimmer S ruhen, Abb. 3. Hieraus entwickelte sich bald eine vollständige bauliche Vereinigung beider, Abb. 4, D a i m l e r -Vergaser.

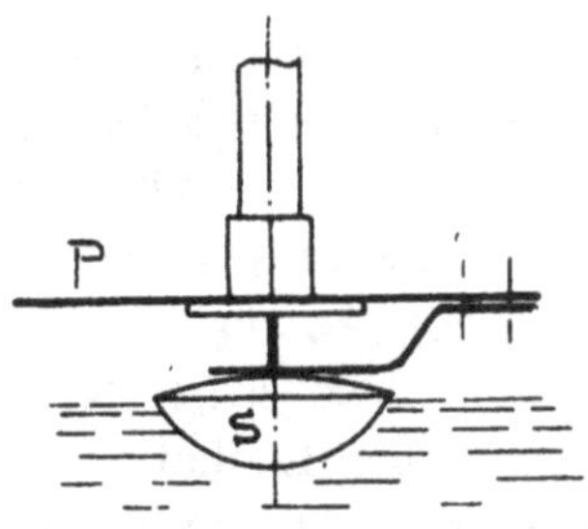

Abb. 3. Schwimmer des Dreirad-vergasers von Dion-Bouton.

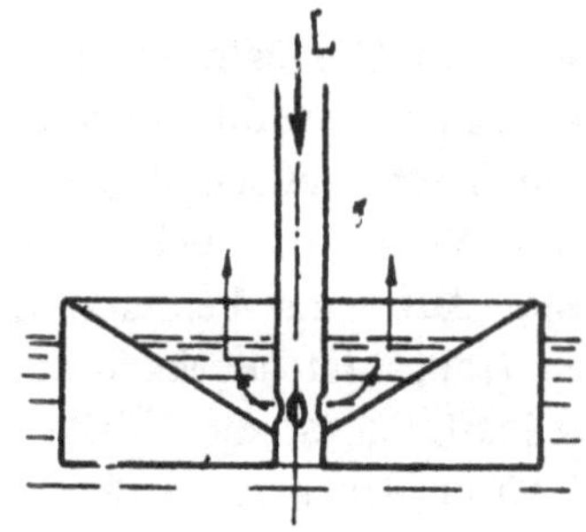

Abb. 4. Schwimmer des älteren Daimlervergasers.

Auch bei Trennung des Vorratsbehälters vom Vergaser sind selbsttätige Vorrichtungen gleicher Wirkung angewandt worden. Außer dem normalen Schwimmer mit Nadelventil, der als besonders kennzeichnend für die Spritzvergaser bei Behandlung dieser näher besprochen werden soll, finden Ueberlaufvorrichtungen zur Konstant-

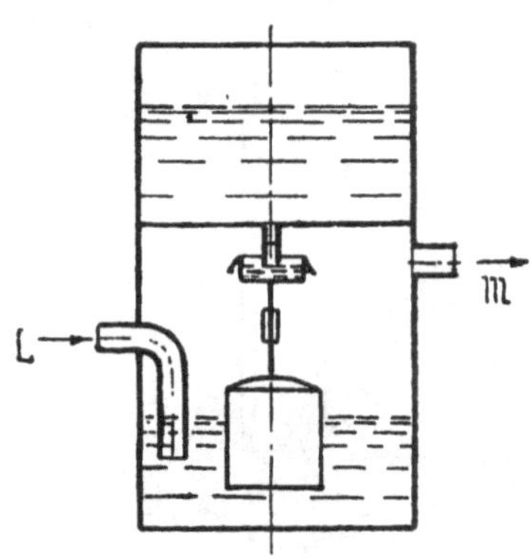

Abb. 5.

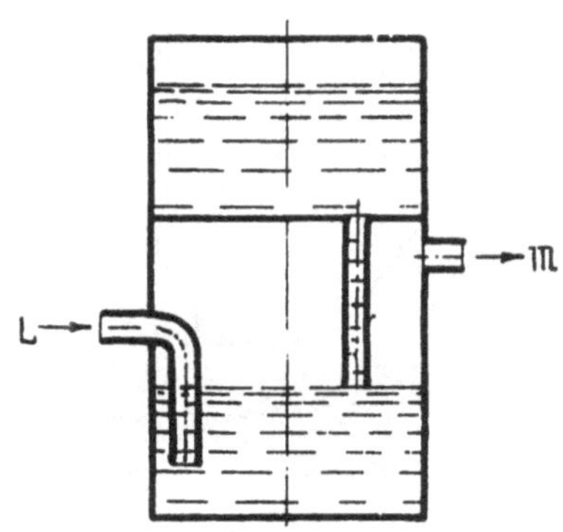

Abb. 6.

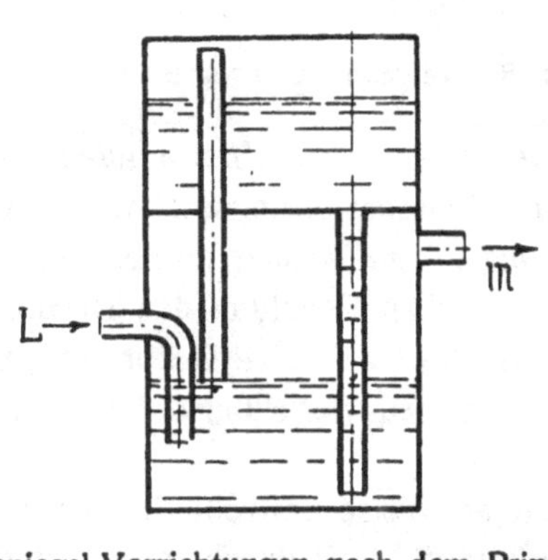

Abb. 7. Brennstoffspiegel-Vorrichtungen nach dem Prinzip der Sturzflasche.

haltung des Brennstoffspiegels Anwendung, die freilich einer ständig wirkenden Brennstoffpumpe bedürfen. Bemerkenswert ist auch die in Abb. 5 schematisch dargestellte Schwimmeranordnung mit hydraulischem Verschluß, welche auf dem Prinzip der Sturzflasche beruht. Auf demselben Grundsatze bauen die Anordnungen nach Abb. 6 und 7 auf. Ist bei ihnen auch der Fortfall aller beweglichen Teile vorteilhaft, so ist die Wirkungsweise doch nicht so sicher wie bei stationären Anlagen, da die Wegstöße einen großen Einfluß ausüben. Es haben sich daher weder die erwähnten Anordnungen noch kompliziertere mit Ventilen, die von Membranen betätigt wurden, bewährt. Besonders unangenehm macht sich bei ihnen das leicht vorkommende „Ertrinken des Vergasers" bemerkbar, wenn der Vorratsbehälter nicht luftdicht schließt, oder wenn man beim Einfüllen das Absperren des Verbindungsrohres vergißt.

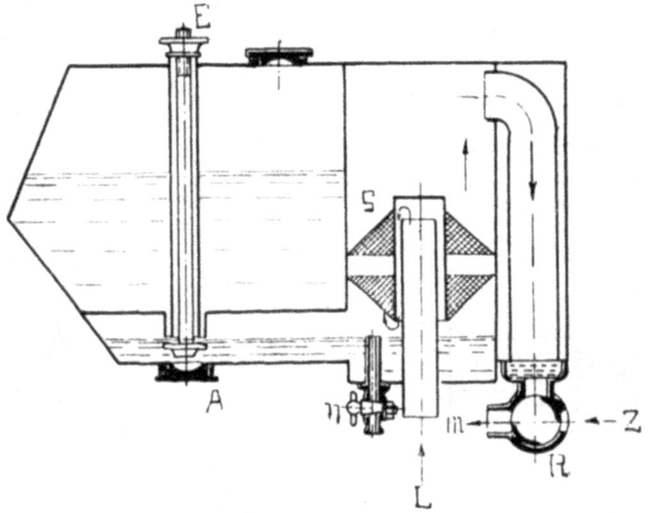

Abb. 8. Vergaser des Progress-Motorrades.

Der Vergaser des Progreß-Motorrades 1903, Abb. 8, beruht auf dem in Abb. 6 angedeuteten Grundsatz. Man erkennt aus der Abbildung die Vorrichtung E zum Absperren des Zulaufes beim Einfüllen, den Hahn zur nachträglichen Regelung des Brennstoffspiegels N, die Reinigungsschraube A, die Gazenetze G zur innigeren Mischung von Luft und Benzin, sowie den Regelungshahn R für Drosselung und Zusatzluft.

In ganz eigenartiger Weise erstrebt der Lux-Vergaser, Abb. 9, eine Verdunstung, indem die Luft durch schräg und tangential an den

Lufteinführungstrichter T angeordnete Rohre R, welche fast bis auf den Flüssigkeitsspiegel reichen, zugeführt wird. Die Schwimmervorrichtung wird später näher besprochen werden.

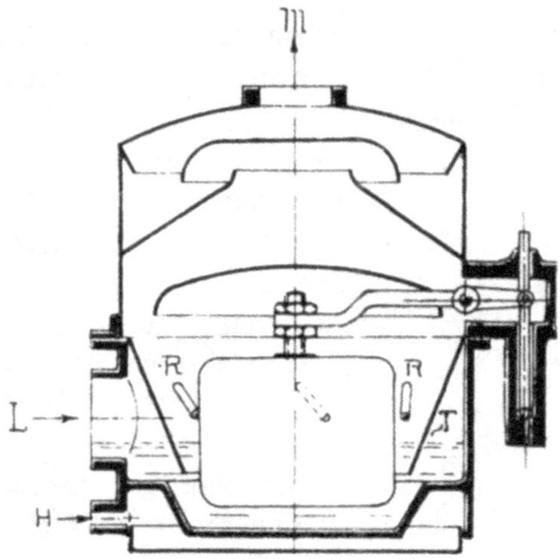

Abb. 9. Lux-Vergaser.

Eine erhebliche Verkleinerung der Dimensionen, welche die Verwendung der Verdunstungsvergaser auch für größere Leistungen möglich macht, ist nur zu erreichen, indem man als Verdunstungsflächen Gewebe aus pflanzlichen, tierischen Stoffen, Mineralien oder Metall verwendet. Als solche sind vor allem Baumwolle, Haare, Asbest, Kieselguhr und Drahtgaze geeignet. Bei den Dochtvergasern, — wie man die auf dem erwähnten Prinzip beruhenden Vergaser meist nennt, — wird entweder Benzin auf die Gewebe geträufelt, oder man benutzt die kapillare Wirkung, um den Brennstoff hoch zu saugen und an die anzureichernde Luft abzugeben. Erstere Arbeitsweise hat den Vorteil, daß der Brennstoffverbrauch gleichmäßig ist, also keine schweren Rückstände übrig bleiben.

Bessere Resultate sollen früher mit dem Petreano-Vergaser, Abb. 10, erzielt worden sein, bei dem die Verdunstungsfläche eine erhebliche Größe hat. Die durchlöcherten Metalltrichter R sind mit porösem Gewebe bedeckt, auf welches der Brennstoff von oben herab träufelt. Beim Durchgang sättigt sich die Luft mit Gasdämpfen. Die dazwischen angeordneten Trichter T ohne Gewebe bewirken durch Richtungs- und Querschnittsänderungen den gleichen Zweck, den bei den anderen besprochenen Bauarten Querwände und Gazenetze versehen. Das den Vergaser axial durchdringende Rohr dient zur Heizung durch Auspuffgase. Leider hat dieser Vergaser mit den übrigen Konstruktionen dieser Art den Uebelstand gemeinsam, daß die Saugwiderstände bei der Durchdringung der porösen Gewebe außerordentlich hoch sind.

Diesem Nachteil ist es vor allem zuzuschreiben, daß die Vergaser, bei denen die Luft nur an den Dochten vorbeistreicht, keine größere Anwendung gefunden haben.

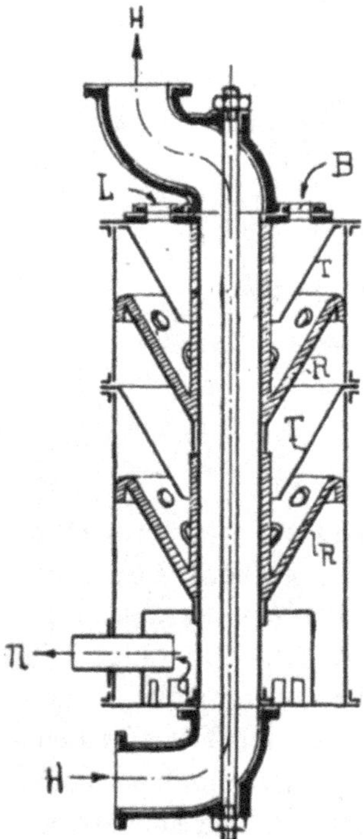

Abb. 10. Petreano-Vergaser.

Vor den anderen Verdunstungsvergasern haben die Dochtvergaser nur den Vorteil der geringeren Raumbeanspruchung. Im übrigen treffen die vorher besprochenen Uebelstände auch bei ihnen zu, insbesondere ist also eine ständige Regulierung notwendig. Als Nachteil kommt noch hinzu, daß die Dochte leicht verschmieren oder gar zerfasern und daher einer aufmerksamen Wartung bedrürfen.

Die Regelung der meisten Verdunstungsvergaser geschieht mit Hilfe eines Mischhahnes, der das Verhältnis der angereicherten Luft zur Zusatzluft zu ändern gestattet. Eine Anreicherung der ganzen Luftmenge würde schon wegen der Erhöhung der Saugwiderstände Schwierigkeiten machen. Neben dem Mischhahn zur qualitativen Gemischänderung gestattet meist ein Drosselhahn auch eine quantitative Regelung. Bei den Dochtvergasern hat man außer diesen Regelarten noch andere angewandt, welche auf einer Veränderung des Gasgemisches durch Veränderung der aufgeträufelten Brennstoffmengen oder der Größe der Verdunstungsflächen beruhen. Bei Konstruktionen letzterer Art wird entweder die Höhe des Flüssigkeitsspiegels im Vergaser verstellt oder die Dochte sind in ihrer Höhenlage verschiebbar. Bewährt hat sich keines dieser Verfahren. Wegen der Umständlichkeit eignen sie sich mehr zur einmaligen Einstellung als zur ständigen Regelung und können mit der einfachen Aenderung des Gemisches von angereicherter und Zusatzluft in bezug auf Empfindlichkeit und Regelgrenze keinen Vergleich aushalten.

III. Zerstäubungsvergaser.

A. Allgemeines.

1. Einteilung.

Bei den Zerstäubungsvergasern wird der Brennstoff fein verteilt in die anzureichernde Luft eingespritzt und bildet mit ihr eine Art Nebel. Meist erfolgt dies Einspritzen nur unter Wirkung des Unterdruckes, indem das in einer offenen Düse auf konstanter Höhe gehaltene Benzin vom Vakuum angesaugt wird, wobei die Injektorwirkung der ringsumher eintretenden Luft das Einströmen unterstützt. Im Gegensatz zu Vergasern dieser Art, die als Zerstäubungsvergaser mit offener Düse oder einfach als Spritzvergaser bezeichnet werden, ist bei den Ventilvergasern der Benzineinfluß durch ein Ventil abgeschlossen, das sich durch den Unterdruck beim Ansaugen direkt oder indirekt öffnet; es wirkt also außer dem Vakuum noch der Flüssigkeitsdruck mit.

Eine rechnerische Ermittlung der Vorgänge in der Mischkammer eines Zerstäubungsvergasers ist nur beim Spritzvergaser möglich, bei dem Luft- und Brennstoffzufuhr lediglich von dem in der Mischkammer erzeugten Unterdruck abhängen. Beim Ventilvergaser hingegen wird eine rechnerische Erfassung der Mischungsvorgänge infolge des Hinzutretens des ständig wechselnden Flüssigkeitsdruckes und der sonstigen äußerst komplizierten Strömungsverhältnisse fast unmöglich.

2. Betrachtung der Vorgänge im Vergaser.

Die sich bei der Einströmung von Luft und Brennstoff im Vergaser abspielenden Vorgänge sind äußerst verwickelter Natur und bereiten einer mathematischen Behandlung um so mehr Schwierigkeiten, als sie von vielen schwer zu berücksichtigenden Nebenumständen beeinflußt werden. Der erste Versuch, das Vergaserproblem rechnerisch zu behandeln, stammt von Krebs[1]). Obgleich dessen Theorie den neuzeitlichen Ansichten nicht mehr entspricht, sei sie in Nachfolgendem des historischen Interesses halber kurz erläutert:

[1]) Académie des Sciences, 18 Nov. 1902.

Bezeichnet man mit:

D Dichte des Wassers,
da Dichte der Luft,
de Dichte des flüssigen Brennstoffes,
Sa Durchtrittsquerschnitt der Luft,
Se Durchtrittsquerschnitt des Brennstoffes,
H Unterdruck im Vergaser,
αa Ausflußkoeffizient der Luft,
αe Ausflußkoeffizient für Brennstoff,
Va Geschwindigkeit der Luft,
Ve Geschwindigkeit des Brennstoffes,

so betragen die in der Zeiteinheit ausfließenden Luft- und Brennstoffmengen:

$$Qa = \alpha a \,.\, Sa \,.\, Va \,.\, da$$
$$Qe = \alpha e \,.\, Se \,.\, Ve \,.\, de.$$

Für die Ausflußgeschwindigkeiten gilt andererseits die Beziehung:

$$Va = \sqrt{2gH \frac{D}{da}}$$
$$Ve = \sqrt{2gH \frac{D}{de}}.$$

Aus beiden Gleichungen läßt sich die Größe des Verhältnisses $\frac{Qa}{Qe}$ welches konstant bleiben soll, ermitteln:

$$\frac{Qa}{Qe} = \frac{\alpha a \,.\, Sa \,.\, da \,.\, \sqrt{2 \,.\, g \,.\, H \,.\, \frac{D}{da}}}{\alpha e \,.\, Se \,.\, de \,.\, \sqrt{2 \,.\, g \,.\, H \,.\, \frac{D}{de}}} = C;$$

woraus für $\alpha a = \alpha e$ folgt:

$$C = \frac{Sa \sqrt{H \,.\, da}}{Se \sqrt{H \,.\, de}}.$$

Um den Einfluß des Niveauunterschiedes zwischen Schwimmer und Düse sowie der Reibungswiderstände in der engen Düse zu berücksichtigen, kann man sich auf den Brennstoff einen geringeren Unterdruck als auf die Luft wirkend denken, so daß die eben entwickelte Formel folgende Form annimmt:

$$C = \frac{Sa \sqrt{H \,.\, da}}{Se \sqrt{(H - h)\, de}}$$

woraus sich ergibt:

$$Sa = Se \,.\, C \,.\, \sqrt{\frac{de}{da}} \; \sqrt{\frac{H - h}{H}}$$

Den Wert für h kann man durch Versuch ermitteln, indem man bei langsam laufendem Motor H min mißt und in die Gleichung einsetzt. Beispielsweise ergab sich für H = 30 mm Wassersäule aus der Gleichung

$$h = H\,min - \frac{Sa^2 \,.\, H\,min \,.\, da}{Se^2 \,.\, C \,.\, de}$$

für h der hohe Wert von 21 mm.

Man kann nunmehr für jeden Wert von H die Größe des zugehörigen Lufteintrittsquerschnittes bestimmen; und zwar setzt sich dieser aus zwei Teilen zusammen, aus einem konstanten Betrag s, der dem geringsten Unterdruck H min entspricht, und aus einem von der Drehzahl abhängigen Betrag z, der Zusatzluft. Man hat:

$$s = Se \,.\, C \,.\, \sqrt{\frac{de}{da}} \sqrt{\frac{H\,min - h}{H\,min}}$$

$$Sa = s + z = Se \,.\, C \,.\, \sqrt{\frac{de}{da}} \sqrt{\frac{H\,min - h}{H\,min}} + z$$

$$z = Se \,.\, C \,.\, \sqrt{\frac{de}{da}} \sqrt{\frac{H - h'}{H}} - s.$$

In Abb. 11 ist das Verhältnis von Sa zu H graphisch dargestellt, und man erkennt, wie die Ordinate H min die beiden Teile s und z der Lufteintrittsöffnung trennt.

Wie die Erfahrung lehrt, genügt dieser Querschnitt aber bei größeren Geschwindigkeit nicht, sondern es muß noch eine weitere mit der Drehzahl wachsende Erweiterung desselben erfolgen. Durch Versuch wurde ermittelt, daß bei maximaler Geschwindigkeit der erforderliche Querschnitt etwa $\frac{\pi}{2}$ Sa beträgt. Krebs multipliziert deshalb zur Korrektur den ermittelten Querschnitt mit einem Ausdruck von der Form

$$\frac{\pi}{2} - \frac{\alpha}{\sqrt{H}}.$$

Hierin bedeutet α eine Konstante, die aus der für den Fall minimaler Motorgeschwindigkeit aufgestellten Gleichung:

$$1 = \frac{\pi}{2} - \frac{\alpha}{\sqrt{H\,min}}$$

ermittelt werden kann. Man erhält:

$$\alpha = \left(\frac{\pi}{2} - 1\right) \sqrt{H\,min}.$$

Durch diese Korrektur nimmt die Hauptgleichung für den Lufteintrittsquerschnitt die Form an:

$$S'a = Sa \,.\, C \,.\, \sqrt{\frac{de}{da}} \sqrt{\frac{H - h}{n}} \left(\frac{\pi}{2} - \frac{\alpha}{\sqrt{H'}}\right).$$

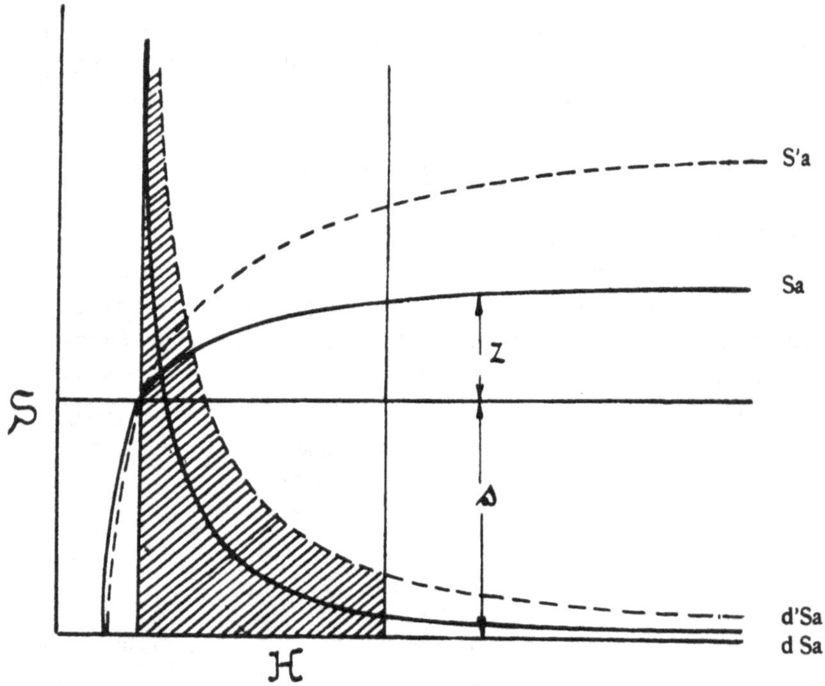

$$S'a = Se \, . \, C \sqrt{\frac{de}{da}} \; \sqrt{\frac{H-8}{h}} \left(\frac{\pi}{2} - \frac{\alpha}{\sqrt{H}}\right)$$

$$Sa = Se \, . \, C \sqrt{\frac{de}{da}} \; \sqrt{\frac{H-8}{h}}$$

$$d'Sa = \frac{Se \, . \, C \sqrt{\frac{de}{da}}}{2 \, H \sqrt{H-8}} \left[\frac{\frac{\pi}{2} \, . \, h}{\sqrt{H}} - \frac{\alpha \, (2 \, h - H)}{H} \right]$$

$$d \, Sa = Se \, . \, C \sqrt{\frac{de}{da}} \; \frac{h}{2 \, . \, H^2 \sqrt{1 - \frac{h}{H}}}$$

Abb. 11. Graphische Darstellung der Krebsschen Resultate.

In der Abb. 11 sind ebenfalls die aus dieser Gleichung zu folgernden Werte von S'a graphisch aufgetragen, ferner ist die Ableitung beider Kurven eingetragen.

$$dSa = Se \, . \, C \, . \sqrt{\frac{de}{da}} \; \frac{h}{2H^2 \sqrt{1 - \frac{h}{H}}} \text{ und}$$

$$d'Sa = \frac{Se \, . \, C \, . \sqrt{\frac{de}{da}}}{2 \, . \, H \, . \sqrt{H - h'}} \; . \left[\frac{\frac{\pi}{2} \, . \, h}{\sqrt{H}} - \frac{\alpha \, (2h - H)}{H} \right]$$

Die schraffierte Fläche stellt demnach den mit dem Unterdruck anwachsenden Bedarf an Zusatzluft dar, und Krebs dimensioniert bei seinem Vergaser, Abb. 90, die Profile der Zusatzluftschlitze nach dieser Kurve.

Die von Krebs aufgestellten Leitsätze können nicht als annehmbar bezeichnet werden, da eine ausreichende Begründung für die Vornahme der beiden Reduktionen nicht vorliegt.

Krebs setzt im weiteren Verlauf der Rechnung $\alpha a = \alpha e$, so daß bei der Division zur Ermittlung des Mischungsverhältnisses diese Koeffizienten fortfallen. Diese Annahme trifft nicht zu. Die Ausflußkoeffizienten enthalten den Einfluß der Reibung an den Wänden und der Kontraktion. Für Luft und Brennstoff sind die Abflußverhältnisse aber derart verschieden, daß die Annahme, die Koeffizienten seien konstant und gleich, unstatthaft ist.

Statt der Ausflußkoeffizienten führt Krebs eine Reduktion ein, welche den Niveauunterschied zwischen Düsenmündung und Schwimmerspiegel, sowie den Widerstand an der engen Spritzdüse berücksichtigen soll. Hierzu ist zu bemerken, daß von einem Niveauunterschied kaum die Rede sein kann. Die meisten Schwimmer werden so einreguliert, daß das Benzin auf der Düsenmündung einen Tropfen bildet, ohne eben ständig abzulaufen; jedenfalls wird die Differenz unter normalen Verhältnissen niemals mehr wie ein Millimeter betragen. Der von Krebs bei einem Unterdruck von 30 mm Wassersäule ermittelte Wert h = 21 ist zu hoch, um nur den Ausflußwiderständen der Düse Rechnung zu tragen. Schon durch die Art der Messung durch Versuch wird bedingt, daß die erwähnten Ausflußkoeffizienten stillschweigend in ihm berücksichtigt sind. Es ist stark zu bezweifeln, ob die Annahme, daß der bei minimaler Geschwindigkeit ermittelte Wert für h konstant sei, zutrifft. Jedenfalls entspricht die praktische Folge dieser konstanten Reduktion einer Gemischanreicherung mit steigender Drehzahl, wie sie wegen des vorhin erwähnten verschiedenartigen Verhaltens des Strömens in engen und weiten Rohren zu erwarten ist.

Die zweite Reduktion, die Krebs vornimmt, soll die größere Trägheit des Brennstoffes berücksichtigen, die sich bei steigender Drehzahl in erhöhtem Maße bemerkbar macht. Diese Anschauung ist irrig; es tritt zwar bei wachsender Geschwindigkeit ein stärkeres Nachausströmen auf, d. h. es dauert längere Zeit, ehe der Benzinstrahl zur Ruhe kommt; aber auf der anderen Seite ist auch mehr Zeit notwendig, um dem Brennstoffstrahl seine Höchstgeschwindigkeit zu erteilen. Die Wirkung der positiven und negativen Beschleunigung hebt sich auf.

In dem durch Versuch ermittelten Krebsschen Reduktionsfaktor kommt ein anderer Einfluß zum Ausdruck, der Einfluß der Saugwirkung des Luftstrahles. Die Luft wirkt nämlich nach Art einer Strahlpumpe auf die Brennstoffausströmung ein; diese Wirkung nimmt mit steigender Drehzahl zu, hat daher eine ständig wachsende Benzinanreicherung zur Folge.

Die theoretische Erfassung der Vorgänge im Vergaser verursachte infolge der früher fehlenden Grundlagen große Schwierigkeiten, und es haben sich eine Reihe von Fachleuten damit beschäftigt, Gesetze für diese Vorgänge aufzustellen. Hingewiesen sei vor allem auf die umfassenden Arbeiten von Rummel (Motorwagen 1906, S. 709). Rummel stützt seine Betrachtungen auf das Poiseuille'sche Gesetz und nimmt an, daß der Druck der Reibungswiderstände p_r für den Durchfluß des Brennstoffes aus einer Düse von der ersten und zweiten Potenz der Durchflußgeschwindigkeit V_B abhängt, was durch nachstehende Formal ausgedrückt ist:

$$\frac{p_r}{\gamma_B} = a_1 \cdot v_B + a_2 \cdot v_B^2 .$$

Darin bedeuten γ_B die Dichte des Brennstoffes, a_1 und a_2 konstante Größen. —

Der Ausfluß des Brennstoffes aus der Düse wird nach dem allgemeinen Strömungsgesetz für Flüssigkeiten durch die Formel:

$$\frac{v_B^2}{2g} + h' + \frac{p_r}{\gamma_B} = h_0 - h$$

gegeben, h, h' und h_0 sind die Druckhöhen an den verschiedenen Stellen.

Das durch den Wert $h_0 - h$ wiedergegebene Druckgefälle bringt die Summe aus der Geschwindigkeitshöhe $\frac{v_B^2}{2g}$ den Höhenunterschied h' zwischen Schwimmerspiegel und Düsenmündung und die Reibungsdruckhöhe $\frac{p_r}{\gamma_B}$ auf. Da h_0 dem atmosphärischen Druck entspricht, ist es $= 0$ zu setzen.

Einen Ausgangspunkt für die Ausflußmenge der Luft aus der Luftdüse unter dem Einfluß des Unterdrucks bietet die bekannte Zeuner'sche Formel, nach der:

$$v_L = 44{,}4 \sqrt{T\left(1 - \left[\frac{p_0}{p}\right]^{\frac{m-1}{m}}\right)}$$

ist und worin T die absolute Temperatur, p_0 den äußeren Luftdruck, p den Druck an der Düse und m den Ausflußexponenten 1,286 darstellen. Da es sich jedoch beim Vergaser um verhältnismäßig sehr geringe Druckdifferenzen handelt, kann man von der Berücksichtigung der Veränderlichkeit des spez. Volumens der Luft absehen, wodurch eine wesentliche Vereinfachung des Strömungsgesetzes erreicht wird.

Demgemäß gibt Rummel die allgemeine Strömungsgleichung

$$v_L^2 + h' + \frac{p_r}{\gamma_L} = h_0 - h$$

an und setzt für die Reibungsdruckhöhe:

$$\frac{p_r}{\gamma_L} = a \cdot v_L^2$$

ein. h entspricht wiederum dem atmosphärischen Druck = 0.

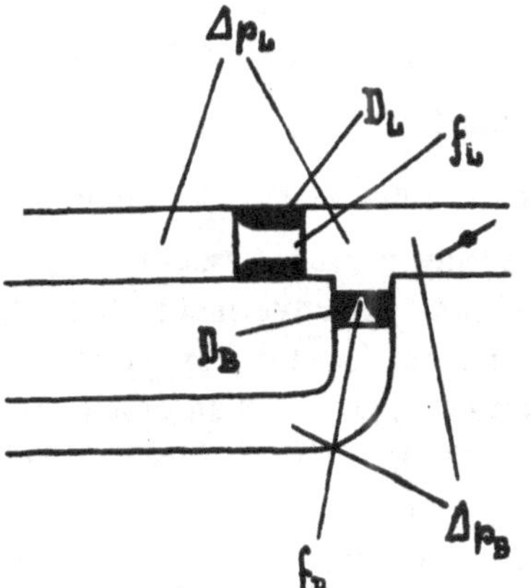

Abb. 12.

Aus den beiden Strömungsgleichungen geht also hervor, daß die Ausflußmengen von Brennstoff und Luft mit veränderlichem Druckgefälle sehr verschieden sind, ein gleichartiges Gemisch somit nur durch Regelung eines oder beider Faktoren erreicht werden kann.

Die neueste und übersichtlichste Behandlung der Theorie der Mischvorrichtung ist die von K u t z b a c h, welche im Nachstehenden auszugsweise wiedergegeben wird (mit freundlichst erteilter Genehmigung von Herrn Professor Kutzbach). Abbildung 12 zeigt das Schema einer Mischvorrichtung mit der Luftdüse D_L und der Brennstoffdüse D_B. Die in den beiden Düsen D_L und D_B durch den Druckabfalll Δp_L bezw. Δp_B erzeugten Geschwindigkeiten W_L und W_B verhalten sich, wenn die Geschwindigkeit vor den Düsen vernachlässigt wird, angenähert nach der Geichung:

$$\frac{w_L}{w_B} = \sqrt{\frac{\Delta p_L}{\Delta p_B} \cdot \frac{\gamma_B}{\gamma_L}}$$

worin γ_L und γ_B die Dichte in den Mündungsquerschnitten f_L und f_B darstellen. —

Das Mischungsverhältnis der Gewichtsanteile ergibt sich zu

$$\frac{G_L}{G_B} = \frac{f_L}{f_B} \cdot \frac{w_L}{w_B} \cdot \frac{\gamma_L}{\gamma_B} = \frac{f_L}{f_B} \sqrt{\frac{\Delta p_L}{\Delta p_B} \cdot \frac{\gamma_L}{\gamma_B}}$$

Aus diesen Formeln zieht Kutzbach nachstehende Folgerungen:

1. Das Mischungsverhältnis, das durch die Düenquerschnitte f_L und f_B eingestellt ist, bleibt unverändert auch bei wechselndem Unterdruck, wenn

   a) $\frac{\gamma_L}{\gamma_B}$ gleichbleibt, was nur bei gasförmigen Brennstoffen der Fall ist,

   b) $\frac{f_L}{f_B}$ nicht verändert wird,

   c) der statische Druck p_0 in den Leitungen vor den Drosselwiderständen stets gleich ist, so daß $\frac{\Delta p_L}{\Delta p_B}$ gleich bleibt.

2. Da mehr oder weniger große Druckunterschiede zwischen Luft und Brennstoffleitung oft unvermeidlich sind, so muß Δp stets also auch bei kleinster Leistung und Drehzahl groß sein gegenüber diesen zeitweiligen Druckunterschieden. Je größer Δp bezw. die dementsprechende Geschwindigkeit in der Mischvorrichtung ist, desto unempfindlicher ist das Mischungsverhältnis gegen Druckschwankungen, desto sicherer ist die Beherrschung der Verbrennung und des Ganges, abgesehen vom Vorteil der innigen Durchmischung.

3. Querschnittsbemessung:

   Wenn $\Delta p_L = \Delta p_B$ gehalten wird, so ist

$$\frac{f_L}{f_B} = \frac{G_L}{G_B} \cdot \sqrt{\frac{\gamma_B}{\gamma_L}} = \frac{V_L}{G_B} \cdot \sqrt{\gamma_B \cdot \gamma_L} = \frac{V_L}{V_B} \cdot \sqrt{\frac{\gamma_L}{\gamma_B}},$$

   worin V das Volumen in m^3 bedeutet.

   Die Luftgeschwindigkeit in f_L darf bei Anwendung geeigneter allmählicher Erweiterungen 100 m/sek und höher gehalten werden, woraus sich f_B der Brennstoffquerschnitt bestimmt.

4. Brennstoffwechsel:

   Wenn L der Luftbedarf eines Brennstoffes zur vollkommenen Verbrennung ist, so bleibt der erprobte Luftüberschuß unverändert bei Aenderung der Brennstoffdüsen nach folgender Gleichung:

$$\frac{f_2}{f_1} = \left(\frac{L_1}{L_2}\right)_{m^3/m^3} \cdot \sqrt{\frac{\gamma_2}{\gamma_1}} = \left(\frac{L_1}{L_2}\right)_{m^3/kg} \cdot \sqrt{\frac{\gamma_1}{\gamma_2}}.$$

5. Beeinflussung des Mischungsverhältnisses: entweder durch Aenderung der Eintrittsquerschnitte zum Mischraum oder durch vorgeschaltete Drosselorgane (Abb. 13).

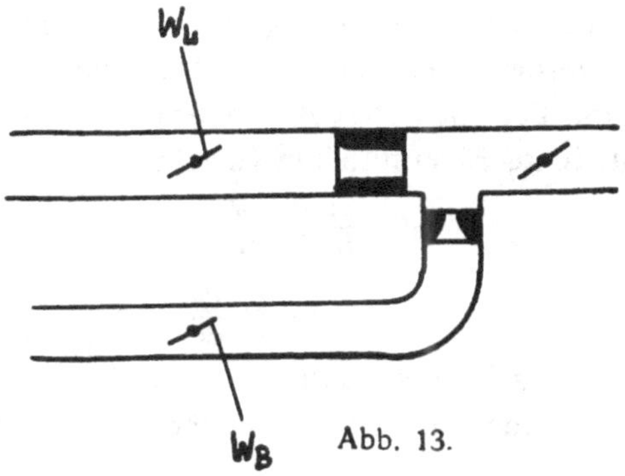

Abb. 13.

6. Da bei flüssigen Brennstoffen die Luftdichte in der Düse mit dem absoluten Druck im Mischraume abnimmt, die Flüssigkeitsdichte dagegen nicht, so ist $\frac{G_L}{G_B}$ um so kleiner, je größer Δp ist. Hierzu kommt die Beeinflussung der Durchflußmenge des Brennstoffes aus den üblichen langgebohrten Düsen durch die Schichtenströmung in bezug auf die Grenzgeschwindigkeiten und die Verringerung der Luftschwingung bei Drosselung des Motors.

   Aus diesen Gründen würde das Gemisch bei geringer Leistung zu brennstoffarm, bei hoher Leistung zu brennstoffreich ausfallen.

7. Einfluß der Luftdichte:

   Bei Aenderung der Luftdichte (Umrechnungszahl $\mu = \mu_T \cdot \mu_p$) ändert sich bei flüssigen Brennstoffen das Mischungsverhältnis, da die Brennstoffdichte gleich bleibt. Das Gemisch wird also auch bei niedrigerem Luftdruck, bei höherer Lufttemperatur und in größeren Höhen im Verhältnis $\sqrt{\gamma_L}$ bezw. $\sqrt{\mu}$ luftärmer, also brennstoffreicher. (So weit über die Behandlung der Frage durch Kutzbach.)

Alle Arten einfacher Spritzvergaser zeigen übereinstimmend, wenn auch in verschieden starkem Maße, die gleiche Erscheinung, daß der Brennstoffgehalt mit wachsendem Unterdruck größer wird. Die Gründe dieser Erscheinung sind kurz zusammengefaßt folgende:

1. Bei steigendem Unterdruck vermindert sich die Dichte der Luft mehr als die des flüssgien Brennstoffes.

2. Die Bewegungswiderstände der Luft wachsen schneller an als die des Brennstoffes.

3. Die Saugwirkung der Luft auf den Brennstoff erhöht sich mit steigender Geschwindigkeit.

Der Einfluß der Dichtenänderung der Luft kann auf einfache Weise bestimmt werden, wenn man die Anwendung der allgemeinen Ausflußformel, von der auch Krebs ausgeht, für zulässig erachtet. Gibt man der auf Seite 30 ermittelten Gleichung:

$$C = \frac{Sa}{Se}\sqrt{\frac{da}{de}}$$

die Form:

$$Sa = C \,.\, Se \sqrt{\frac{de}{da}}$$

und setzt darin das Mischungsverhältnis C, den Durchgangsquerschnitt des Brennstoffes Se und die Dichte derselben de konstant, so erhält man:

$$Sa = K\sqrt{\frac{1}{da'}}.$$

Bestimmt man hierin K so, daß für die normale Luftdichte bei 760 mm Quecksilbersäule und 15° C. Sa = 1 wird, so ergibt sich:

$$Sa = 1{,}1075\sqrt{\frac{1}{da'}}.$$

Man kann nun für verschiedene Unterdrucke die zugehörigen Werte der Luftdichte ermitteln, und erhält aus obiger Gleichung den Lufteintrittsquerschnitt, welcher notwendig ist, um das Mischungsverhältnis konstant zu erhalten, bezw. um den Einfluß der Dichtenänderung der Luft auszugleichen.

In nachfolgender Tafel sind die entsprechenden Werte zusammengestellt.

Unterdruck atm	Lufteintritts-querschnitt	Unterdruck atm	Lufteintritts-querschnitt
0.00	1.00	0.10	1.054
0.01	1.0050	0.11	1.060
0.02	1.0102	0,12	1.066
0.03	1.0153	0.13	1.0721
0.04	1.0206	0.14	1.0783
0.05	1.026	0.15	1.0841
0.06	1.0314	0.16	1.0911
0.07	1.037	0.17	1.0976
0.08	1.0426	0.18	1.1043
0.09	1.0483	0.19	1.111

Man erkennt, daß der Einfluß der Dichtenänderung verhältnismäßig gering ist gegenüber den unter wirklichen Verhältnissen auftretenden Differenzen der Mischungsverhältnisse. Es ist daher anzunehmen, daß die beiden anderen Einflüsse die Hauptursache der ungleichen Gemischbildung sind.

B. Spritzvergaser.

1. Einteilung.

Aus den vorher erwähnten Ueberlegungen und praktischen Ergebnissen geht hervor, daß sich bei den Spritzvergasern mit der Veränderung des Druckgefälles in der Mischkammer das Mischverhältnis von Luft und Brennstoff ebenfalls ändert. Bei zunehmender Drehzahl und Belastung, somit wachsendem Druckunterschiede, ergibt sich ein immer steigender Brennstoffüberschuß. Will man einen Ausgleich dafür schaffen, so ist es notwendig, in entsprechendem Maße entweder die zugeführte Luftmenge oder die Brennstoffmenge entsprechend zu verändern. Eine Beeinflussung der Luftmenge ist entweder durch Zuführung von Zusatzluft oberhalb der Mischkammer möglich oder durch Veränderung des Luftdurchganges in der Mischkammer selbst. Die Beeinflussung der Brennstoffzufuhr erfolgt entweder dadurch, daß in den Brennstoffkanal des Vergasers eine mit zunehmendem Unterdruck wachsende Luftmenge eingeführt wird, welche den Zulauf zur Düse entsprechend drosselt (Bremsdüsen). Eine andere Möglichkeit besteht in der Anordnung zweier oder mehrerer Düsen, welche sich in der Brennstoffzufuhr derart ergänzen, wie es die richtige Gemischzusammensetzung erfordert. (Zwei- und Mehrdüsen-Vergaser.) Schließlich ist es auch möglich, sowohl die Luft- als auch die Benzinzufuhr gemeinsam zu verändern.

Unter Zugrundelegung dieser Gesichtspunkte kann man die Spritzvergaser folgendermaßen einteilen:

Spritzvergaser mit unveränderlichem Luftdüsenquerschnitt.

In diese Gruppe gehören:

Vergaser mit Zusatzluftzuführung oberhalb der Misch-Kammer durch:

Zwangläufig gesteuerte oder
selbsttätige Zusatzluftorgane.

Vergaser mit beeinflußter Brenstoffzufuhr:

mit einer Düse = Bremsdüsenvergaser
mit zwei oder mehr Düsen
mit Regelung durch Einwirkung des Unterdrucks im Schwimmergehäuse.

Spritzvergaser mit veränderlichem Luftdüsenquerschnitt.

In diese Gruppe gehören:

Vergaser mit zwangläufiger Veränderung der Luftdüse,
Vergaser mit selbsttätiger Veränderung der Luftdüse.

Spritzvergaser mit gemeinsamer Veränderung der Luft- und Brennstoffzufuhr.

Bevor wir zur näheren Beschreibung und Erläuterung der einzelnen Vergasertypen gemäß vorstehender Einteilung übergehen, ist es angebracht, die einzelnen Teile der Vergaser, ihre bauliche Gestaltung und Anordnung, sowie die für ihre Wirkungsweise und Beurteilung in Frage kommenden Gesichtspunkte einer eingehenden Betrachtung zu unterziehen.

2. Bauliche Einzelheiten.

a) Schwimmervorrichtung.

Bei Spritzvergasern mit offener Düse ist die Grundbedingung für eine gleichmäßige Zerstäubungswirkung, daß der Brennstoff immer genau bis zum oberen Rand der Düse steht. Zu diesem Zweck sind die meisten Vergaser mit einem Schwimmer versehen, der den Brennstoffzufluß absperrt, sobald der normale Flüssigkeitsstand erreicht ist.

Es hat nicht an Versuchen gefehlt, den Schwimmer durch andere Organe zu ersetzen. Bei Besprechung der Verdunstungsvergaser wurden verschiedene ältere hydrauliche und Ueberlauf-Vorrichtungen erwähnt, die den gleichen Zweck erfüllen sollten, und die versuchsweise auch bei Spritzvergasern angewandt worden sind. Neuerdings werden wieder einige schwimmerlose Konstruktionen auf den Markt gebracht, welche sich jedoch noch nicht in größerem Maßstabe eingeführt haben.

Der Schwimmer ist meist ein hart gelöteter Hohlkörper aus Messing- oder Kupferblech. Andere Materialien kommen seltener zur Anwendung, da entweder ihre Bearbeitung Schwierigkeit macht oder sie im Gebrauch oxydieren, indem die im Benzin enthaltenen Verunreinigungen das Metall angreifen und das Weichlot auflösen. Versuche, statt der metallischen Hohlkörper wassive Schwimmer aus leichten Materialien wie Kork zu verwenden, haben sich nur in Amerika eingeführt, bei uns aber keinen dauernden Erfolg gehabt, da sich Unreinigkeiten in den feinen Poren festsetzen. Bei den Vergasern dieser Art machte das „Ertrinken“ des Schwimmers ein öfteres Nachregulieren des Brennstoffspiegels notwendig. Auch bröckeln leicht kleine Teilchen ab und können zu Verstopfungen der Kanäle und Düsen führen. Diese Uebelstände kann man durch Ueberziehen des Schwimmers mit Lack zwar verbessern, aber nicht völlig aufheben.

Als Form des Schwimmers erweist sich der einfache Zylinder, sowohl was Herstellung als auch Funktion angeht, am vorteilhaftesten Aus den nachfolgenden Abbildungen sind die verschiedenen Möglichkeiten der Zusammensetzung desselben aus zwei gepreßten Böden und einem Zylindermantel oder auch nur aus zwei Böden ersichtlich. Die Böden werden oft leicht gewölbt, um eine sanfte gleichmäßige Bewegung der Flüssigkeit zu erzielen; gleichzeitig wird hierdurch die Gefahr des Einreißens an den scharfen Knickstellen vermieden. Bei einachsigen Vergasern findet man zuweilen ringförmige Schwimmer: von den hierbei in Betracht kommenden Gesichtspunkten wird bei Besprechung der Bauarten von Vergasern näher die Rede sein.

Bei der Dimensionierung ist zu beachten, daß vor allem auf eine größtmöglichste Empfindlichkeit hingearbeitet werden muß, d. h. der Schwimmer soll bei einer möglichst geringen Abweichung vom Normalspiegel in Tätigkeit treten.

Um eine große Empfindlichkeit zu erreichen, darf man vor allem die Größe des Schwimmers nicht zu gering bemessen, denn der einer gewissen Niveaudifferenz entsprechende Auftrieb ist dem Gewicht der verdrängten Flüssigkeitsmasse proportional. Nun aber erfolgt die Schwimmerbewegung nicht einfach nach dem archimedischen Gesetz, sondern es kommen auch dynamische Gesichtspunkte in Frage. Die Wegstöße versetzen den Schwimmer in pendelnde Bewegungen. Damit diese Schwingungen klein bleiben, damit der Schwimmer einerseits möglichst empfindlich ist und andererseits bald zur Ruhe kommt, muß entweder seine Masse klein oder durch Gegengewichte ausbalanciert sein. Ferner ist darauf Rücksicht zu nehmen, daß der Raum zwischen Schwimmer und Gefäßwand klein ist. Hierdurch werden die Schwankungen des Brennstoffspiegels durch Wegstöße vermindert, auch wirken die größeren Reibungswiderstände der Flüssigkeit dämpfend auf die Schwimmerbewegung ein.

Das erwähnte Bestreben, durch einen mit geringem Spielraum beweglichen Schwimmer die Schwankungen zu dämpfen, wird sehr geschickt noch weiter ausgenutzt, indem man den Schwimmer mit einem Kragen versieht, der die Wandungen fast berührt. Bei der Bauart von Grouvelle & Arcquembourg, Abb. 14, beträgt der Spielraum zwischen Schwimmerrand und Wand nur etwa ½ mm, so daß die Wirkung der Flüssigkeitsbremse erheblich ist.

Die Empfindlichkeit des Schwimmers hängt außerdem von den Reibungswiderständen seiner Bewegungsorgane ab, die sich aus der Reibung an der Flüssigkeit und den Widerständen der Führung und des Ventilverschlusses zusammensetzen. Nur bei sehr wenigen Vergasern mit abgetrenntem Ventil hat man auf eine Führung des

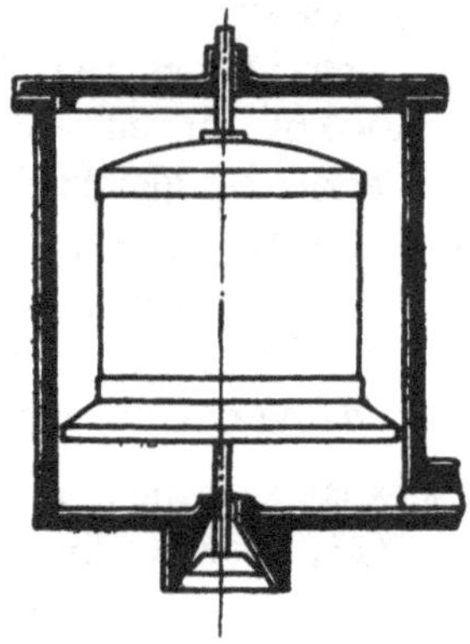

Abb. 14. Schwimmer von Grouvelle & Arcquembourg.

Schwimmers ganz verzichtet, was durchaus zu verwerfen ist, da das ständige Stoßen gegen die Wände einen schnellen Verschleiß bewirkt und die sichere Funktion erheblich stört. Schon besser ist es, zur Führung des Schwimmers einige eng anschließende Rippen an den Gefäßwänden vorzusehen. Meist bildet eine zentrale Stange die Führung, diese kann am Schwimmer befestigt sein und in Bohrungen des Behälters gleiten, oder umgekehrt fest in den Behälter eingesetzt sein, während der Schwimmer eine entsprechende Aussparung besitzt. Ebenso brauchbar ist die Anordnung bei dem vorher besprochenen Lux-Vergaser, Abb. 9, wo der am Doppelhebel befestigte Schwimmer um einen festen Punkt schwingt.

Um den Widerstand der Führung klein zu halten, ist es von Bedeutung, daß sich der Schwimmer im stabilen Gleichgewicht befindet Ein labil schwimmender Körper, der nur durch die Führung in seiner Lage gehalten wird, gleitet an dieser mit erhöhter Reibung. Nach der bekannten Schwimmerregel ist also dafür Sorge zu tragen, daß das Metazentrum des Schwimmers über dem Schwerpunkt liegt. Am besten erreicht man dieses Ziel durch Verwendung sehr flacher Formen und gewinnt dabei gleichzeitig den Vorteil geringer Kippmomente bei schrägen Lagen.

Der Schwimmer trägt entweder die Ventilnadel selbst, oder er ist durch irgend welche Hebelvorrichtungen mit dem zentral oder seitlich angeordneten Ventil verbunden. Man erkennt, daß die erstere primitive Anordnung den Nachteil hat, daß alle Schwankungen des Benzins und des Schwimmers direkt auf das Ventil übertragen werden, wogegen durch die Hebelübersetzung die Wegstöße besser ausgeglichen werden können. Ein weiterer Vorzug derselben besteht darin, daß durch die Uebersetzung der Hub des Schwimmers auf die Ventilbewegung reduziert werden kann. Gleichzeitig mit der Verkleinerung des Ventilhubes ist eine Vergrößerung der Abschlußkraft verbunden, so daß die Wirkung nicht nur empfindlicher, sondern auch sicherer wird.

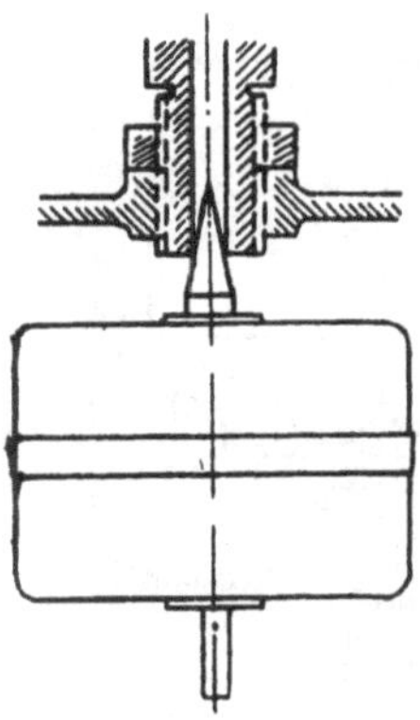

Abb. 15.

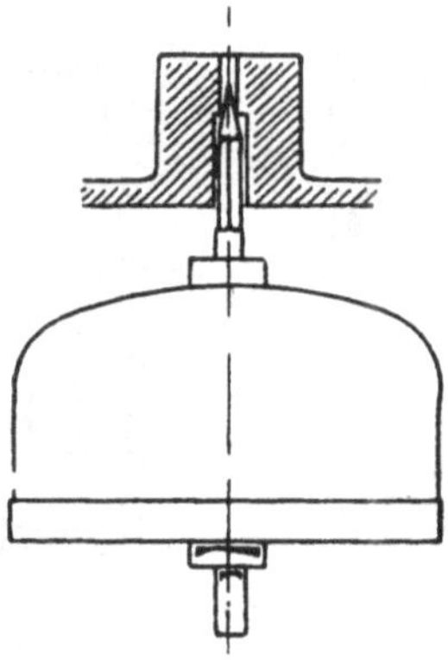

Abb. 16.

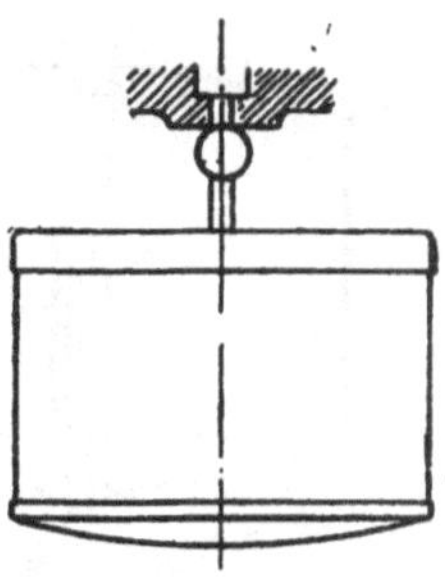

Abb. 17.

Schwimmer mit Zufluss von oben.

Die Ausbildung des Abschlußorganes kann mannigfache Formen aufweisen. Am meisten findet man Ventilnadeln mit Kegelspitzen (Abb. 15 u. 16), die in der Herstellung sehr einfach sind und leicht nachgeschliffen werden können. Da eine Kegelspitze nur bei genauer axialer Stellung dicht abschließt, ist es gut, die Ventilstange nicht nur am Schaft, sondern auch an der Spitze zentral zu führen. Damit die Führung den Brennstoffeinlaß nicht behindert, wird die Stange meist drei- oder vierkantig abgearbeitet (Abb. 16). Besitzt der Schwimmer keine oder nur eine ungenaue Führung, so muß das Ventil, um in allen Lagen einen dichten Abschluß zu gewährleisten, kugelig gestaltet sein (Abb. 17), wenn man nicht vorzieht, das Ventil vom Schwimmer abzutrennen und für sich genau zu führen (Abb. 18)

Bei einfachen Ventilnadeln strömt der Brennstoff von oben zu; es kann in diesem Fall der Schwimmer bei abgehobenem Deckel herausgenommen werden.

Die Forderung: einfaches Demontieren des Deckels bei Zufluß von unten und leichte Zugänglichkeit von Schwimmer und Ventil zu erfüllen, ist Grund gewesen, daß die Schwimmer mit Hebelübertragung eine weite Verbreitung gefunden haben. Als einen Uebergang zu dieser Art von Schwimmern kann man die ausbalancierten Schwimmer ansehen (Abb. 19), welche den Haupt-

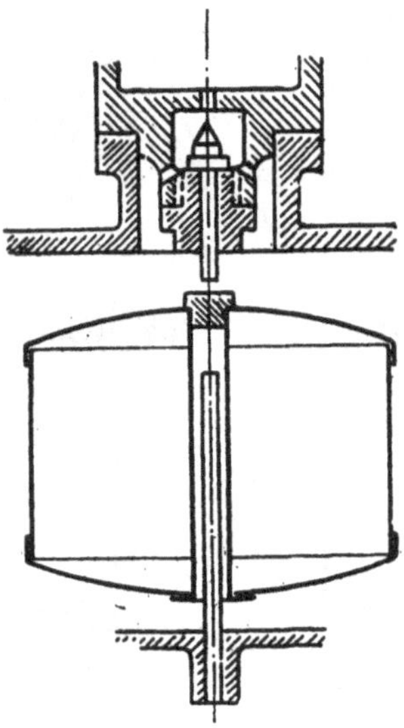

Abb. 18. Schwimmer mit Zufluss von oben.

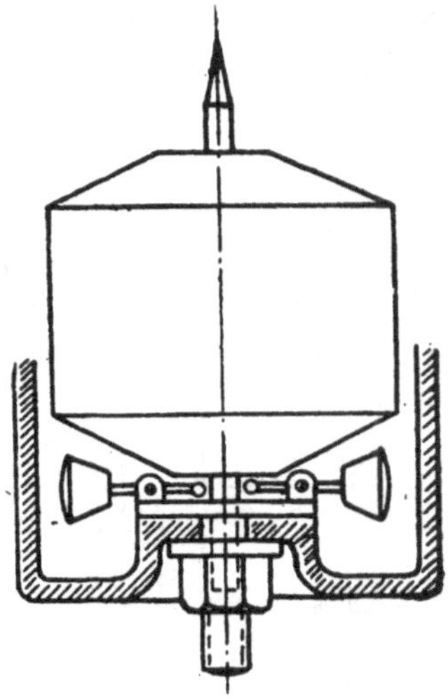

Abb. 19. Schwimmer mit Balancierhebeln.

nachteil der einfachen Schwimmer, die große Beeinflussung durch Stöße, zu vermeiden suchen. Die Gewichte der Balancierhebel sind so gewählt, daß im normalen Betrieb bei dem gewünschten Niveau Gleichgewicht hergestellt ist. Bei Stößen erhalten Schwimmer und Gegengewichte entgegengesetzte Kraftimpulse; diese heben sich auf und der Schwimmer bleibt in Ruhe, oder er kommt wenigstens schneller zur Ruhe. Die kleinen Gegengewichte haben außer der ausgleichenden Wirkung den weiteren Vorteil, daß der Schwimmer schwerer, kräftiger und widerstandsfähiger gemacht werden kann.

Bei Schwimmern mit Hebelübertragung sind die Hebel entweder am Boden oder am Deckel des Gefäßes gelagert. Sie sind meist symmetrisch zu beiden Seiten der zentral durch den Schwimmer geführten Ventilstange angeordnet (Abb. 20, 21). Seltener ist das Ventil seitlich eingebaut (Abb. 22, 23). Die Bauarten mit unten liegenden Hebeln haben schwere Ventile, die durch ihr Eigengewicht die

Brennstoffzufuhr abschließen. Bei sinkendem Brennstoff legt sich der Schwimmer auf die einen hammerförmig ausgebildeten Enden der Hebel, während die anderen Enden unter eine Wulst des Ventils fassen und dasselbe lüften. Sind die Hebel am Deckel angebracht, so greifen die Hebelenden in eine Eindrehung der Ventilstange ein. Ihre Gewichte sind so bestimmt, daß sie ohne Zutun des Schwimmers das Ventil heben. Erst der Auftrieb des Schwimmers, unterstützt von dem geringen Ventilgewicht, übersteigt die Kraft der Hebel und schließt das Ventil. Um sich den Unterschied der beiden Anordnungen

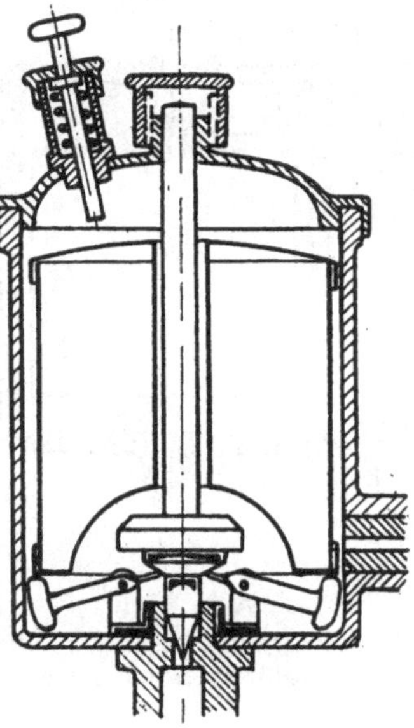

Abb. 20. Schwimmer mit centralen Hebelübersetzung unten.

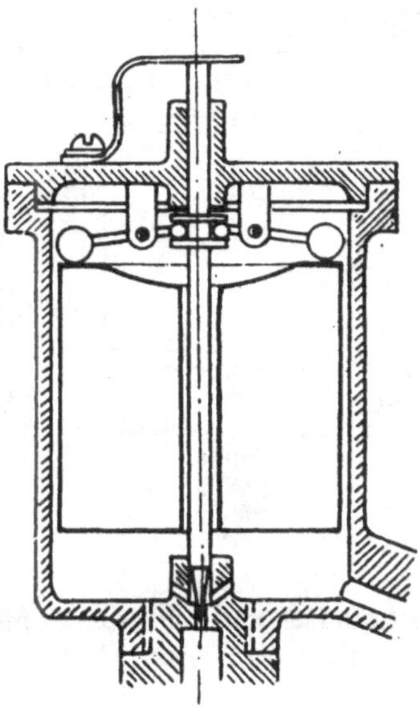

Abb. 21. Schwimmer mit centralen Hebelübersetzung oben.

klarzumachen, kann man sich die Wirkungsweise so vorstellen, als ob ohne den Schwimmer das Ventil im ersten Fall stets geschlossen, im zweiten Fall stets geöffnet sei. Das Sinken des Schwimmers bewirkt im ersten Fall ein Oeffnen des Ventils, während der steigende Schwimmer im zweiten Falle den weiteren Zufluß absperrt. Der Vergleich zeigt auch, daß bezüglich der Funktion keine direkte Ueberlegenheit des einen Systems über das andere vorhanden ist. Als Vorteil der einen Bauart könnte höchstens angeführt werden, daß die am Deckel befestigten Hebel leichter zugänglich als die am Boden gelagerten sind. In beiden Fällen findet eine Ausbalancierung statt, indem einmal der Schwimmer und das schwere Ventil, das andere Mal der Schwimmer und die schweren Hebel entgegengesetzte Kraftimpulse erhalten.

Für die Bauarten mit seitlichem Ventil (Abb. 22, 23) gelten dieselben Erwägungen bezüglich der oberen und unteren Anordnungen der Hebel. Abb. 22 zeigt überdies eine andere Anordnung der bei früheren Konstruktionen erwähnten Feder. Infolge der großen Hebelübersetzung werden hier erhebliche Kräfte wirksam.

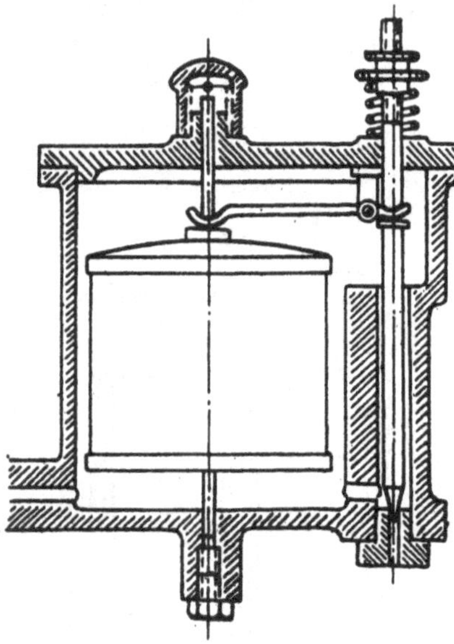

Abb. 22.
Schwimmer mit seitlichem Ventil. Hebelübersetzung oben.

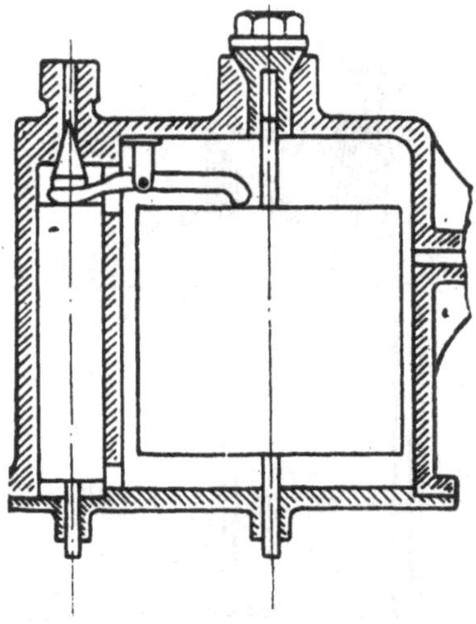

Abb. 23.
Schwimmer mit seitlichem Ventil. Hebelübersetzung unten.

Die Schwimmervorrichtung ist in guter Ausführung ein zwar sicher wirkender, aber empfindlicher Mechanismus; größere Unterschiede im spezifischen Gewicht der angewandten Brennstoffe machen sich bemerkbar, so daß eine Einstellbarkeit des Niveaus sehr wünschenswert ist. In primitiver Weise werden solche Aenderungen vorgenommen, indem man ein Gewicht, einen Ring oder etwas Lötzinn auf den Schwimmer bringt. Besser ist es, eine Regulierung durch Schraubenverstellung vorzunehmen, derart, daß die Ventilstange verlängert oder verkürzt wird, so daß der Ventilabschluß bei höherer oder tieferer Lage des Flüssigkeitsspiegels erfolgt. Zu diesem Zweck wird der Schwimmer entweder zwischen zwei verstellbaren Mutterschrauben der Ventilstange gehalten, oder man befestigt eine Mutter auf dem Schwimmer selbst, so daß durch Drehung desselben die Einstellung vorgenommen wird. Bei Schwimmern mit Hebelübersetzung findet das gleiche Prinzip in entsprechender Weise Anwendung, indem der Kragen der Ventilstange, unter den die Hebel greifen, verstellbar ist.

Eine außerordentlich handliche Nachstellvorrichtung weist der Adler-Vergaser (Abb. 24) auf. Die Schwimmer wird von einer

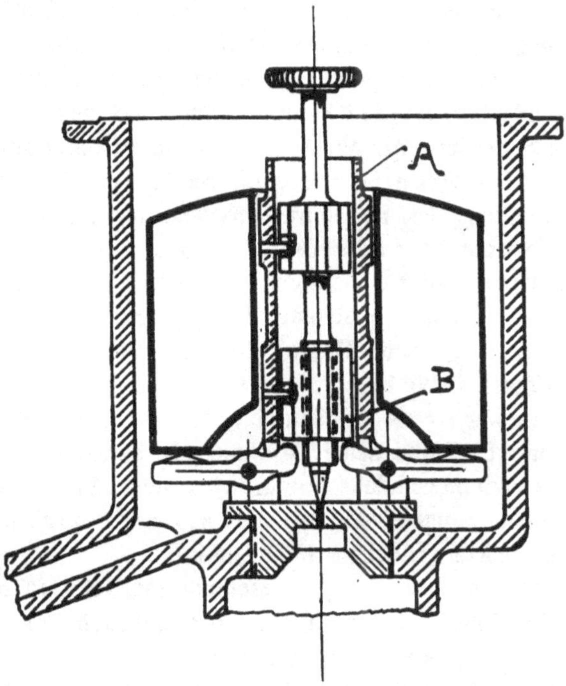

Abb. 24. Adler-Vergaser. Schwimmer mit Nachstellvorrichtung.

fest in das Gehäuse eingesetzten Säule A geführt, die zwei kleine Balancierhebel trägt. Auf dem einen Ende derselben ruht der Schwimmer, während das andere Ende unter die Mutter B der Ventilnadel greift. Sowohl diese Mutter als auch das Ventil sind mit Nuten versehen, in welche zwei in der Säule befestigte Stifte eingreifen, um ein unbeabsichtigtes Verstellen zu verhindern. Um nun etwa den Flüssigkeitsspiegel etwas tiefer einzustellen, braucht man nur den Knopf der Ventilstange so weit zu heben, daß die oberen Nuten außer Eingriff mit dem Führungsstift kommen, und dann je nach Bedarf das Ventil um einen oder mehrere Zähne zu verdrehen. Zur Vornahme dieses einfachen Handgriffes bedarf es keinerlei Werkzeuges; ebenso kann auch der bajonettartig aufgesetzte Schwimmerdeckel ohne Zuhilfenahme von Schraubenschlüsseln oder dergl. abgenommen werden.

Statt der Ventilstange kann man mit gleichem Erfolge den Ventilsitz verstellbar machen (Abb. 15). Bei den erwähnten Anordnungen mit Schraubenfedern ist eine Verstellung des Niveaus durch die Feder in einfacher Weise möglich.

Eine andere bemerkenswerte Einrichtung zur Einstellung des Schwimmers kann man bei dem Lyma - Vergaser sehen (Abb. 119). Die Aufhängung der Schwimmergewichte geschieht an einem Gewindestopfen, durch dessen Verdrehung die Höhenlage der Gewichtsdrehpunkte verändert werden kann. Oben trägt der Stopfen einen Hebel, dessen Nase auf einer auf dem Schwimmerdeckel angebrachten Raste anliegt. Die Raste ist mit einer Skala versehen, welche die passende Einstellung des Schwimmerniveaus für die verschiedenen spezifischen Gewichte der Betriebsstoffe angibt.

Von den gezeigten Ausbildungen der Schwimmer grundsätzlich verschieden sind die zur Mischkammer konzentrisch angeordneten Schwimmer. Eine typische Bauart hiervon findet man bei dem Pallas - Vergaser (Abb. 106).

Der Schwimmer ist als Kippschwimmer ausgebildet und an einem Zapfen aufgehängt. Nahe seiner Aufhängung betätigt er die kurze, vierkantige Schwimmernadel. Sinnreich und sehr leicht ist das Schwimmergehäuse ausgebildet, welches aus einer durch eine Mutter nach oben gedrückten Blechglocke besteht.

Die Beobachtung des Niveaus geschieht meistens an der Spritzdüse. Da diese häufig schwer zugänglich angebracht ist, ist für den Laien die Einstellung keine einfache Aufgabe. Um dieselbe zu erleichtern und gleichzeitig eine Ueberwachung des Schwimmers im Betriebe möglich zu machen, sowie das Aufsuchen des Fehlers bei Betriebsstörungen zu vereinfachen, sind manche Bauarten mit einer besonderen Einrichtung zur Beobachtung des Brennstoffspiegels versehen.

In einfachster Form bildet die bei vielen Bauarten den Deckel durchdringende Ventilstange einen Flüssigkeitsstand, indem sie die Stellung des Schwimmers erkennen läßt. Diese durchgehende Stange, die übrigens gleichzeitig das Tippventil ersetzt, bringt eine Gefahr mit sich, indem durch die Führung leicht Wasser oder Staub eindringt, welche das Benzin verunreinigen und die freie Bewegung des Ventils hindern. Es sollte daher die Oeffnung des Schwimmerdeckels durch eine leicht abnehmbare Kappe verschlossen sein. Um den Brennstoffspiegel bequem beobachten können, ist beim Zenithvergaser ein Fenster in der Wand angebracht; auch kann man ein Standglas konstruktiv mit dem Schwimmerbehälter vereinigen (Abb. 25).

Das erwähnte sogenannte T i p p v e n t i l — auch Tupfer genannt — (Abb. 20), eine Vorrichtung, welche gestattet, den Schwimmer herunterzudrücken und dadurch das Benzin zum Ueberlaufen aus der Düse bringen, ist nur bei Vergasern ohne Leerlaufeinrichtung nützlich, um das Andrehen der Motoren zu erleichtern. Durch einen Drahtzug oder ein Gestänge sollte es von der Spitzwand oder vom Kühler aus zu betätigen sein.

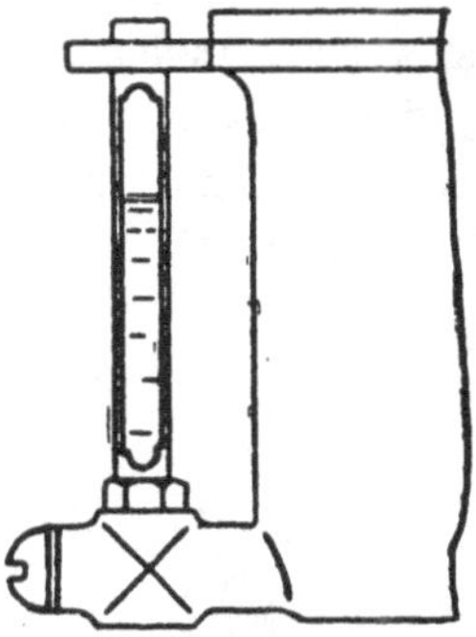

Abb. 25. Schwimmer mit Schauglas.

Die Schwimmervorrichtung wirkt beim Stillstand des Wagens nicht ganz so zuverlässig wie im Betrieb, wo die ständigen Vibrationen ein Festklemmen der Abschlußorgane verhindern. Um deshalb vor dem Auslaufen des Brennstoffes sicher zu sein, wird noch ein Absperrorgan in der Brennstoffzuleitung angebracht. Dieses kann man ersetzen durch eine Vorrichtung, welche die Ventilstange dauernd geschlossen hält; Abb. 21 zeigt beispielsweise eine drehbare Feder, durch deren Druck ein sicherer Abschluß des Benzins erfolgt.

b) B r e n n s t o f f d ü s e.

Unter den an einen Vergaser zu stellenden Anforderungen spielt die I n n i g k e i t der Mischung eine große Rolle. Von ihr hängt sowohl die Vollkommenheit der Verbrennung als auch die Menge der Niederschläge in der Leitung und an den Ventilen in weitem Maße ab. Vorbedingung einer innigen Mischung von Flüssigkeit und Luft ist aber eine intensive Z e r s t ä u b u n g der Flüssigkeit.

Bei Spritzvergasern erfolgt die Zerstäubung durch Ausfluß des Brennstoffes aus einer oder mehreren passend geformten Oeffnungen, „Düsen" genannt. Die Wirkung wird erhöht durch den Luftstrom, der den Benzinstrahl rings umgibt oder ihn senkrecht oder schräg trifft. Um die Auflösung des zersprühenden Brennstoffes in feinste Teilchen vollkommen zu machen, ließ man den Strahl früher verschiedentlich noch gegen einen sogenannten „Zerstäubungspilz" spritzen, was jedoch aus den später erwähnten Gründen nicht empfehlenswert ist. Bei Heranziehung dieser Faktoren zur Erzielung einer möglichst vollkommenen Zerstäubung ist zu beachten, daß der Saugwiderstand des Vergasers nicht zu sehr vergrößert wird.

Die Düsen beruhen meist auf der zerstäubenden Wirkung einer Querschnittverengung im Ausflußmundstück einer Leitung. In der Regel wählt man diesen engen Querschnitt konstant, schon aus Fabrikationsrücksichten. Es ist auch versucht worden, durch eine leichte Divergenz der Oeffnung die Zerstäubungswirkung zu verbessern. doch bietet die gleichartige und genau kalibrierte Herstellung solcher Düsenöffnungen große Schwierigkeit.

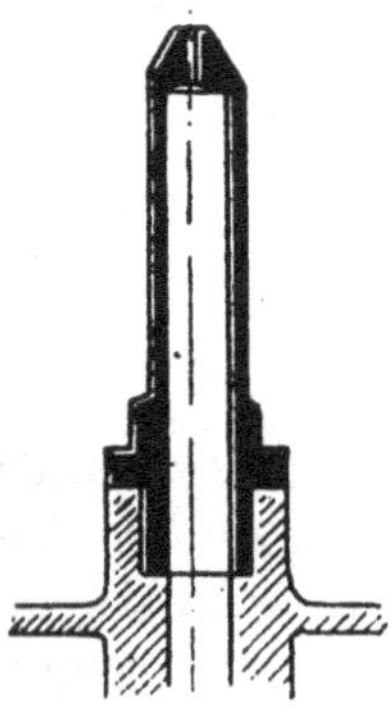

Abb. 26.

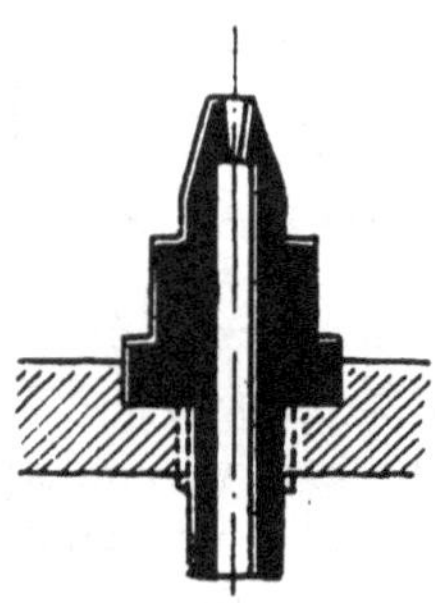

Abb. 27.

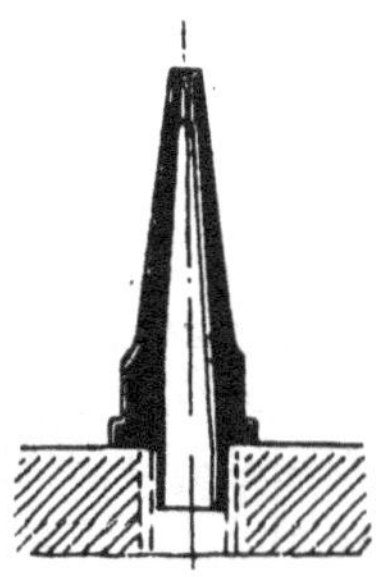

Abb. 28.

Düsen aus einem Stück hergestellt.

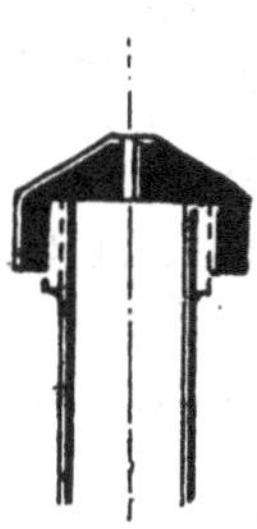

Abb. 29.

Abb. 30.

Düsen mit aufgesetztem Mundstück.

Abb. 26 bis 30 zeigen Vertreter der Hauptarten der konstruktiven Ausführungen von Düsen, und zwar solche mit zylindrischem und konischem Rohr und Ausflußmundstück, sowie solche mit aufgesetzter Kappe und aus einem Stück hergestellte.

In jedem Falle hängt die Feinheit der Zerteilung von der Weite der Bohrung ab. Da sich diese für einen bestimmten Brennstoffverbrauch nicht unter ein gewisses Maß bringen läßt, ist man darauf

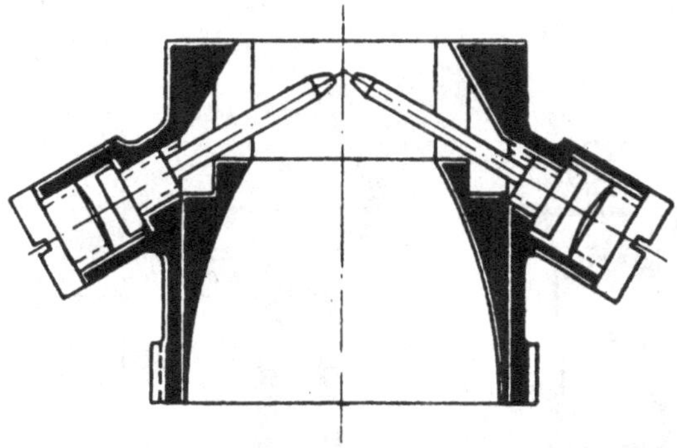

Abb. 31. **Düsenanordnung Brasier.**

gekommen, statt einer mehrere Düsen vorzusehen. Der Vergaser Brasier erreicht mit zwei schräg gegenübergestellten Düsen (Abb. 31) eine gute Wirkung. Einfacher ist es, statt mehrerer Düsen eine Düse mit mehreren Oeffnungen anzuwenden (Abb. 32).

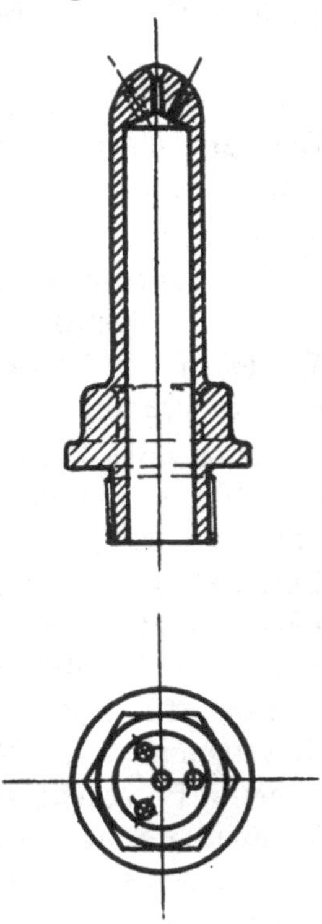

Abb. 32.
Düse mit mehreren Oeffnungen.

Will man in diesem Bestreben, der Anbringung mehrerer Oeffnungen, noch weiter gehen, so kann man dieselben vorteilhaft in die Schnittfläche eines Kegels verlegen, derart, daß der eine Konus glatt bleibt, während in den anderen feine Nuten eingeschnitten werden, wie bei dem Longuemare-Vergaser (Abb. 33). Während bei diesem der Luftstrom die Düse ringförmig umgibt, ist bei der auf dem gleichen Prinzip beruhenden Anordnung nach Abb. 34 die Düse in den äußeren Ring verlegt, wogegen die Luft zentral eintritt. Derartige Bauarten ergeben eine außerordentlich feine Zerstäubung, und trotz der sehr engen Oeffnungen ist ein Versagen weniger zu befürchten, da ein Verstopfen einiger Rillen noch keine völlige Betriebsstörung veranlaßt. Auch eine Reinigung ist durch Losschrauben des Kegels mit den Nuten sehr einfach vorzunehmen.

Bei einer eigenartigen, für schwere Brennstoffe bestimmten Bauart, ebenfalls von Longuemare stammend (Abb. 35), wird die eigentliche Spritzdüse von einer Kappe überragt, die in eine Rinne am Mundstück der Düse eingreift und den Brennstoff zwingt, sich

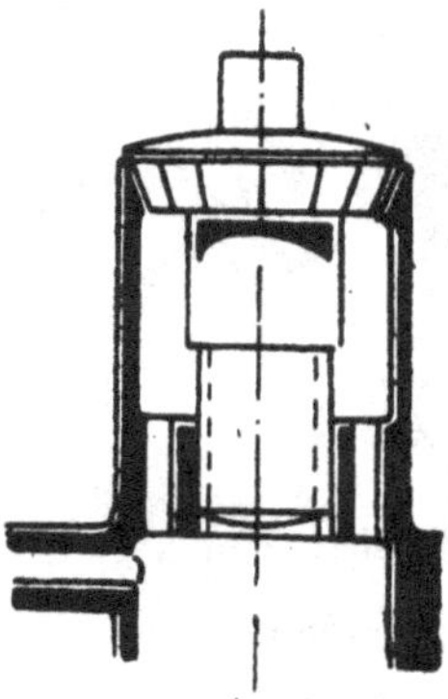

Abb. 33. Düse Longuemare.

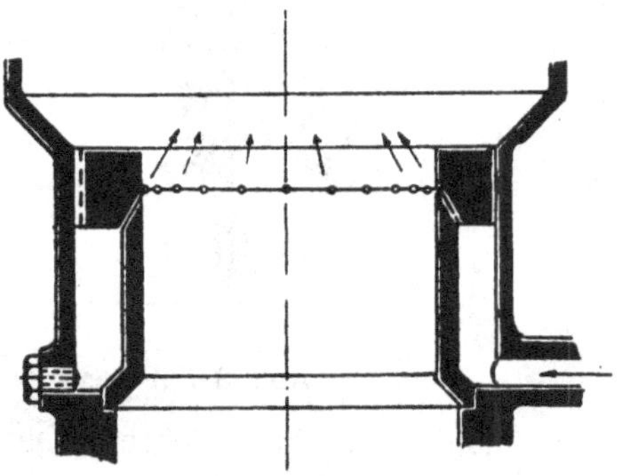

Abb. 34. Düsenanordnung Windhoff.

schleierförmig auszubreiten, bevor er aus den Oeffnungen entweicht. Die Zerstäubung ist bei dieser Anordnung, die nebenbei den Vorteil hat, einstellbar zu sein, recht vollkommen.

Beim Sthénos-Vergaser (Abb. 36) tritt an Stelle der vielen kleinen Bohrungen eine ringförmige Ausflußmündung, indem die Düse durch zwei sich nahezu berührende Kegelflächen gebildet wird. Durch Verstellen des inneren Kegels K mittels eines feinen Gewindes ist eine Regulierung der Düse in einfacher Weise möglich.

Man versuchte früher die Zerstäubung zu verbessern, indem man den Brennstoffstrahl gegen einen rauhen Körper, „Zerstäubungspilz" genannt, spritzen ließ. Man fand Konstruktionen, bei denen vor der Düse ein von Auspuffgasen durchzogenes Rohrbündel angeordnet war. Auch spritzte man vielfach den Brennstoff gegen mehrfache dichte Netze aus Drahtgaze und versah dazu die Wandungen noch mit Rippen. Es sind sogar mehrfache Versuche gemacht worden, die Zerstäubung durch Verwendung von Flügelrädern, die vom Luftstrom in Bewegung gesetzt werden, zu verbessern. Alle nach dieser Richtung zielenden Bestrebungen müssen als vollständig überflüssig und aussichtslos bezeichnet werden, da die Uebelstände des Zerstäubungspilzes, nämlich das Niederschlagen von flüssigen Brennstoffteilchen, die Vorteile überwiegen. Wenn das Verhältnis der Luftgeschwindigkeit zu den Abmessungen der Düse richtig gewählt ist, ergeben die einfachen Bauarten eine völlig genügende Zerteilung der Flüssigkeit.

Bei allen Spritzvergasern ist der Einfluß der Bohrung der Düse ein außerordentlich großer. Unterschiede des Durchmessers von

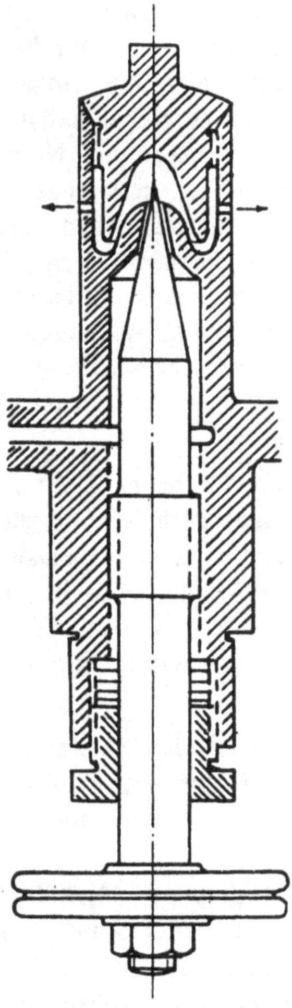

Abb. 35. Düse des Longuermare-Vergasers für schwere Brennstoffe.

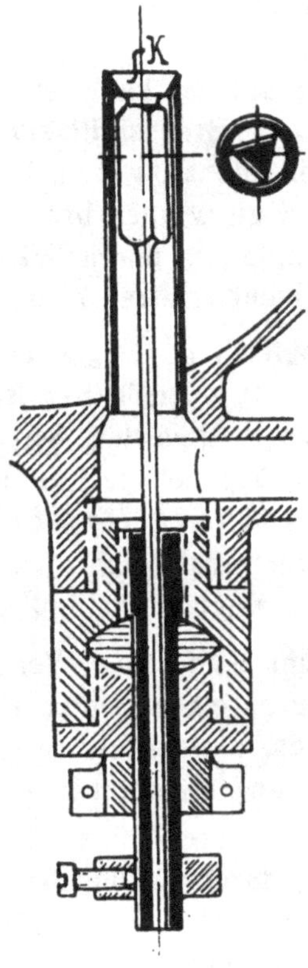

Abb. 36. Düse des Sthénos-Vergasers.

$^1/_{10}$ mm machen sich z. B., sowohl was Leistung des Motors als hauptsächlich auch, was Brennstoffverbrauch angeht, stark bemerkbar. Während also eine Vergasertype ihren allgemeinen Dimensionen nach für verschiedene Motorgrößen innerhalb verhältnismäßig weiter

Grenzen verwendbar ist, muß die günstigste Bohrung der Düse, bezw. die vorteilhafteste Anzahl von Nuten, für jeden einzelnen Fall genau durch Versuch ermittelt werden. Hieraus folgt, daß von einem guten Vergaser in konstruktiver Hinsicht leichte Auswechselbarkeit der Düse zu fordern ist, denn die nachträgliche Aenderung der feinen Bohrung wird stets Schwierigkeiten machen. Entweder wird deshalb das aus einem Stück hergestellte Spritzröhrchen als Ganzes auswechselbar in den Vergaser eingesetzt, oder man kann auch die Kappe mit der feinen Bohrung getrennt herstellen und auf das feste Rohr aufschrauben (Abb. 29, 30). Von diesen mit Nummern nach ihrer Weite bezeichneten Düsen wird zu jedem Vergaser eine passende Serie mitgeliefert. Bei neueren Bauarten wird vielfach die eigentliche kalibrierte Düse an einer bequem zugänglichen Stelle der Brennstoffleitung hinter dem Schwimmer eingeschaltet, während die Spritzdüse weiter ist und bei Einstellungen nicht geändert zu werden braucht. Daß bei Bauarten nach Abb. 33 u. 34 eine Aenderung durch Wahl eines Konus mit geeigneter Anzahl von Rillen leicht erfolgen kann, ist ersichtlich.

Obgleich es wegen der Empfindlichkeit der feinen Bohrung im allgemeinen vorteilhafter ist, dieselbe konstant zu halten, so gibt es doch einige Bauarten, bei denen die Düsenöffnung selbst einstellbar ist. Es läßt sich darüber streiten, ob diese Art der allzu bequemen Einstellbarkeit überhaupt erstrebenswert ist, da sie unter Umständen die Gefahr des schlechten Funktionierens infolge unsachgemäßer Regulierung mit sich bringt.

Beim Sthénos-Vergaser (Abb. 36) wird das Spritzröhrchen oben durch einen in demselben geführten Stift mit Kegelkopf K verschlossen, der mittels eines sehr feinen Gewindes eine empfindliche Regulierung gestattet.

Auf andere Weise läßt sich eine größere Empfindlichkeit der Einstellung durch Verwendung einer spitzen Ventilnadel N in der Düse erreichen (Abb. 37). Beträgt der Spitzenwinkel von Düse und Regulierungsschraube α, so erkennt man, daß bei einer achsialen Verschiebung der Nadel um a der Ausflußquerschnitt nur um $a \cdot \sin \alpha$ verändert wird.

Bei den Bremsdüsenvergasern, bei denen eine selbsttätige Regelung der Brennstoffzufuhr stattfindet, ist die eigentliche Brennstoffdüse meist für sich im Brennstoffkanal angeordnet und stellt nur einen kalibrischen Durchflußquerschnitt dar, während der Brennstoffaustritt aus einem besonderen Steigrohr stattfindet.

Ein typisches Beispiel für eine Bremsdüsenanordnung ist die in Abb. 38 dargestellte Bremsdüse des Claudel-Vergasers. Das Steigrohr 3 ist von einer Laterne N umgeben. Der Brennstoff tritt bei k in das Steigrohr 3 ein und durch die kalibrierte Düse 5 aus, um sich mit der bei 1 in die Laterne N eintretenden Luft zu mischen und mit dieser durch die Bohrungen 2 in den Mischraum des Vergasers überzutreten.

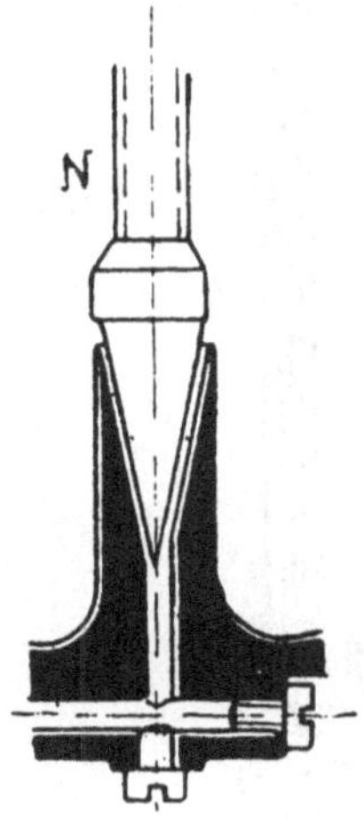

Abb. 37. Einstellbare Düse.

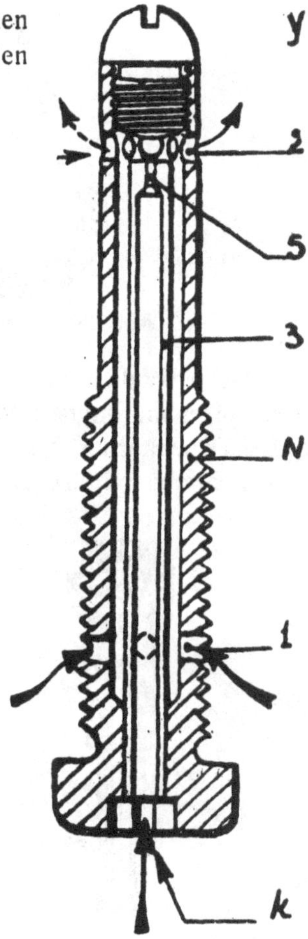

Abb. 38.
Düse des Claudel-Vergasers.

Abb. 39 zeigt die Bremsdüse des Solex-Vergasers. Das Steigrohr G trägt an seinem unteren Ende die kalibrierte Düsenöffnung o und die seitlichen Oeffnungen a und sitzt im Düsenkörper t. Durch die Laterne A wird es mit seinem konischen Ende dicht in seinen Sitz gedrückt. Die Laterne trägt die Oeffnungen s für die Zufuhr der Bremsluft.

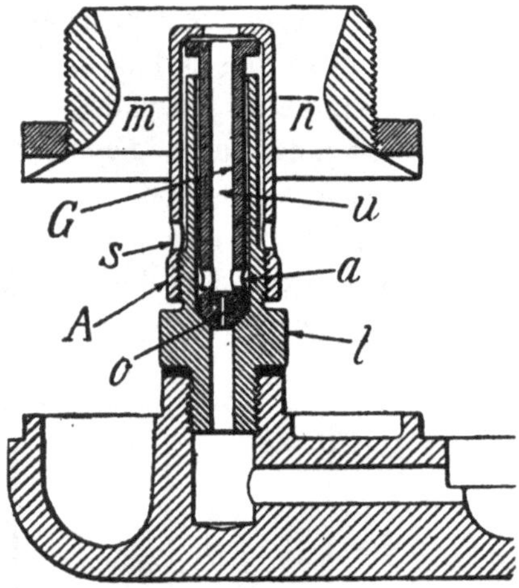

Abb. 39. Düseneinrichtung des Solex-Verdasers.

Eine besonders zweckmäßig ausgebildete und leicht zugängliche Bremsdüsenanordnung findet man beim Pallas-Vergaser (Abb. 40). In den Düsenkörper F ist am unteren Ende die auswechselbare kalibrierte Brennstoffdüse E eingeschraubt. Am oberen Ende ist dem

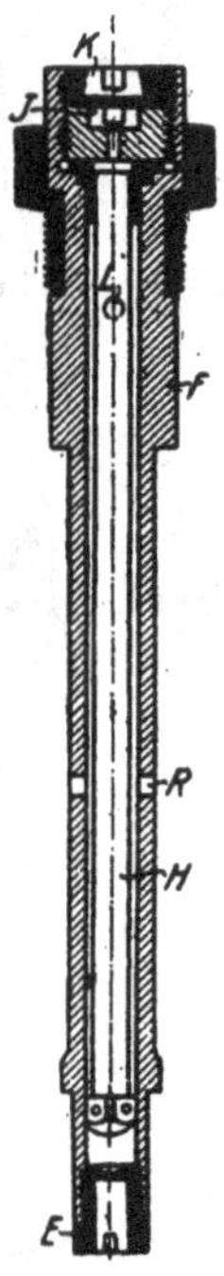

Abb. 40.
Düsenausbildung des Pallas-Vergasers.

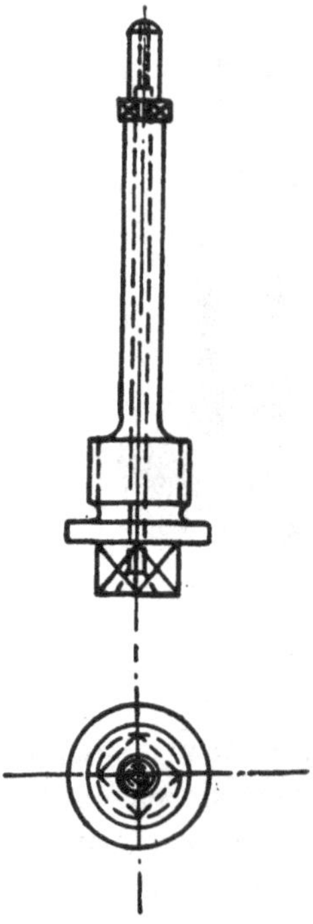

Abb. 41.
Hauptdüse des Zenith-Vergasers.

Tauchrohr H eine Bremsluftdüse J vorgelagert. Das Tauchrohr trägt an seinem unteren Ende kleine Bohrungen, durch welche die Bremsluft austritt, um sich mit dem Brennstoff zu vermischen und mit diesem den Düsenkörper durch die Oeffnung R zu verlassen. Vor der Oeffnung der Bremsluftdüse ist ein Luftreinigungssieb angebracht. Nach Herausschraubung der Luftdüse ist auch das Tauchrohr bequem herausnehmbar. Der schräg den Mischraum durchdringende Düsenkörper dichtet mit seinem unteren konischen Ende in der inneren Wand der Schwimmerkammer ab.

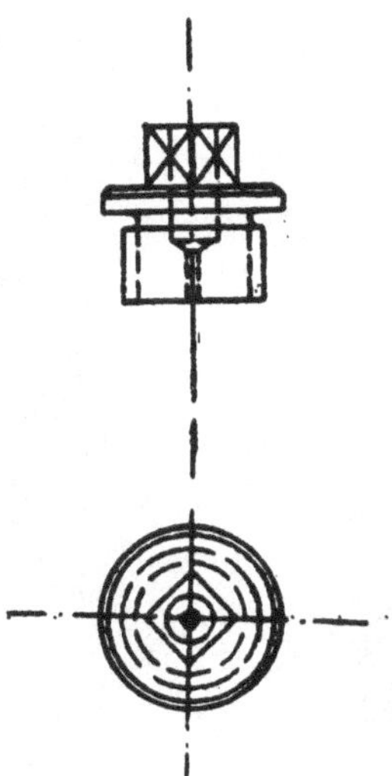

Abb. 42.
Compensatordüse des Zenith-Vergasers.

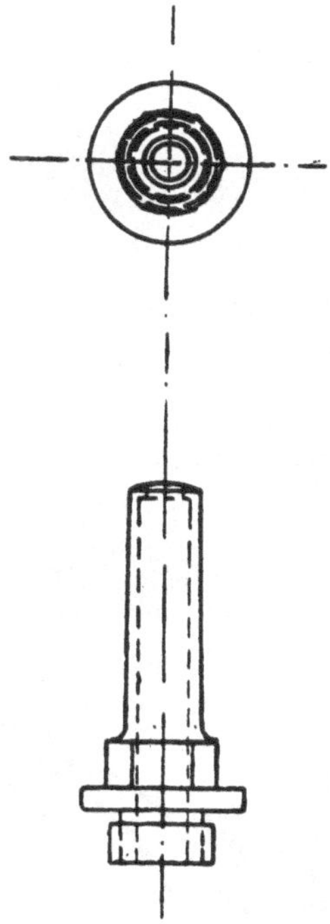

Abb. 43.
Steigrohr des Zenith-Vergasers.

Die Düsen des Zenith-Vergasers sind verhältnismäßig einfacher; kompliziert ist nur das Kanal- und Saugrohrsystem der genannten Düsenanordnung (siehe Abb. 113). Die Hauptdüse ist eine gewöhnliche Spritzdüse und ist in Abb. 41 dargestellt. Zur konzentrischen Führung trägt dieselbe oben einen Vierkant. Die Kompensatordüse Abb. 42 stellt eine kalibrierte Drosselöffnung dar, welche in das Kanalsystem eingebaut ist. Das von dieser Düse gespeiste Steigrohr Abb. 43 ist konzentrisch zur Hauptspritzdüse angeordnet.

Abb. 44 zeigt die Düse des Fiat-Flugmotorenvergasers. Die Brennstoffdüse ist von einer Hülse umgeben, deren Höhenlage mittels eines Steilgewindes verändert werden kann. Die Hülse trägt eine nach innen gerichtete Nadel, durch deren Stellung der Brennstoffaustritt aus dem Steigrohr den jeweiligen Bedürfnissen entsprechend gedrosselt wird. Der Austritt des Brennstoffes geschieht durch seitliche Oeffnungen in der Hülse. Näheres über die Bauart des Vergasers ist aus Abb. 154 ersichtlich.

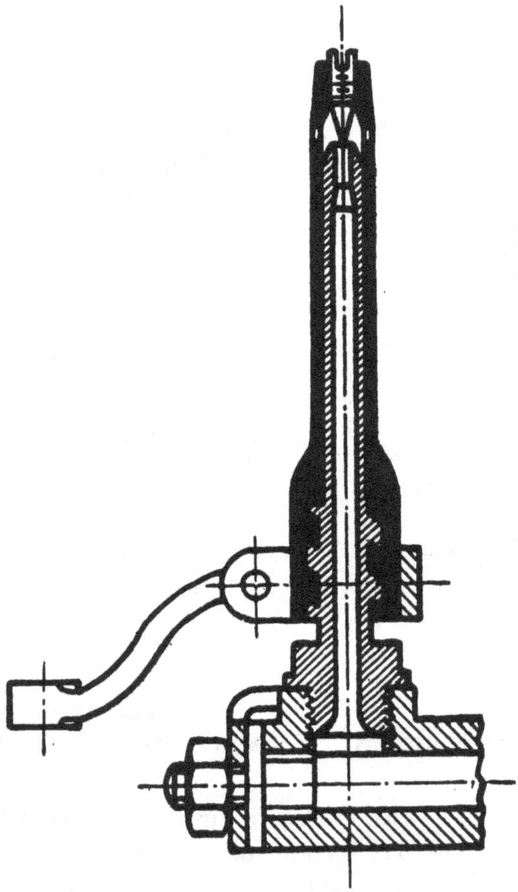

Abb. 44.
Düse des Fiat-Flugmotoren-Vergasers.

Eine Ineinanderschachtelung zweier Zerstäuberdüsen ist bei dem Zenith-Vergaser des Hispano-Suiza-Motors Abb. 45 zu sehen. (Vergl. auch Abb. 159.) Die innere Luftdüse, welche einen

Innendurchmesser von 12 mm aufweist, trägt an ihrer Einschnürung die Mündungen der Brennstoffzuleitung. Die Mündung dieser Düse befindet sich am engsten Querschnitt der Hauptluftdüse, wodurch bei geringem Druckverlust der Luft ein wesentlicher Unterdruck erzielt wird, welcher die Zerstäubung des Brennstoffes fördert. Es stellt die Einrichtung eine mehrstufige Düse vor.

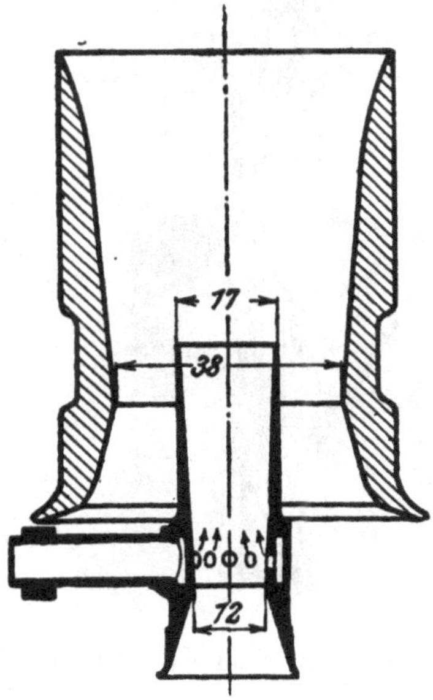

Abb. 45.
Düsenausbildung am Zenith-Vergaser des Hispano-Suiza-Motors.

Für das Anlassen und den Leerlauf des Motors werden an den Vergasern besondere Leerlaufeinrichtungen verwendet, die meist als kleine Nebenvergaser anzusprechen sind. An einigen Beispielen soll die Ausbildung derartiger Einrichtungen gezeigt werden. Das Wesentlichste bei der Konstruktion der Leerlaufvorrichtung ist, ihre Mündung an jene Stelle zu verlegen, an welcher bei stark gedrosseltem Motor die größte Saugwirkung stattfindet. Bei der in Abb. 46 dargestellten Leerlaufvorrichtung des Claudel-Vergasers geschieht dies dadurch, daß durch das Steigrohr a ein Röhrchen f in den hohlen Drosselschieber hineingeführt ist. Bei Leerlaufstellung des Schiebers schiebt sich über das Ende des Röhrchens ein schmaler Schlitz des ersteren, welcher nur die für den Leerlauf erforderliche Luft hindurchtreten läßt. Durch den an der Mündung des Röhrchens hierbei auftretenden starken Saugzug wird aus dem Röhrchen vor-

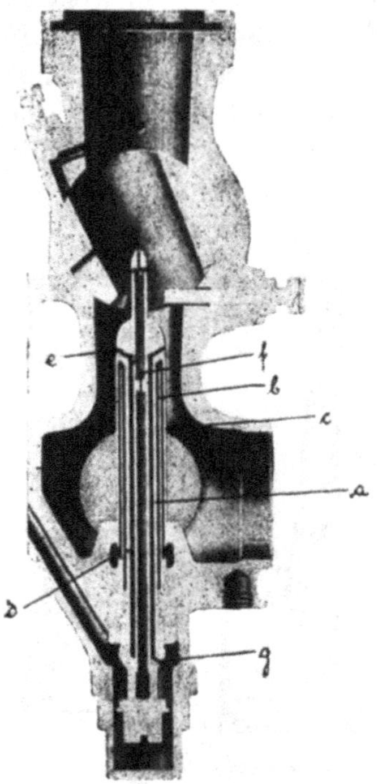

Abb. 46. Leerlaufvorrichtung des Claudel-Vergasers.

zerstäubter Brennstoff angesaugt. Der Brennstoff strömt durch eine kleine Düse zu und mischt sich vor seinem Austritt in den Drosselschieber mit der durch die Oeffnungen eintretenden Luft. Bei ganz geschlossener Drossel wird dieses Gemisch durch den Umführungskanal z der Saugleitung des Motors zugeführt. Bei anderen Vergasern mündet die Leerlaufvorrichtung seitlich am Spalt der nahezu geschlossenen Drosselklappe. So z. B. bei der Leerlaufvorrichtung des Zenith-Horizontal-Vergasers Abb. 47 a. In einer seitlichen Kammer des Vergasers ist der Düsenkörper Q eingeschraubt. Derselbe trägt die kalibrierte Brennstoffdüse a und die Oeffnungen b für die von o zutretende Luft. Von oben her ist in den Düsenkörper ein auf- und niederschraubbares Rohrstück B eingeschraubt, das sich über die Mündung von a stülpt und dort einen ringförmigen Spalt für den Zutritt der Luft freiläßt. Durch das vorerwähnte Verstellen des Einsatzes B kann man den Durchgangsquerschnitt des Ringspaltes und damit die Zusammensetzung des Leerlaufgemisches verändern. Der vorzerstäubte Brennstoff gelangt durch einen Kanal d zum

Drosselspalt U. In ähnlicher Weise ist die Leerlaufvorrichtung des Zenith-Vertikal-Vergasers Abb. 47 b ausgebildet. Bei der Leer-

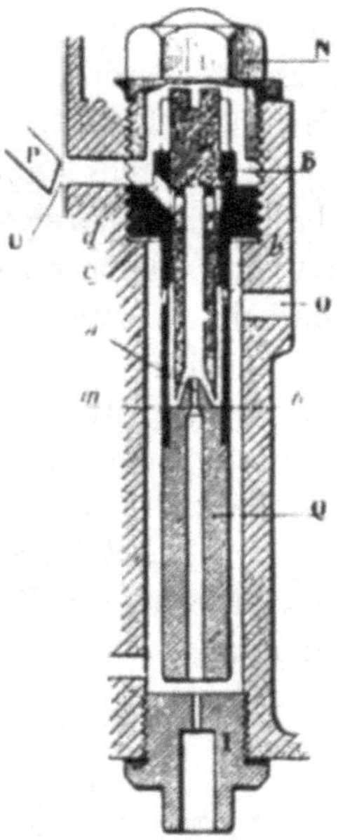

Abb. 47a.
Leerlaufvorrichtung des
Zenith-Horizontal-Vergasers.

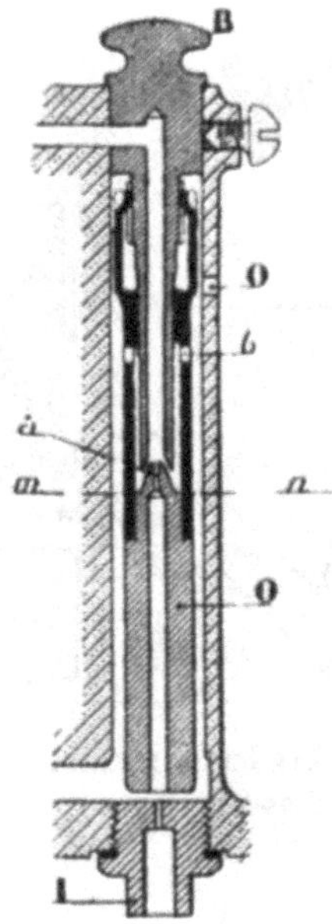

Abb. 47b.
Leerlaufvorrichtung des
Zenith-Vertikal-Vergasers.

laufvorrichtung des P a l l a s - Vergasers Abb. 48 wird das vorzerstäubte Brennstoffluftgemisch aus dem Düsenkörper F der Bremsdüse durch einen Kanal M und eine auswechselbare Leerlaufdüse N zum Drosselspalt gesaugt. Vgl. Abb. 40.

Wie schon bei Besprechung einiger Konstruktionen erwähnt wurde, ist auf eine leichte Reinigung der Düse großer Wert zu legen. Trotz aller Vorsichtsmaßregeln ist es nämlich nie zu vermeiden, daß Verunreinigungen, die im Brennstoff enthalten sind, sich in der Düse festsetzen. — Derartige leicht vorkommende Betriebstörungen, z. B. durch Staub, Putzwollfäden, Wasser u. dergl., müssen leicht abzustellen sein, indem man durch Ausblasen oder mittels eines feinen Drahtes die Düsenöffnung wieder frei macht. Ist die Düse zentral angeordnet, so ist dies meist durch Entfernen einer unteren Verschlußschraube oder durch Abheben des Deckels möglich. Bei quer zur Achse eingebauten oder schräg gestellten Düsen sind besondere Reinigungsschrauben vorzusehen. Besser ist in jedem Falle, die Düse leicht herausnehmbar anzuordnen.

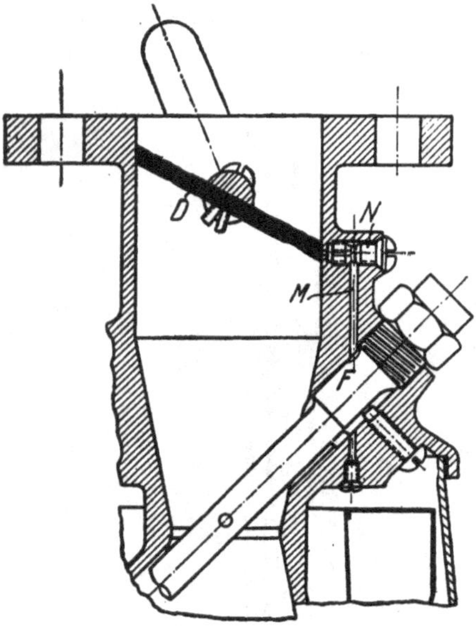

Abb. 48. Leerlaufvorrichtung des Pallas-Vergasers.

Bei dem heutigen Stande der Vergasertechnik, wo die Vergaser in der Hauptsache nur noch von Spezialfabriken hergestellt werden, ist es erforderlich, daß der Herstellung und Prüfung der Düsen besondere Sorgfalt zugewandt wird, um die Auswechselbarkeit zu gewährleisten. Die Düsen müssen entsprechend ihrer Ausflußöffnung numeriert sein. Meist bezeichnet man z. B. eine Düse von 1,35 mm Lochdurchmesser als Düse Nr. 135. Die Abstufung erfolgt von 5 zu 5.

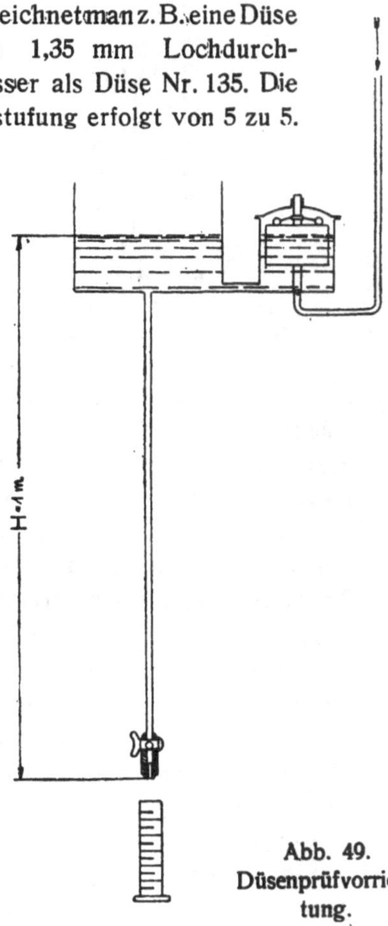

Abb. 49. Düsenprüfvorrichtung.

Es ist von den Vergaserherstellern stets zu verlangen, daß die Düsen genau kalibriert und geeicht sind, da bekanntlich die Durchflußmenge bei gleicher Druckhöhe nicht nur von der Größe des Düsenloches abhängt, sondern wesentlich auch von der Beschaffenheit desselben.

Ratsam ist für den Verbraucher, sich einen einfachen Düsenprüfapparat, wie Abb. 49 zeigt, anzuschaffen, mit welchem Stichproben vorgenommen werden. Die Durchflußmenge wird in cm^3 in der Minute bei 1 m Druckhöhe gelieferten Wassers ausgedrückt und ist für gangbare Düsen tabellarisch zusammenzustellen. Nachstehend sei als Beispiel eine Tabelle für die Düsen einiger Vergaser gebracht.

Düsentabelle für Zenith-Vergaser (1 m Wassersäule).

Bohrung in $\frac{1}{100}$ mm	Ausflußmenge in cm³/Min. Haupt-Düse	Ausflußmenge in cm³/Min. Kompensator-Düse	Bohrung in $\frac{1}{100}$ mm	Ausflußmenge in cm³/Min. Haupt-Düse	Ausflußmenge in cm³/Min. Kompensator-Düse
35	12	17	170	498	521
40	18	23	175	528	552
45	25	29	180	558	584
50	33	36	185	589	622
55	40	44	190	621	656
60	49	53	195	654	691
65	59	67	200	689	727
70	70	78	205	723	758
75	85	90	210	758	795
80	99	105	215	795	833
85	111	119	220	832	873
90	126	134	225	870	913
95	145	153	230	909	952
100	160	169	235	949	996
105	180	186	240	990	1033
110	200	210	245	1031	1081
115	220	229	250	1073	1125
120	240	250	255	1116	1171
125	264	274	260	1160	1216
130	288	296	265	1204	1263
135	311	319	270	1248	1308
140	334	347	275	1298	1355
145	359	372	280	1349	1412
150	385	399	285	1397	1463
155	410	430	290	1445	1515
160	441	458	295	1496	1561
165	469	487	300	1548	1621

Düsentabelle für Pallas-Vergaser (1 m Wassersäule).

Düsenbohrung mm	Durchflußmenge cm³/Min.	Düsenbohrung mm	Durchflußmenge cm³/Min.	Düsenbohrung mm	Durchflußmenge cm³/Min.
0,4	—	1,10	212	1,70	490
0,5	48	1,15	230	1,75	517
0,6	56	1,20	249	1,80	544
0,65	68	1,25	268	1,85	572
0,70	81	1,30	290	1,90	600
0,75	95	1,35	313	1,95	628
0,80	110	1,40	337	2,00	656
0,85	126	1,45	361	2,05	684
0,90	143	1,50	386	2,10	712
0,95	160	1,55	411	2,15	740
1,00	177	1,60	437	2,20	768
1,05	194	1,65	463	2,25	800

Man kann die Schwimmervorrichtung irgend eines Vergasers benutzen, um einen konstanten Wasserspiegel zu behalten. Die Durchgänge sind sehr reichlich zu bemessen, um durch Reibungsverluste kein falsches Bild zu bekommen. An den Schwimmer schließt sich ein genügend weites Fallrohr an, gegebenenfalls ein Stück Schlauch, an dessen Ende die zu prüfende Düse angebracht wird. Die Höhe von der Ausflußöffnung bis zum Schwimmerspiegel beträgt genau 1 m. Die Wasserausflußmenge wird mittels Meßglas und Stoppuhr gemessen.

c) Heizung.

Mit der Vergasung der Brennstoffe ist stets eine Temperaturabnahme verbunden, indem die zur Ueberführung vom flüssigen in den gasförmigen Zustand verbrauchte Wärmemenge der Umgebung entzogen wird. In den meisten Fällen wird deshalb der Vergaser mit einer besonderen Heizvorrichtung versehen. Bei Verwendung von schweren Brennstoffen ist dies stets unerläßlich, während bei Benzin je nach Art der Unterbringung des Vergasers die vom Zylinder ausstrahlende und durch Leitung übertragene, sowie die durch die angesaugte Luft zugeführte Wärme genügen kann. In anderen Fällen hingegen kann man auch bei ungenügend geheizten Benzinvergasern eine Reifbildung oder gar ein vollständiges Einfrieren beobachten.

Die der Umgebung entzogene Wärmemenge hängt neben der Art des Brennstoffes von dem Verhältnis der vergasten zur zerstäubten Brennstoffmenge ab. Wie bereits gesagt, ist das Streben im Vergaserbau überhaupt mehr auf eine intensive Zerstäubung als auf eine vollkommene Vergasung gerichtet; jedenfalls wäre es verfehlt, die Diffusion durch eine übermäßige Heizung erreichen zu wollen. Die Heizung des Vergasers muß als notwendiges Uebel in Kauf genommen werden, damit der Vergasungsvorgang ohne Störung vor sich geht, ohne dabei aber die wichtigere Forderung: „möglichst kaltes Gemisch“ außer acht zu lassen. Um die Berechtigung dieser Forderung zu verstehen, muß man sich vergegenwärtigen, daß der einzige Vorteil der intensiven Heizung in der vollkommeneren Vergasung des Gemisches liegt. Dieser Vorteil ist nicht zu hoch anzuschlagen, da man bei gut konstruierten, wenig oder ungeheizten Vergasern über eine mangelhafte Verbrennung nicht zu klagen hat. Andererseits ist dieser Vorteil durch andere große Uebelstände erkauft. Zunächst sinkt mit steigender Temperatur des Gemisches die Motorleistung infolge der geringeren Füllung. Eine bessere Wärmeausnutzung ist durch die Vergaserheizung auch nicht zu erzielen, da die in Frage kommenden Wärmemengen zu klein sind gegen die durch

Auspuff und Kühlung verloren gehenden. Unter Umständen kann sogar die wegen der Heizung notwendige niedrigere Verdichtung den Wirkungsgrad des Motors ungünstig beeinflussen. Ein kälteres Gemisch wirkt durch die wirksame Kühlung von Ventilen und Zündvorrichtungen außerordentlich günstig auf die Lebensdauer dieser Organe ein, günstiger als die Kühlung durch die wasserbespülten Doppelwandungen. Fällt diese Kühlung durch das Gemisch fort, so liegt Gefahr des Heißlaufens und der Selbstentzündungen nahe, wovon man sich besonders bei luftgekühlten Motoren überzeugen kann, bei denen es unter Umständen unerläßlich ist, die Luft unvorgewärmt zu entnehmen. Bei der Vergaserheizung macht sich häufig der Uebelstand bemerkbar, daß das Gemisch in der ungeheizten Zuleitung zum Motor eine Abkühlung erfährt, die mit einem Niederschlag von flüssigem Brennstoff verbunden ist. Diese in den Zylinder mitgerissenen Tropfen vergasen und verbrennen viel unvollkommener als ein kälteres, gut zerstäubtes Gemisch, was man an dem Aussehen und dem Geruch der Auspuffgase erkennen kann. Bei schwerflüchtigen Brennstoffen, besonders bei Petroleum, findet bei mangelnder Heizung der Saugleitung leicht ein Zerfall des Gemisches statt. Das Petroleum scheidet sich aus und läuft in den Vergaser zurück. Kurze Leitungen sind hier von Vorteil.

Ueber die mit der Aenderung des Aggregatzustandes verbundene Wärmeübertragung hat Claudel[1]) Untersuchungen angestellt, die allgemeines Interesse verdienen, da sie einen Ueberblick über die Größe der umgesetzten Wärmemengen und die Höhe der zur Vergasung erforderlichen Mindesttemperatur geben.

Da die spezifische Wärme der Luft 0,2375 Kcal, die des Benzins etwa 0,5 Kcal beträgt, bedarf ein aus 15 Teilen Luft und einem Teil Benzin zusammengesetztes Gemisch bei der Erhöhung seiner Temperatur um 1 Grad einer Wärmemenge von

$$15 \,.\, 0{,}2375 + 0{,}5 = 4{,}05 \text{ Kcal.}$$

Die latente Verdampfungswärme des Benzins beträgt etwa 117 Kcal. Daraus folgt, daß bei der Verdunstung von 1 kg eine Temperaturverminderung von

$$\frac{117}{4{,}05} = 28{,}8^0$$

stattfindet.

Vom Verhältnis der Dampfspannung zur Temperatur wird es nun abhängen, welche Mindesttemperatur genügt, damit sich der Vergasungsvorgang dauernd ohne Störung abspielt.

---

[1]) Société des Ingenieurs Civils de France, mars 1904.

Bezeichnet mit

p Spannung,
d Dichte

eines 15 Teile Luft enthaltenden brennbaren Gemisches, bezogen auf 0° und 760 mm Quecksilber, so folgt nach dem Mariotte-Gay-Lussacschen Gesetz für das Volumen V bei t Grad und (760 — p) Druck:

$$V = 15\,(1 + \alpha t)\,\frac{760}{760 - p}.$$

Andererseits kann man für das Gewicht von 1 kg des Gases unter dem Druck p die Gleichung aufstellen:

$$1 = V \,.\, d \,.\, 1{,}293\,\frac{p}{760}\;\frac{1}{1 + \alpha t}.$$

Aus den beiden Gleichungen ergibt sich durch Eliminierung von V:

$$p = \frac{760}{1 + 15 \,.\, 1{,}293 \,.\, d}$$

Durch Einsetzen von Zahlenwerten erhält man p = 10 mm, was einer Temperatur von —18° entspricht.

Da aber die Vergasung eine Temperaturreduktion von 28,8° bedingt, beträgt die kritische Mindesttemperatur

$$-18° + 28{,}8 = 10{,}8°.$$

In Wirklichkeit liegen die Verhältnisse noch günstiger, da die praktische Luftmenge immer größer als die theoretisch ermittelte ist. Rechnet man z. B. mit einem 1,3fachen Luftüberschuß, so erniedrigt sich die kritische Temperatur auf 0°.

Stellt man für andere Brennstoffe in gleicher Weise diese Beziehungen auf, so ergibt sich folgendes Bild:

Brennstoff	Sättigungstemperatur des Brennstoffgemisches	Verdunstungskälte	Mindesttemperatur
Benzin . .	—18°	— 29°	+ 11°
Benzol . .	—05	— 30	+ 25
Alkohol . .	+20	—110	+130
Dekan. . .	+40	— 35	+ 75
Naphtalin .	+90	— 40	+130

Die angegebenen Mindesttemperaturen gelten nur für den idealen Fall vollständiger Vergasung. Da in Wirklichkeit aber, wie ausgeführt wurde, nur eine Zerstäubung und teilweise Vergasung vorliegt, sind die Zahlen nicht als absolute Werte, sondern nur als Vergleichswerte anzusehen.

Professor Meyer[1]) hat über die Vergasung von Spiritus ähnliche Untersuchungen angestellt und ist dabei zu dem Schluß gekommen, daß zur Vergasung von 1 kg Spiritus von 20° C. rund 240 WE notwendig sind, und daß eine Temperatur von 25—30° C. genügt, um die Bildung von Niederschlägen an den Wandungen zu verhüten.

Die schweren Brennstoffe verlangen die stärkere Heizung nicht nur wegen ihrer größeren Verdampfungswärme, sondern außerdem, weil ihre Vergasung langsamer erfolgt, was bei der schnellen Aufeinanderfolge der einzelnen Takte unangenehm bemerkbar wird. Diesem Umstand wird durch die stärkere, die Diffusion beschleunigende Heizung Rechnung getragen.

Zur Heizung werden entweder die Auspuffgase oder das Kühlwasser benutzt.

Bei einer Vorwärmung der angesaugten Luft verlängert man das Luftrohr bis zum Auspuffrohr oder bei luftgekühlten Motoren bis zu den Zylinderrippen und entnimmt die Luft durch ein trichterförmig den heißen Körper umfassendes Mundstück. Man kann die Wirkung verstärken, indem man das Ansaugstück als Heizkorb ausbildet, der das Auspuffrohr auf einer größeren Länge umgibt. Um die Temperatur regulieren zu können, bringt man machmal in der Leitung einen Schieber an, der die Zuführung von kalter Luft gestattet.

Wirksamer ist die Heizung durch Auspuffgase, welche den doppelten Mantel oder Boden des Vergasers umspülen.

Die meisten dieser Ausführungen sind ohne jede Aenderung auch für Wasserheizung zu gebrauchen. Diese bietet den Vorteil einer sehr gleichmäßigen Wirkung. Sie tritt jedoch im Gegensatz zur Auspuffheizung erst später, etwa 5 bis 10 Minuten nach Ingangsetzen in Funktion, dafür hält sich andererseits die erhöhte Temperatur des Vergasers länger, so daß das Anfahren nach kurzen Betriebspausen erleichtert wird. Die Regelung kann ebenso wie bei Auspuffheizung durch Drosselung der Leitung in einfacher Weise erfolgen.

Die Vergasertemperatur schwankt bei fest eingestelltem Regulierorgan etwas mit der Tourenzahl, indem mit steigendem Brennstoffverbrauch die Temperatur sinkt. Zwar steigt mit der Leistung auch gleichzeitig die Intensität der Heizung, jedoch nicht in demselben Maße wie der Wärmeverbrauch. Die auftretenden Unterschiede sind jedoch gering; bei einem 3 PS Fafnir-Motor wurde bei einer Aenderung der Leistung von 3,2 PS bis zum geringsten erreichbaren Wert eine gleichmäßige Steigerung der Gemischtemperatur von 6—12° ge-

[1]) Z. d. V. d. J. 1905. S. 13.

messen. Derartige Unterschiede bewirken keine praktisch merkliche Beeinflussung der Gemischzusammensetzung; rechnerisch ergibt sich allerdings eine Steigerung des Gemischreichtums mit der Temperatur wegen der stärkeren Ausdehnung der Luft, jedoch sind die Einflüsse so gering, daß eine besondere Regulierung der Vergaserheizung entsprechend der Motorleistung überflüssig ist. Das Regelorgan dient vielmehr nur dazu, den Temperaturunterschied im Winter und Sommer auszugleichen. Trotzdem sind versuchsweise in die Heizleitung Apparate eingebaut worden, welche selbsttätig eine gleichbleibende Temperatur einstellen, indem z. B. ein Stab je nach seiner Ausdehnung mittels starker Uebersetzung den Heizwasserzufluß mehr oder weniger absperrte. Derartige Vorrichtungen sind als nicht notwendig zu bezeichnen und haben auch bisher keine allgemeine Anwendung finden können. Anders liegen die Verhältnisse bei schweren Brennstoffen, bei denen die stärkere Heizung eine selbsttätige Regelvorrichung eher berechtigt. Von der Beheizung der Vergaser für schwere Brennstoffe wird in einem besonderen Abschnitt (vergl. S. 186—217) noch näher die Rede sein.

d) Regelung.

Der Zweck der Regelung des Vergasers kann ein zweifacher sein. Entweder handelt es sich darum, die Motorleistung durch Aenderung des Unterdruckes in der Gemischkammer zu beeinflussen oder die Gemischzusammensetzung zu verändern. Hier sei zunächst die Rede von der quantitativen Regelung, während die qualitative Regelung unter „Bauarten" näher betrachtet werden soll.

Diese Trennung beider Regelungsarten tritt jedoch nicht mit aller Schärfe ein, sondern mit der Drosselung ist stets auch eine Aenderung der Gemischzusammensetzung verbunden. In gewissen Fällen kann dies Zusammenwirken, z. B. beim Homa-Vergaser, erwünscht sein, um die Regelgrenzen besonders nach unten hin zu erweitern. Im allgemeinen ist aber die Abhängigkeit der beiden Regelarten als ein in der Natur der einfachen Spritzvergaser begründeter Mangel zu bezeichnen. Wie nämlich bei Betrachtung der Vorgänge bei der Gemischbildung ausgeführt worden ist, hat eine Veränderung des Unterdrucks — und hierdurch äußert sich die Wirkung der Drosselung — stets eine veränderte Gemischbildung zur Folge.

Von der genauen Betrachtung aller bei den verschiedenen Regelverfahren von Explosionsmotoren in Frage kommenden Gesichtspunkte kann hier, als nicht zum Thema gehörig, abgesehen werden. Es sei nur darauf hingewiesen, daß die quantitative Regelung nicht notwendig durch den Vergaser geschehen muß. Die zu lösende Aufgabe ist einfach, die Zylinderfüllung zu beeinflussen; dies kann ebenfalls erreicht werden durch Veränderung des Ventilhubes oder der Dauer der Oeffnung bei gesteuerten, durch Aenderung der Federspannung bei automatischen Ventilen. Selbst wenn man eine Drosselung anwendet, kann diese unabhängig vom Vergaser in die Ansaugleitung eingebaut werden. Trotz dieser vielen Konstruktionsmöglichkeiten ist die Verbindung der Drosselung mit dem Vergaser Regel, während vielfach außerdem noch eines der anderen Regelverfahren daneben beigehalten wird, um die Wirkung zu verstärken.

Konstruktiv weist die Ausbildung der Drosselorgane mannigfache Formen auf. Eine häufig angewandte einfache Form ist die einfache Klappe, Abb. 50, die sich ohne Querschnittserweiterung bequem in

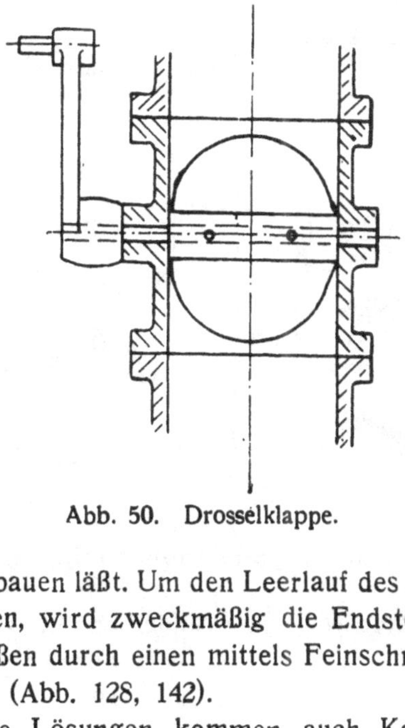

Abb. 50. Drosselklappe.

die Rohrleitung einbauen läßt. Um den Leerlauf des Motors empfindlich einstellen zu können, wird zweckmäßig die Endstellung der Drosselklappe beim Schließen durch einen mittels Feinschraube verstellbaren Anschlag begrenzt (Abb. 128, 142).

Als brauchbare Lösungen kommen auch Kolbenschieber nach Art der Abb. 51 und 52 in Frage, deren Schlitze man zweckmäßig so formt, daß die Drosselung gegen Ende hin empfindlicher wird. Abb. 56 zeigt zwei Drosselvorrichtungen hintereinander angeordnet, von denen die eine von Hand, die andere vom Regler betätigt wird. Sowohl Drehschieber als auch Kolbenschieber neigen zum Festsetzen, was namentlich bei Verwendung von Drehzahlreglern gefährlich ist, die eine leicht spielende Drosselklappe bedingen.

Wenn der Drosselhahn zur vollständigen Absperrung des Gemisches dient, machen sich bei seiner Betätigung mehrere unangenehme Begleiterscheinungen bemerkbar. Bei geschlossenem Ansaug-

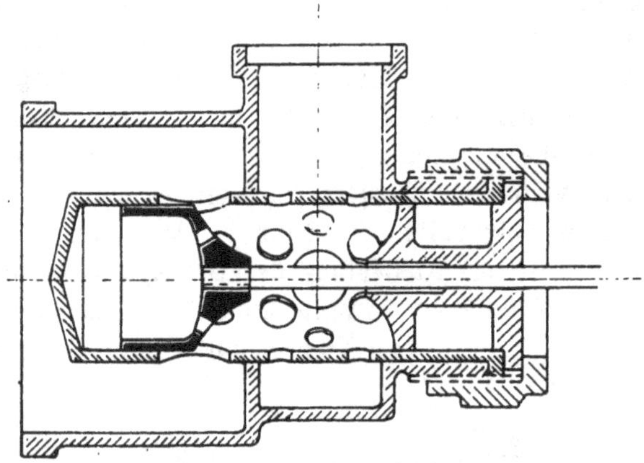

Abb. 51. Kolbenschieber.

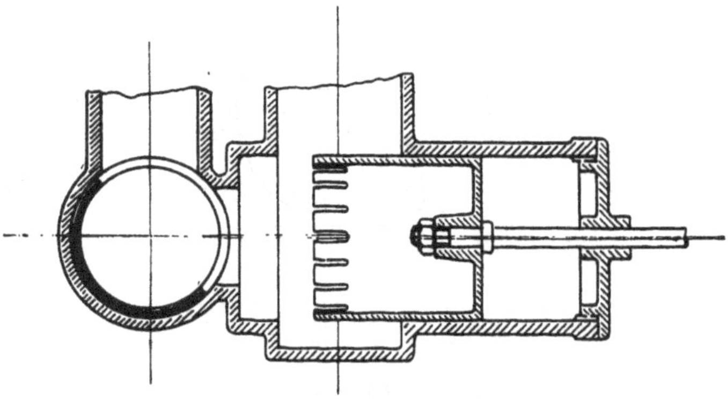

Abb. 52. Doppelte Drosselvorrichtung.

rohr entsteht ein Unterdruck im Zylinder und es wird leicht Oel über den Kolben gesaugt, welches beim Verbrennen die Zündkerzen verschmutzt. Um diese Uebelstände zu vermeiden, verband die Motorenfabrik Berlin-Marienfelde mit dem Drosselhahn einen Drehschieber für Zusatzluft derart, daß bei abgesperrtem Gemisch die Frischluftzuführung ganz geöffnet ist. Abb. 53. Hierdurch wird zwar der Unterdruck im Zylinder vermieden, auch erfolgt eine wirksame Kühlung des Motors, aber bei Wiedereinschaltung stört die in der Leitung enthaltene Luft die Vergasung, und man kann beobachten, daß erst nach einigen Fehlzündungen die Gemischbildung wieder normal ist.

Zur sicheren Regelung des Motors namentlich in den beiden Grenzlagen ist es erwünscht, daß die Drehzahl des Motors bei gleichförmiger Verstellung des Führerhebels sich gleichförmig verändert. Die meist üblichen Drosselorgane tragen dieser Forderung meist wenig Rechnung, indem sie in den Schluß-Stellungen zu rasch Querschnitt freigeben, in der Nähe der vollen Oeffnung dagegen den Querschnitt nur wenig verändern. Besonders bei Beginn der Oeffnung ist eine größere Empfindlichkeit der Regelung erforderlich in Anbetracht der Anlaß- und Leerlaufstellung des Drosselorgans.

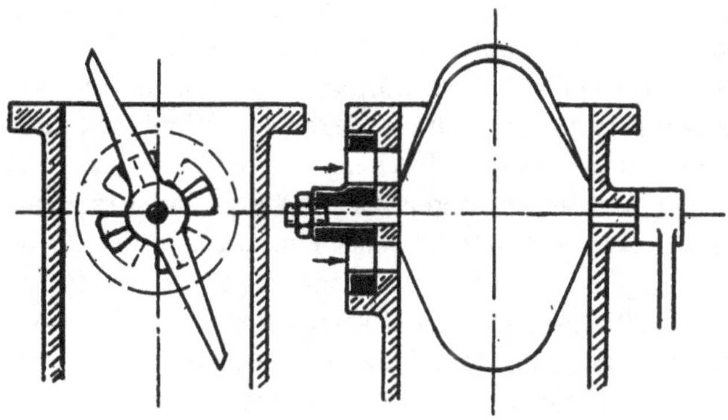

Abb 53.
Drosselklappe mit Frischluftzuführung der Motorenfabrik Berlin-Marienfelde.

Eine den oben erwähnten Anforderungen entsprechende Regelung ist bei Verwendung einfacher Drosselklappen nur dann zu erreichen, wenn man in das Betätigungsgestänge eine veränderliche Uebersetzung z. B. durch Schränkungen, Wälzhebel, Kurbelschleifen und dergl. einfügt.

Bei Flach- und Kolbenschiebern liegt noch eine andere Möglichkeit vor, nämlich die Form der Schieberöffnung entsprechend auszubilden (z. B. herzförmige Ausschnitte).

e) Luftzuführung.

Die Art der Luftzuführung geschieht in verschiedener Weise. Es kann der ganze Luftstrom an der Düse vorbeigeführt werden, oder es wird nur ein Teil der Verbrennungsluft, die Hauptluft, unmittelbar mit dem Brennstoff gemischt, während der Rest als Zusatzluft getrennt zugeführt wird und das zu reiche Gemenge auf den richtigen Brennstoffgehalt bringt.

Auf die Regulierung der Gemischzusammensetzung und die Heizung des Vergasers mittels der angesaugten Luft wird an anderer

Seite noch näher eingegangen werden; hier mögen nur die verschiedenen Arten der Luftzuführung besprochen werden. Die älteren Vergaserarten hatten meist nur e i n e nach außen mündende Lufteintrittsöffnung, und die V e r t e i l u n g wurde durch einen Schieber oder Hahn bewirkt, der einen mehr oder weniger großen Teil der Luft zwang, den Weg an der Düse vorbei zu nehmen. Neuerdings nimmt man häufig von vorne herein eine Trennung vor, und bringt z w e i besondere E i n t r i t t s ö f f n u n g e n für Luft am Vergaser an. Ordnet man die Leitungen so an, daß die eine Luft von einer heißen Stelle, beispielsweise vom Auspuffrohr, entnimmt, während in die andere kalte Luft eindringen, so kann hierdurch die angedeutete Regelung der Vergasertemperatur vollzogen werden. Einzelne Typen weisen sogar drei verschiedene Lufteintrittsöffnungen auf, von denen die eine unveränderlich ist, die andere von Hand, die dritte vom Regulator beeinflußt wird. Zweifelsohne erlauben derartige Vorrichtungen bei sachverständiger Behandlung die Erzeugung eines allen Anforderungen entsprechenden Gemisches. Aber zu ihrer Einstellung ist viel Zeit, Sachkenntnis und Erfahrung notwendig, und auch der beste Fahrer wird neben seinen übrigen Aufgaben nicht die Zeit erübrigen können, die Regelung den stets wechselnden Betriebsbedingungen entsprechend genau zu bewirken.

Bei den bisher besprochenen Luftzuführungsarten waren die Einlaß- und Regelvorrichtungen für Zusatzluft baulich mit dem Vergaser vereinigt. Statt dessen kann man auch in der Z u l e i t u n g zum Motor noch eine zweite Luftzuführung anbringen. Vielfach geschieht dies in Form eines in der Leitung eingeschalteten Federventils, das nur bei Ueberschreitung einer gewissen Drehzahl in Funktion tritt. Auch sind ähnliche Zusatzluftventile in den Handel gebracht, die mittels eines Drahtzuges vom Führersitz aus die Einstellung des Gemisches erlauben.

Bei allen Luftzuströmungsöffnungen ist auf S t a u b s c h u t z großer Wert zu legen. Zu diesem Zwecke läßt man zuweilen die Luft meist durch ein engmaschiges Drahtgazenetz einströmen. Leider werden hierdurch die Ansaugwiderstände erheblich vergrößert, zumal sich im Betrieb der Staub im Netz festsetzt und den Luftstrom noch weiter drosselt. Es ist deshalb empfehlenswert, die Luft von einer möglichst geschützten, staubfreien Stelle zu entnehmen. Bei Automobilen mit unterer Abschützung und geschlossener Haube kann man das Staubgitter ganz entbehren. Andernfalls kann man sich damit helfen, den Luftansaugraum zu einer K a m m e r von großem Volumen zu erweitern, die bei manchen Bauarten das Auspuffrohr umgibt und nur durch kleine Oeffnungen mit der äußeren Luft in Verbindung steht. Etwa mitgerissene Staubteilchen werden sich wegen der geringen Geschwindigkeit in der Kammer niederschlagen und nicht in den Vergaser und Zylinder angesaugt werden. Derartige Heizkörbe haben ebenso wie reichlich bemessene Luftsaugleitungen den Vorteil, Schutz vor Rückschlägen zu bieten und Benzinverluste zu vermeiden. Bei ganz freier Anbringung des Vergasers, wie bei Motorrädern, ist die Benutzung eines Staubfilters nicht zu vermeiden. Besonders bei Motorpflügen ist ein Luftfilter dringend erforderlich. Ausführungen solcher Luftfilter sind im „Motorwagen" 1919, Seite 149—81, 268 zu sehen.

f) Konstruktiver Aufbau.

Die Vergasergehäuse werden fast stets aus Messingguß hergestellt. Die Verwendung von Zinklegierungen verschiedener Art, zu der die Materialknappheit in Kriegszeiten zwang, ist wie die meisten Ersatzstoffe bald wieder verlassen worden, da die Festigkeit zu gering ist. Aus Gründen der Gewichtsersparnis hat man mehrfach versucht, das Messing durch Aluminium zu ersetzen, jedoch hat sich dies Metall bisher noch nicht bewährt. Es stellte sich nämlich heraus, daß es von dem Benzin angegriffen wurde, wobei sich ein weißlicher Niederschlag bildete, der sich in dicken Flocken festsetzte und die Leitungen verstopfte. Auch Versuche mit verschiedenen Aluminiumlegierungen haben keine besseren Erfolge gehabt. Der Grund wird wohl im Vorhandensein säurehaltiger Verunreinigungen im Brennstoff zu suchen sein, da Aluminium von reinem Benzin nicht aufgelöst wird. Mit besserem Erfolg findet man bei neueren amerikanischen Vergasern Aluminium, das innerlich durch einen Emailleüberzug geschützt ist. Der Verwendung von Aluminium zu solchen Teilen des Vergasers, die nicht mit flüssigem Brennstoff in Berührung kommen, wie der Mischungskammer oder der Anschlußstücke zu den Leitungen, stehen hingegen keine Bedenken entgegen. Für die innere Armatur, Schwimmer, Lufttrichter und Siebe wird aus dem gleichen Grunde Messing- oder Kupferblech verwendet. Die Ventilnadel wird häufig aus besonderen Nickellegierungen hergestellt, um Stahl, welcher ebenfalls oxydiert, zu vermeiden.

Der baulichen Ausführung nach kann man bei der Mehrzahl der Zerstäubungsvergaser drei getrennte Teile unterscheiden, die Schwimmervorrichtung, den Mischraum und die Drossel. Auf Uebersichtlichkeit und einfache Demontage zum leichten Auffinden und Abstellen etwaiger Störungen ist größter Wert zu legen.

In der Formgebung sind viele Abarten möglich nach der Art, wie man die drei Teile anordnet, ob man sie aus einem Gußstück herstellt oder durch Verschraubng bezw. Lötung verbindet, und wohin

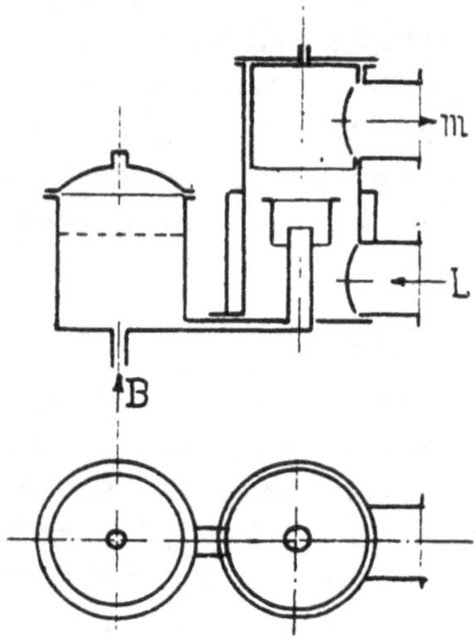

Abb. 54.

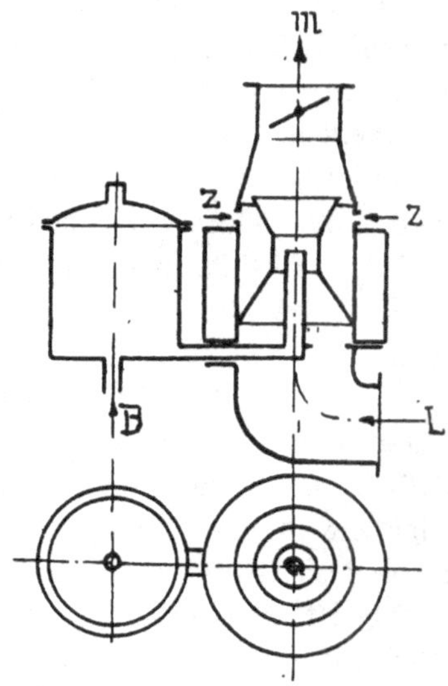

Abb. 55.

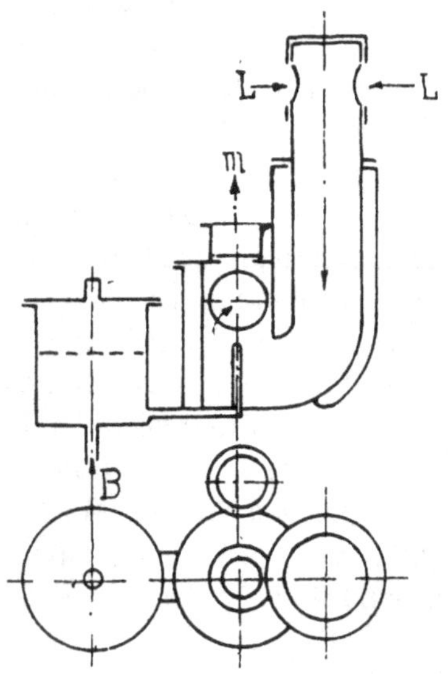

Abb. 56.

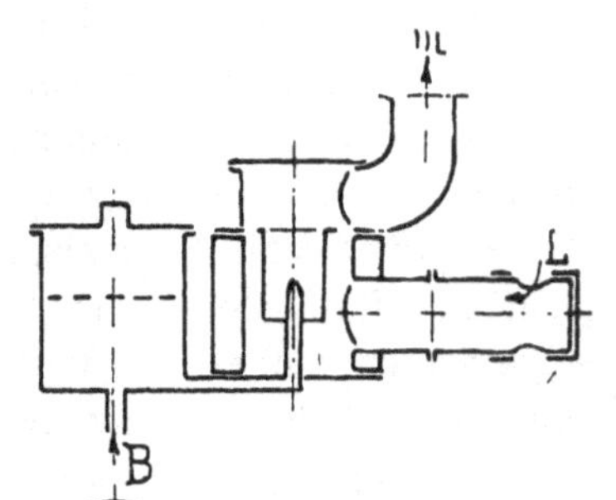

Abb. 57.

Vergaserbauarten.

man im letzteren Fall die Verbindungsstelle legt. In Abb. 54 bis 64 sind Vertreter von einigen der Hauptformen von Vergasern schematisch und unter Fortlassung des Schwimmers dargestellt. Es ist die Brennstoffzuleitung mit B, der Lufteintritt mit L, die Zusatzluft mit Z, die Ansaugleitung zum Motor mit M bezeichnet.

Die Gestaltung des Schwimmers hängt davon ab, ob das Nadelventil und die Brennstoffzuleitung zentral oder seitlich von der Schwimmerachse liegt. Die Formgebung des Mischraums wird durch die Lage des Lufteintritts und des Gemischaustritts gegeben. Je nachdem man eine derselben oder beide seitlich oder zentral anordnet, erhält man eine Reihe verschiedener Formen, für deren Wahl in jedem einzelnen Falle die Anbringung des Vergasers, bezw. die Motordimensionen ausschlaggebend sein können.

Für die allgemeine Beurteilung kommen aber noch andere Gesichtspunkte in Frage. Abb. 54 hat wohl eine einfache Form; quantitative und qualitative Regelorgane können leicht in die Vergaserachse eingebaut werden, dabei bleibt die Düse leicht zugänglich, aber die Anordnung der Rohrleitungen, besonders der Ansaugleitung bei Mehrzylindermotoren, macht Schwierigkeiten. Da nun auf Verlegung einfacher übersichtlicher Rohrleitungen bei Automobilmotoren großer Wert gelegt wird, griff man vielfach zu Anordnungen nach Art der Abb. 55. Auch hier macht die Unterbringung eines einfachen Drosselhahnes keine Schwierigkeiten, aber bei etwa notwendiger Revision der Düse muß entweder die Ansaugleitung oder der Vergaser abgebaut werden, was beides ohne erheblichen Zeitaufwand nicht möglich ist. Als Ausweg ergab sich die Bauart nach Abb. 56; es wurde zwar an der achsialen Gemischabführung festgehalten, aber das Rohr seitlich verschoben und über der Düse ein leicht abnehmbarer Deckel angebracht. Statt des hierbei etwas platzraubend angeordneten Luftansaugrohres kann man dies bei sonst gleichbleibenden Verhältnissen seitlich münden lassen, Abb. 57. Die letzteren Anordnungen sind zwar nicht so einfach wie die ersteren, bringen dafür aber ganz erhebliche betriebstechnische Vorteile. Diese Grundformen können nun durch die Art der oft umfangreichen Regelorgane, Schieber, Hähne und dergl. einige Abänderungen erfahren.

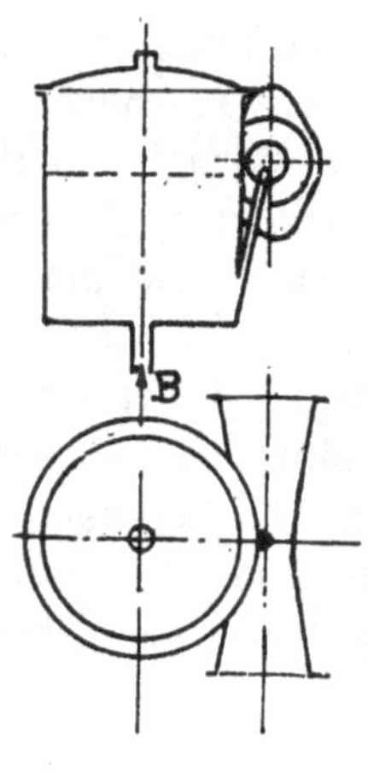

Abb. 58.
Vergaserbauarten
Grouvelle & Arcquembourg

Auf einen ganz anderen Wege haben einige Firmen, zum Beispiel G r o u v e l l e &

Arcquembourg, schon früher einfachere Formen angestrebt, indem sie die Achsen der beiden Teile senkrecht zu einander, also die Mischkammer quer zum Schwimmer, anordnen, Abb. 58. Wegen der symmetrischen Formen ist es hierbei gleich, ob die Luft von rechts nach links oder umgekehrt durchgesaugt wird.

Zu den modernsten Ausführungen gehören die Horizontalvergaser (siehe Abb. 114), welche unmittelbar an dem Zylinderblock einer mehrzylindrigen Maschine angeflanscht werden. Die Saugleitung zur Verteilung des Gemisches ist in dem Block eingegossen. Wie die schematische Darstellung eines Horizontalvergasers, Abb. 59, zeigt, ist die Brennstoffdüse quer zur Vergaserachse angeordnet und bequem auszuwechseln.

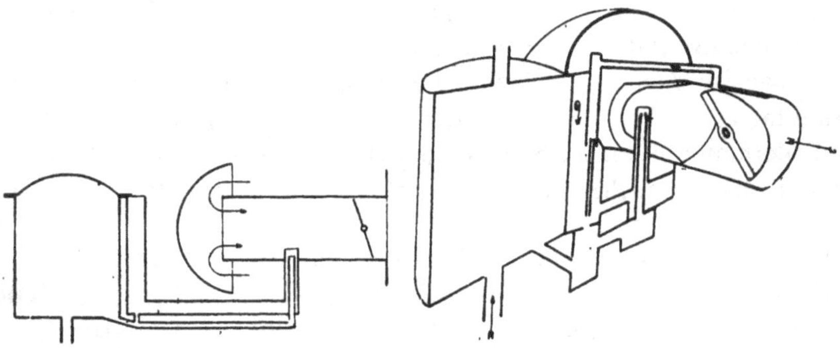

Abb. 59. Bauart des Zenith-Horizontal-Vergasers.

Die Schwierigkeit, Vergaser von verwickelten Formen bei einzelnen Motortypen anzubringen, besonders wenn auf kurze Zuleitung gesehen werden muß, ist Hauptanlaß zur Konstruktion von einachsigen Vergasern gewesen, denen von vorne herein der Mangel anhaftet, durch Ineinander- oder Uebereinanderschachtelung der einzelnen Teile weniger übersichtlich zu sein. Diesem Nachteil steht auf der anderen Seite ein Vorteil gegenüber; die Niveauhöhe in der zentralen Düse wird nämlich von der Stellung des Vergasers bei Bergfahrten und von Schwankungen bei Stößen weniger beeinflußt als bei nebeneinander liegendem Schwimmer und Mischraum. Es sei bemerkt, daß diese Bauarten vor allem bei Bootsmotoren und Flugmotoren angebracht sind, wo man mit häufigen und lang andauernden Schräglagen zu rechnen hat.

Bringt man den Schwimmerraum zentral unter der Düse an, so kommt man zwar zu sehr einfachen Bauarten, Abb. 60, aber der Brennstoff steht in der Düse niemals bis zum oberen Rande. Beim

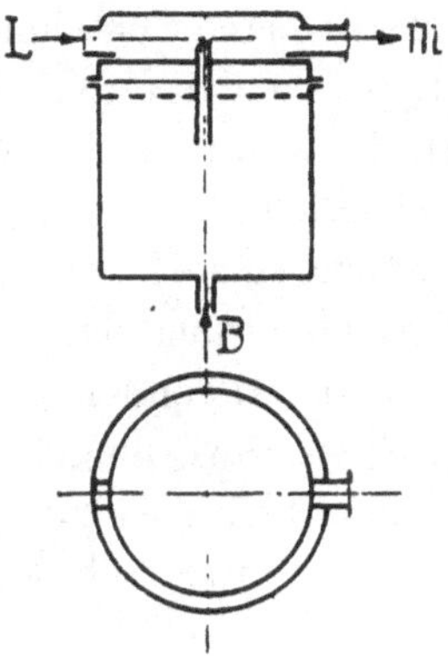

Abb. 60. Einachsige Vergaserbauart.

Ansaugen ist größerer Unterdruck erforderlich, damit der Brennstoffstrahl herausspritzt, und die Erfahrung hat gelehrt, daß außer den vergrößerten Saugwiderständen die Schwankungen der Gemischzusammensetzung mit der Drehzahl bei dieser Type noch größer sind als bei gewöhnlichen Spritzvergasern. Aus diesen Gründen mußte man sich schon entschließen, den Schwimmer ringförmig zu gestalten und die Düse in der Mitte des Schwimmerraumes anzubringen, Abb. 61, und wie z. B. beim Pallas-Vergaser, Abb. 64. Ein Mittelding zwischen beiden Anordnungen stellt die amerikanische Bauart, Abb.

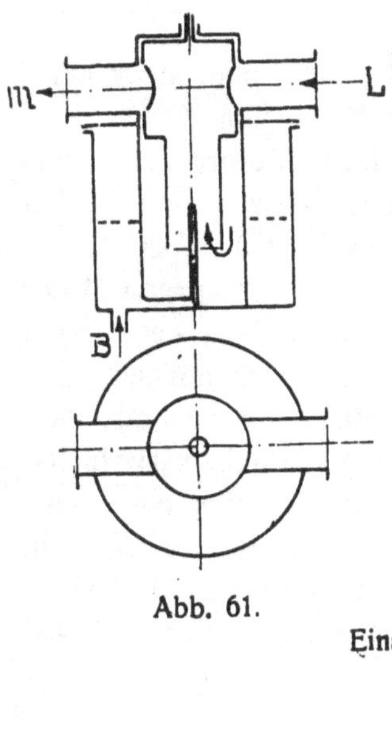

Abb. 61.

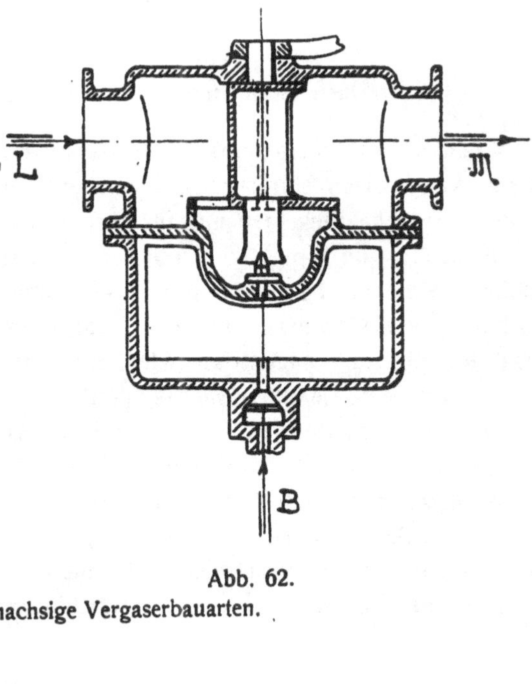

Abb. 62.

Einachsige Vergaserbauarten.

62, dar. An Stelle eines ringförmigen Schwimmers besitzt diese einen zylindrischen Schwimmer, der in der Mitte eine Aussparung besitzt, in welche die Düse derart eingebaut ist, daß das Benzin in derselben stets bis zum oberen Rande reicht.

Eine eigenartige einachsige Bauart „A m o u d r e z", Abb. 63, sei noch erwähnt, welche als Umkehrung der vorhin erwähnten angesehen werden kann. Wie man erkennt, liegt der Schwimmer innen und wird von der ringförmigen Düse umgeben. Wenn auch grundsätzlich gegen diese Anordnung nichts einzuwenden ist, so ist die Unzugänglichkeit des Schwimmers praktisch als schwerer Mangel zu bezeichnen.

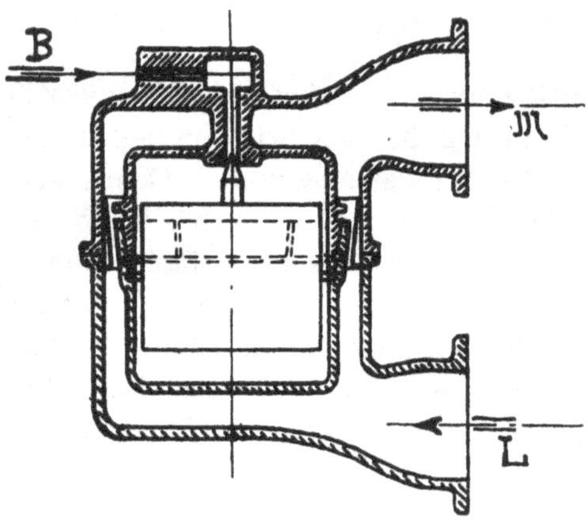

Abb. 63.
Vergaser „Amoudrez".

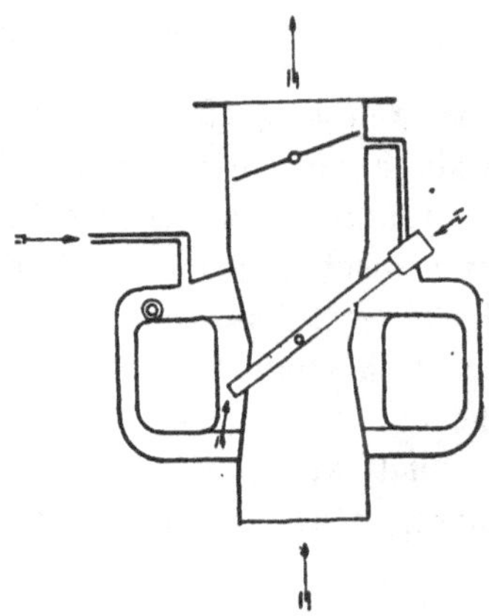

Abb. 64.
Schema des Pallas-Vergasers.

In der Detailausbildung all dieser Formen kann man meist einen bemerkenswerten Unterschied zwischen Vergasern von Firmen feststellen, welche dieselben nur für ihre e i g e n e n Motore bauen und solchen, die von S p e z i a l f a b r i k e n geliefert werden und für beliebige Motoren bestimmt sind. Während nämlich bei der Formgebung der ersteren eine möglichst harmonische Anpassung an Motor und Regelorgane angestrebt wird, muß man beim Bau der letzten vor allem eine leichte Anpassungsfähigkeit an vorhandenen Konstruktionen beachten. Zu diesem Zweck werden die Einzelteile vielfach symmetrisch gestaltet, um ein Verdrehen zu erlauben. Beispielsweise kann man den Schwimmer nach Belieben rechts oder links vom eigentlichen Vergaser anbringen, man kann die Regelorgane um 180° verdrehen oder Luftein- und -austritt vertauschen. Außerdem werden die Einzelteile in weiterem Maße verstellbar gemacht als bei den für ganz bestimmte Motore gebauten Vergasern, bei denen die Einstellung gewisser Organe ein für allemal fest in der Fabrik vorgenommen wird.

Bei manchen Vergasern findet man wegen der erwünschten Anpassungsfähigkeit einzelne Organe, z. B. das Schwimmergehäuse, das Anschlußstück zur Brennstoffleitung oder den Anschluß zur Saugleitung schwenkbar angeordnet.

Bei der Wahl der Abmessungen und Formen der Ansaugleitungen müsen verschiedene Gesichtspunkte in Betracht gezogen werden. Die Länge der Ansaugleitung beeinflußt die Gemischbildung im Vergaser und auch die Füllung der Zylinder. Lange Leitungen von reichlichen Abmessungen bilden ein elastisches Zwischenglied zwischen Vergaser und Motor und vermindern Spannungsschwankungen des Ansaugens, indem sie einen Druckausgleich herbeiführen. Bei zu kurzen Saugleitungen kann infolge mangelnden Druckausgleichs der Fall eintreten, daß die Rückschwingungen des Gasstromes einen ungünstigen Einfluß auf die Vergaserdüse hervorrufen und sogar ein Austreten des Gemisches aus der Lufteintrittsöffnung zur Folge haben. Aus dem analogen Fall bei den mit gasförmigen Brennstoffen gespeisten Motoren, nämlich der Zwischenschaltung eines besonderen Druckausgleichgefäßes in die Saugleitung, erkennt man am besten den hierdurch zu erzielenden günstigen Einfluß auf die Gleichmäßigkeit des Ganges und volumetrischen Wirkungsgrad des Motors.

Leider verbietet sich jedoch bei den meisten Spritzvergasern die wehere Ausnutzung dieses Vorteils, da dieselben zur Erzeugung eines brennbaren Gemisches an einen bestimmten Unterdruck gebunden sind. Besonders bei niedrigen Tourenzahlen, wo ohnehin schon die Spannungsschwankungen geringer sind, hat die Verminderung derselben durch eine elastische Leitung die Bildung eines gasarmen, schlecht zündfähigen Gemisches zur Folge. Der Versuch zeigt bei den meisten Vergaserarten klar, daß jede Vergrößerung der Leitung eine Erhöhung der erreichbaren niedrigsten Tourenzahl hervorruft.

Ein weiterer Nachteil der zu reichlich bemessenen Saugleitung besteht darin, daß sie das rasche Beschleunigen des Motors beeinträchtigen, was besonders bei den Automobilmotoren wesentlich ist.

Motoren, bei denen die Vollbelastung durch den Propeller an eine eng begrenzte Drehzahl gebunden ist, z. B. Flugmotoren, können reichlich bemessene Saugleitungen erhalten, wodurch auch ein guter Einfluß auf die volumetrische Füllung erzielt wird.

Bei Verwendung von Petroleum und anderen schwerflüchtigen Brennstoffen sind möglichst kurze Leitungen wünschenswert, da das Gemisch dieser Brennstoffe infolge von Abkühlung leicht zerfällt. Es hat sich als vorteilhafter herausgestellt, eine intensive Vergasung und innige Mischung durch starke Heizung anzustreben. (Näheres hierüber siehe in Kapitel V 1).

Die Leitungsfrage des Vergasers hängt innig zusammen mit dem Einbau desselben in den Motorwagen. Außerdem wird die Art des Einbaues durch den Umstand bestimmt, ob das Benzin infolge des natürlichen Druckgefälles aus dem oft unter den Sitzen angebrachten Behälter dem Vergaser zuströmt, oder ob eine Druckförderung oder Saugförderung des Brennstoffes vorhanden ist. Im letzteren Fall ist das günstigste Leitungsvolumen das Einzige, was der Konstrukteur bei der Anordnung zu beobachten hat; im übrigen sind die allgemeinen Erwägungen: Leichtigkeit, Einfachheit, Zugänglichkeit, Ausbau für ihn allein maßgebend.

Schwierig gestaltet sich hingegen die Aufgabe, wenn durch die Bedingung, daß auch bei den höchsten vorkommenden Steigungen das Benzin unter genügendem Druck ausströmt, die höchste Lage des Schwimmers gegeben wird. Es sind in diesem Falle, der den Vorzug größerer Betriebssicherheit hat, selten so elegante Lösungen wie bei Druckförderung möglich. Naturgemäß wird der tiefliegende Vergaser weniger leicht zugänglich, und die Leitungen werden länger. Das bei neueren Konstruktionen vertretene Bestreben, den Vergaser als Teil des Motors harmonisch in das Gehäuse desselben einzubauen, ist hervorzuheben (Abb. 150).

Die bei alten Bauarten von mehrzylindrigen Motoren getroffene Anordnung von je einer Düse für jeden Zylinder ist längst aufgegeben und auch unbedingt zu verwerfen, da bei Anwendung von nur einer Düse für alle Zylinder eine ständig gleichmäßige Gemischbildung erzielt wird. Erfahrungsgemäß ist dadurch auch ein ruhiger Gang bei niedriger Drehzahl zu erreichen.

Bei mehrzylindrigen Motoren verwendet man bis zu acht Zylindern meist nur einen Vergaser. Bei großen sechszylindrigen Flugmotoren werden häufig zwei Vergaser angebracht, welche so an die sechs Zylinder angeschlossen werden müssen, daß die Saugimpulse in den Vergasern regelmäßig wechseln. So sind z. B. bei der üblichen Zündfolge eines Sechszylinders 153624 die Zylinder 1, 2 und 3 an einem und die Zylinder 4, 5 und 6 an dem anderen Vergaser angeschlossen. Vom achtzylindrigen Standmotor an aufwärts werden in der Regel 2 oder mehr Vergaser angebracht. Bei Stern- und Umlaufmotoren werden die Saugleitungen der Zylinder an das Kurbelgehäuse oder einen ringförmigen Sammelkanal angeschlossen, welche mit meist nur einem Vergaser in Verbindung stehen. Erfolgt der Anschluß der Saugleitungen, wie dies bei vielen Umlaufmotoren der Fall ist, am Kurbelgehäuse, so wirkt diese große Vorschaltkammer derart ausgleichend, daß die Wirkung der einzelnen Saugimpulse in der Mischkammer des Vergasers verschwindet und dort vielmehr ein ganz gleichmäßiger Luftstrom entsteht. Dies ist auch der Grund, warum es nicht gelingt, solche Motoren mit den normalen Schwimmervergasern zu betreiben. Der Brennstoff muß hier vielmehr der Düse mit Gefälle frei zulaufen oder zugepumpt werden. Der gleichmäßige, verhältnismäßig schwache Luftstrom ist nicht imstande, den durch den Schwimmer in der Düse eingestellten Brennstoff aus dieser herauszusaugen.

Bei anderen Konstruktionen hat man dies dadurch umgangen, daß man das Kurbelgehäuse aus der Gemischleitung ausschaltete und das Gemisch über einen engeren, ringförmigen Sammelraum den einzelnen Zylindern zuführte, wodurch man allerdings den Vorteil der guten Kühlung der inneren Getriebeteile aufgab.

Ein weiterer Gesichtspunkt, welcher bei der Anordnung der Saugleitung an Motoren mit hoher Drehzahl zu beachten ist, ist der, daß die Schwingungserscheinungen der an sich trägen Gassäule von wesentlichem Einfluß auf die volumetrische Füllung und somit die Leistung des Motors sind. Durch günstige Wahl der Länge der Leitung kann man erreichen, daß die Gassäule im Augenblick des Saugbeginns in Richtung des Zylinders schwingt, was die Füllung begünstigt, während ein Zurückschwingen in diesem Augenblick sehr nachteilig wäre. Es ist versucht worden, das schädliche Zurückschwingen des Gasstromes dadurch zu vermeiden, daß die Saugleitung über den betreffenden Zylinder oder die Zylindergruppe hinaus fortgesetzt wird und ringförmig geschlossen wird.

Diese Gesichtspunkte, welche ein eingehendes Erproben und Beobachten der Vorgänge in den Leitungen erfordern, kommen natürlich nur bei hochwertigen, sehr rasch laufenden Renn- und Flugmotoren mit einer für die Volleistung festliegenden Drehzahl in Betracht.

Bei Besprechung der Heizung wurde bereits hervorgehoben, daß die Verwendung eines Vergasers für weit von einander verschiedene Brennstoffe in der Regel ohne Abänderung nicht möglich ist. Die schweren Brennstoffe bedürfen zu ihrer Vergasung einer wirksamen Heizung, ihr größeres spezifisches Gewicht macht außerdem eine Veränderung des Schwimmers wünschenswert, schließlich ist das Verhältnis der Mischung mit Luft so sehr verschieden, daß eine Verstellung des Lufteinlasses allein meist nicht genügt, vielmehr auch die Düse verändert werden muß. Aeußerlich sind diese Vergaser durch die Anheizungsvorrichtung kenntlich, die unerläßlich ist, wenn man es nicht vorzieht, den Motor mit einem leichtflüchtigeren Brennstoff anzulassen und erst später zu einem schweren Brennstoff überzugehen. Im letzteren Fall, also bei Verwendung von zwei Brennstoffen, hat man die beiden Vergaser vielfach konstruktiv zu einem Doppelvergaser vereinigt.

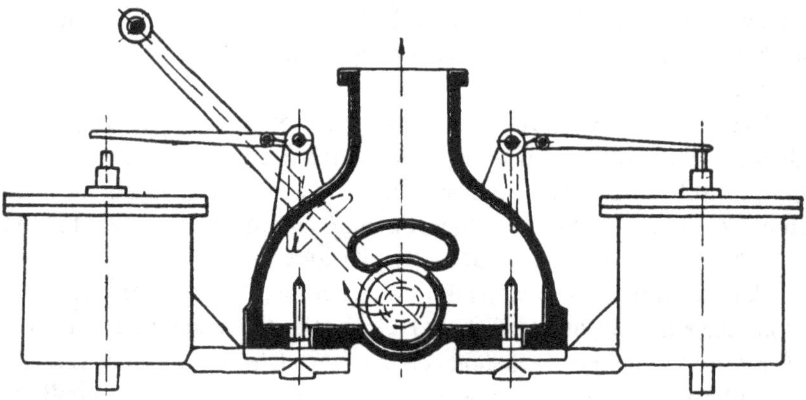

Abb. 65. Doppelvergaser der Motorenfabrik Berlin-Marienfelde.

Bei einer Konstruktion der Motorenfabrik Marienfelde-Berlin, Abb. 65, ist der Umschalthahn für Luft gleichzeitig mit einer Vorrichtung versehen, um durch die Ventilnadel den Zufluß des einen der beiden Brennstoffe sicher abzusperren.

Statt der Luft kann man auch den Brennstoff wechseln und für beide Betriebsarten eine gemeinsame Luftdüse benutzen. Dies Verfahren finden wir bei dem durch seine Einfachheit bemerkenswerten Adler-Vergaser, Abb. 66. Bei diesem sind die Spritzdüsen so bemessen, daß das erforderliche Luftquantum für beide Betriebsstoffe dasselbe ist. Das Umschalten beschränkt sich also darauf, durch Drehen des Hahnes abwechselnd den einen Schwimmer mit der zugehörigen Düse in Verbindung zu setzen, während alle übrigen Verhältnisse ungeändert bleiben.

Bei Spiritusbetrieb ist es vor der Außerbetriebsetzung des Motors empfehlenswert, wieder auf Benzin oder Benzol umzuschalten, um die rostbildende Wirkung der Spiritusdämpfe zu vermeiden.

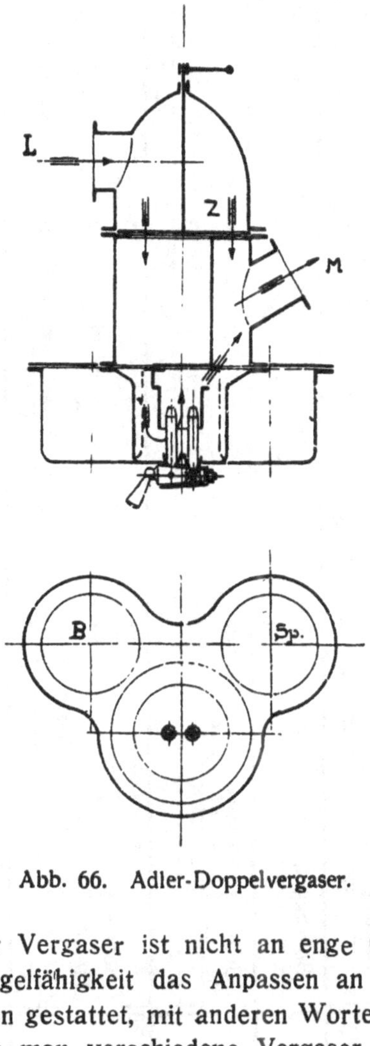

Abb. 66. Adler-Doppelvergaser.

Die Größe der Vergaser ist nicht an enge Grenzen gebunden, weil die weite Regelfähigkeit das Anpassen an sehr verschiedene Betriebsbedingungen gestattet, mit anderen Worten: für ein und denselben Motor kann man verschiedene Vergaser von erheblich abweichenden Abmessungen verwenden. Die Grenze wird dadurch gegeben, daß bei zu großen Vergasern das Anwerfen des Motors Schwierigkeiten macht, und daß beim Sinken der Drehzahl die Gemischbildung unregelmäßig wird, während bei zu kleinen die Saugwiderstände unzulässig wachsen, also die Motorleistung zu viel sinkt.

		1–2¼	2¾–3½	2½	3½	4½	5	7	9	12
Longuemare	PS pro Zylinder	1–2¼	2¾–3½	2½	3½	4½	5	7	9	12
	D	19	22	24	26	30	34	41	48	56
Grouvelle & Arcquembourg	PS	1–2½	3–4	4–7	8–12	13–18	20–25	30–40	40–46	60–80
	D	20	24	26	30	35	40	45	50	55
Lyma	Steuer PS	3–5	5–7	7–10	10–15	15–21	21–30	30–40	40 und mehr	—
	D	22–25	26–28	29–31	32–35	36–40	41–45	46–50	51 und mehr	—
Solex	Bohrung in m/m	bis 65	65–75	75–90	90–110	110–120	120–130	130–140	140–150	über 150
	D	22	26	30	35	40	46	52	60	70
Meco	Bohrung in m/m	bis 59	60–74	75–84	85–94	95–114	115–129	130–144	145–160	—
	D	22	26	30	36	42	48	55	65	—
Pallas	Bohrung in m/m: 1-Zylinder		65–80	80–90	90–100	100–110	110–120	—	—	—
	2- und 4-Zylinder		60–70	65–75	75–85	85–95	95–110	110–130	130–150	150–180
	6-Zylinder		—	—	—	—	80–100	100–120	120–140	140–160
	D		22	26	30	35	40	45	50	60
Zenith	Bohrung in m/m: 1 Zylinder		50–70	70–84	85–94	95–114	115–129	—	—	—
	2-Zylinder		50–70	71–84	85–94	95–114	115–129	—	—	—
	4-Zylinder		bis 59	60–74	74–84	85–94	94–114	115–129	130–144	—
	6-Zylinder		—	bis 59	60–74	75–84	85–94	95–114	115-129	—
	6-Zylinder Doppelvergaser		—	60–74	75–84	85·94	95–114	115–129	—	—
	D		22	26	30	36	42	48	55	—
Schlee	Bohrung in m/m: PS bei höchster Drehzahl		6	22	30	38	42	50	70	80
	2-Zylinder		65	90	110	125	—	—	—	—
	4-Zylinder		—	75	85	95	115	135	160	195
	6-Zylinder		—	—	75	90	105	120	135	156
	D		22	26	30	35	40	45	50	60
Tuto	Bohrung in m/m: 1-Zylinder		bis 80	80–90	90–100	100–110	110–120	—	—	—
	2- und 4-Zylinder		bis 70	65–75	75–85	85–95	95–110	110–130	130–150	150–180
	6-Zylinder		—	—	—	—	80–100	100–120	120–140	140–160
	D (Ausgangrohr)		22	26	30	35	40	45	50	56

Um einen Ueberblick über die gebräuchlichsten Vergasergrößen zu erhalten, sind in Tabelle Seite 84 die lichten Durchmesser der Saugrohre D in mm und die zugehörigen Leistungen der Vergaser einiger der bekannten Fachfirmen zusammengestellt.

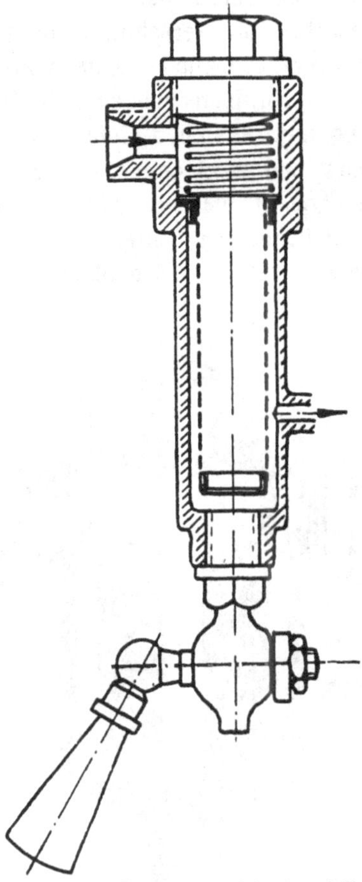

Abb. 67. Brennstoff-Reinigungssieb des Adler-Vergasers.

Bei der baulichen Ausbildung der Vergaser ist auf die Anordnung von Reinigungsschrauben, welche zur Auffindung und Abstellung der häufigsten Betriebsstörungen dienen, großer Wert zu legen. Es sind solche in der Achse jeder Bohrung vorzusehen, so daß es jederzeit möglich ist, von außen mittels eines Drahtes etwaige Verunreinigungen aus den Leitungen zu entfernen. Besonders bei der Düse ist dies wichtig, da sich deren feine Oeffnungen außerordentlich leicht verstopfen. Am Schwimmerraum ist entweder ein Ablaßhahn oder eine Ablaßschraube anzubringen, um verschmutztes Benzin und

Wasser entleeren zu können. In der Mischkammer befindet sich zum gleichen Zweck eine Bohrung an der tiefsten Stelle.

Das Reinigungssieb wird gewöhnlich in der Zuleitung zum Schwimmer angeordnet, zuweilen findet man ein zweites zwischen Schwimmer und Zerstäuber. Da sich die sehr feinen Maschen des Drahtgewebes mit Verschmutzung leicht zusetzen, gibt man neuerdings dem Filter erhebliche Dimensionen und bildet denselben des leichteren Unterbringens wegen zylinderförmig aus. Aus Gründen der Reinigung muß das Sieb einfach ausbaubar sein, wünschenswert ist es ferner, daß es einen Wassersack besitzt, d. h., daß Zu- und Ableitung so gelegt werden, daß etwaige Wassertropfen oder schwere Schmutzteilchen die weitere Benzinfiltration nicht beeinflussen. Ein derartiges Detail mit Ablaßhahn besitzt der Adler-Vergaser, Abb. 67.

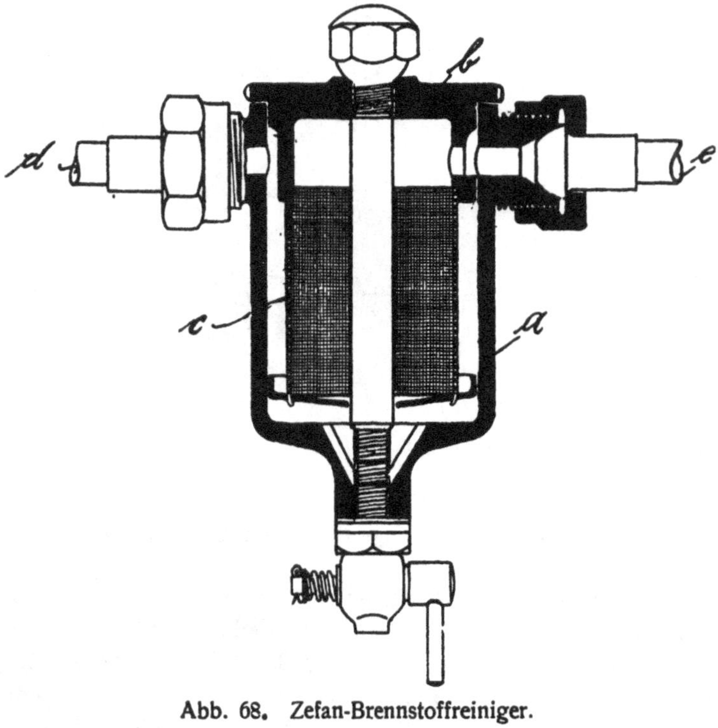

Abb. 68. Zefan-Brennstoffreiniger.

Häufig verwendet man neuerdings besondere Filter, welche in die Brennstoffzuleitung eingebaut werden. Sehr sinnreich ist der in Abb. 68 dargestellte Zefan-Brennstoffreiniger durchgebildet. In das Gehäuse a ist ein Deckel b eingesetzt, welcher mittels Stehbolzen und Mutter befestigt wird. An diesem ist ein Sieb c angebracht. Der Brennstoff tritt bei d ein und durchströmt das Filter von außen nach innen, um bei e auszutreten. Auf diese Weise setzt sich der Schmutz außen an das Sieb bezw. schlägt er in dem hohlen Rande des aus Blech angefertigten Bodens des Siebes nieder und ist somit bequem zu entfernen. Durch ein Verdrehen des Deckels b kann man den Brennstoffdurchfluß absperren.

g) Betätigungsarten der Vergaserregelung.

Bei Besprechung der automatischen Vergaser wird später mehrfach die Frage der Betätigung der Regelvorrichtungen gestreift. Da gerade die Betätigungsart von der größten Bedeutung für die Wirkungsweise der Vergaser ist, mögen die verschiedenen Wege in bezug auf ihre Brauchbarkeit einem Vergleich unterzogen werden.

Bei älteren Bauarten begnügte man sich vielfach damit, den Drosselhahn mit einer zusätzlichen Luftzuführung oder einer Veränderung der Sauggeschwindigkeit zu verbinden, so daß beide gleichzeitig von Hand eingestellt werden. Es leuchtet ein, daß eine derartige Anordnung nicht mit Recht „automatisch" genannt werden kann; denn die Gemischbildung wird niemals völlig gleichbleibend sein, weil nur bei konstanter Belastung die Drosselstellung der Sauggeschwindigkeit proportional sein würde. Da die Natur des automobilen Betriebes diese Voraussetzung aber ausschließt, treten bei ein und derselben Stellung des Regulierorganes erhebliche Schwankungen der Druckverhältnisse auf, deren Einfluß nicht aufgehoben ist.

Bei einigen besonderen Betriebszuständen sind die Mängel der Anordnung recht auffallend. Wenn der Motor durch Ueberlastung, beispielsweise durch zu scharfes Einrücken der Kupplung, unter seine normale Drehzahl kommt, ist der Drosselhahn ganz geöffnet, dementsprechend tritt viel Zusatzluft ein, und aus Mangel an Brennstoffgehalt des Gemisches kommt der Motor nur langsam wieder zu seiner normalen Leistung. Beim Anwerfen des Motors treten ähnliche Verhältnisse auf, so daß man die Drosselklappe ganz schließen muß, um ein zündfähiges Gemisch zu erzeugen.

Ueberläßt man die Betätigung des in der angegebenen Weise mit der Vergaserstellung verbundenen Drosselorganes dem Regulator, so sind die Resultate kaum besser. Der Regulator ist nämlich gewöhnlich nur oberhalb einer gewissen Drehzahl wirksam. Diese Grenze kann überdies entweder durch Anspannen einer Zusatzfeder beliebig verändert werden, oder es kann der Regulator durch Betätigung eines Gashebels völlig ausgeschaltet werden. Eine Verbindung des Regulierorganes mit einem derartigen Regulator kann natürlich keine günstigen Ergebnisse liefern, denn die Vergaserverstellung erfolgt nicht der Drehzahl proportional. Die Bedingungen eines Zentrifugalregulators für einen Drosselschieber und einen Luftschieber sind ganz verschiedene. Der Regulator für letzteren müßte sich beständig von der niedrigsten bis zur höchsten Drehzahl bewegen, während ein Drosselregulator erst von einer gewissen, von den jeweiligen Betriebsverhältnissen abhängigen Stellung an wirksam werden darf, da er sonst störend wirken würde.

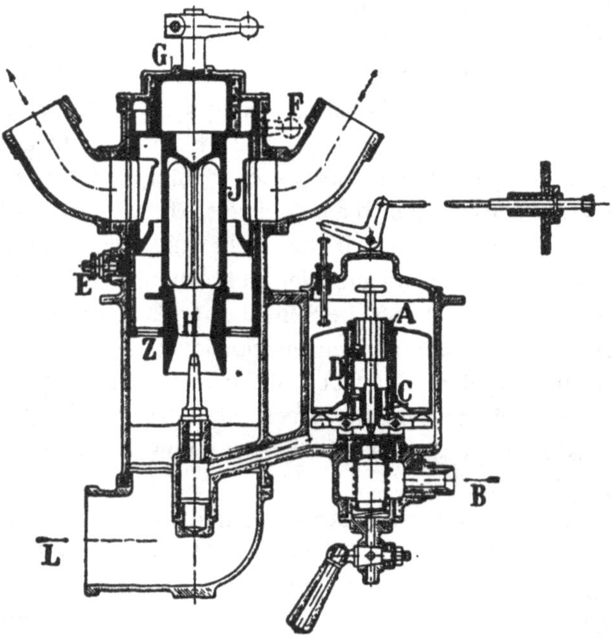

Abb. 69. Adlervergaser 1906.

Es ist deshalb auch versucht worden, zwei unabhängige Regulatoren zu benutzen, welche die genannten Bedingungen erfüllen. Solche Vergaser mit besonderem Regulator haben sich jedoch wegen ihrer Komplikation und Vielteiligkeit keinen allgemeinen Eingang verschaffen können.

Zwei Regulatoren sind auch überflüssig, da es möglich ist, durch nur einen Regulator beide Aufgaben zu erfüllen. Diese Möglichkeit hat bisher nur bei dem Adlervergaser, Modell 1906, Abb. 69, Anwendung gefunden. Bei diesem wird der Zusatzschieber Z von einem statischen Regulator betätigt, der bei F angreift und von Hand nicht verstellt werden kann. Im Ruhezustand sperrt dieser die Oeffnung Z völlig ab und läßt bei steigender Drehzahl die jeweils erforderlichen Luftmengen eintreten. Der Regulator bewirkt gleichzeitig eine Drosselung des Gemisches durch Verdrehung der Fenster J. Um nun ohne Rückwirkung auf den Regulator die Drosselung verstellbar zu machen, ist ein von Hand aus verstellbarer Gegenschieber vorgesehen, dessen Fenster mit den eben genannten mehr oder weniger zur Deckung gelangen. Durch Drehung dieses Schiebers kann man bewirken, daß entweder der Regulator ausgeschaltet, d. h., daß auch der größte Ausschlag des Regulators keine wesentliche Drosselung verursacht, oder umgekehrt, daß der Vergaser unabhängig von der Regulatorstellung ständig abgeschlossen ist, oder endlich, daß in einer Zwischenstellung zwischen diesen beiden Grenzlagen die Regulierung auf eine beliebige einstellbare Drehzahl erfolgt. Man erkennt also, daß beide Aufgaben des Regulators unabhängig voneinander erfüllt werden.

Mit dem Abdrosseln wird außer der eben erwähnten Verschiebung der Drosselschlitze noch eine Vertikalverschiebung des Lufttrichters verbunden mittels eines im Deckel angebrachten steilen Gewindes. Hierbei kommt die Düse in einen engeren Luftquerschnitt von größerer Ansaugkraft, so daß der Einfluß der Drosselung auf die Gemischzusammensetzung hierdurch ausgeglichen wird. Es findet also eine automatische Regulierung statt, d. h., die Gemischzusammensetzung bleibt konstant.

3. Bauarten.

Im Folgenden seien die wichtigsten Vertreter der einzelnen Vergaserbauarten näher erläutert.

a) Zerstäubungsvergaser mit unveränderlicher Luftdüse.

A 1. Gemischregelung durch Zusatzluftzufuhr.

Bei Besprechung der Vorgänge im Vergaser wurde hervorgehoben, daß die Gemischzusammensetzung beim einfachen Spritzvergaser vom Unterdruck abhängig ist, und zwar, daß der Brennstoffgehalt mit diesem steigt. Da diese Eigenschaft gleich nachteilig auf drei der wichtigsten Beurteilungsfaktoren eines Automobilmotors, nämlich Brennstoffverbrauch, maximale Leistung und kleinste Drehzahl, einwirkt, so ist es leicht erklärlich, daß es stets das Streben der Konstrukteure gewesen ist, Vorrichtungen am Vergaser anzubringen, die selbsttätig die Erzeugung eines gleichartigen Gemisches sicherten.

Vergaser mit zwangläufig gesteuerter Zusatzluft entwickelten sich schon früh aus den einfachen Vergasern mit besonderer Zusatzluftzuführung. Bei der Einregulierung des Vergasers im Betrieb findet man nämlich sehr bald, daß zwischen der Stellung des Drosselhahnes und desjenigen für Zusatzluft ein gewisses Abhängigkeitsverhältnis besteht. Was lag näher, als beide zwangläufig zu verbinden.

Eine einfache Konstruktion dieser Art zeigt ein älteres Modell des Clément-Vergasers, Abb. 70. Der Drosselhahn ist so bemessen, daß bei wenig geöffnetem Gemischdurchlaß die Zusatzluft abgesperrt ist; erst von einer gewissen Grenze ab erfolgt das Anwachsen von Gemisch und Zusatzluft gleichmäßig.

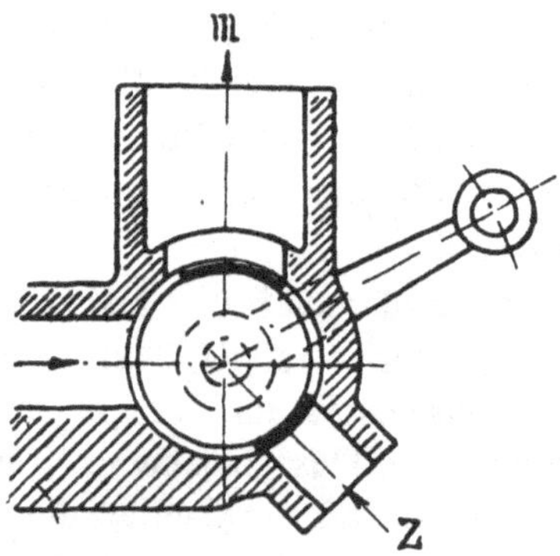

Abb. 70. Luft- und Drosselhahn des Clément-Vergasers.

Eine andere konstruktive Lösung der Aufgabe sehen wir beim Rossel-Vergaser, Abb. 71. Wie man erkennt, sperren die durch

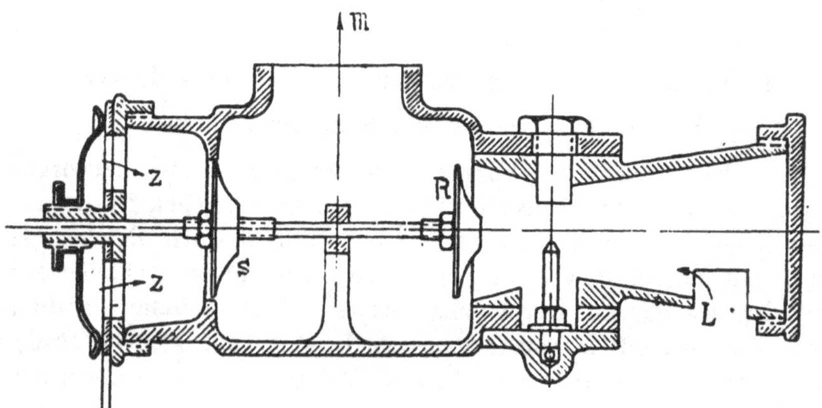

Abb. 71. Rossel-Vergaser.

die Stange verbundenen Scheiben R und S gleichzeitig angereicherte und Zusatzluft ab. Durch die Stellung der Scheiben ist hierbei in geschickter Weise noch der Vorteil erzielt worden, daß während der Zusatzluftschieber S früher abschließt als die Doppelscheibe R, ersterer wieder geöffnet ist, sobald das Gemisch völlig abgedrosselt ist. Die früher behandelte Frage wird hier also äußerst einfach gelöst, indem bei abgeschlossenem Gemisch durch Einströmung von Frischluft Z das Entstehen eines Unterdruckes im Zylinder vermieden wird.

Zu dieser Klasse von Vergasern gehört auch ein Mercedes-Vergaser älterer Bauart (Abb. 72). Konstruktiv ist derselbe überaus

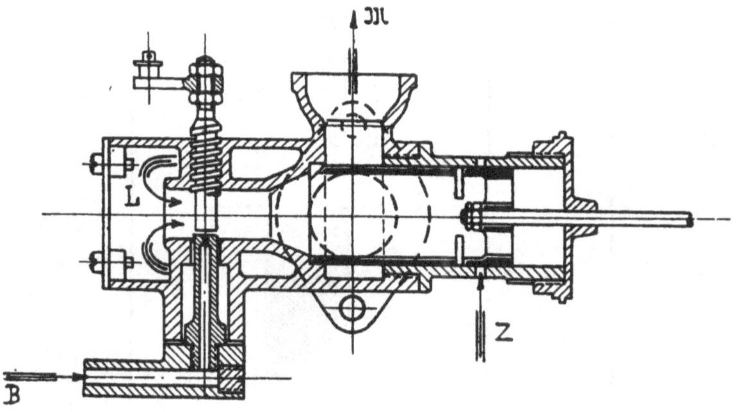

Abb. 72. Mercedes-Vergaser.

einfach; er besitzt als einziges Regelorgan den Kolbenschieber S, der vom Zentrifugalregulator und von Hand verstellt werden kann. Über der Düse ist ein Stift mit steilem Gewinde angeordnet; dieser dient jedoch nicht zum Regulieren, sondern nur dazu, um beim Stillstand des Wagens die Düse zu verschließen und Benzinverlust zu vermeiden. Die anzureichernde Luft tritt durch den punktiert angegebenen Flansch ein und wird am Auspuffrohr vorgewärmt. Im Gegensatz hierzu strömt die Zusatzluft kalt durch drei im Gehäuse und Schieber angebrachte Fenster ein.

Es möge bei dieser Konstruktion, die mit Recht darauf Anspruch macht, sowohl was rechnerische Unterlagen als auch praktische Erprobung angeht, gründlich durchgearbeitet zu sein, das Verhältnis der Luftquerschnitte und Schieberwege etwas näher untersucht werden. In Abb. 73 sind Schieber und Schiebermantel in Abwicklung dargestellt, und zwar hat der Schieber in der mit gestrichelten Linien angegebenen Stellung den Gemischdurchlaß völlig abgedrosselt, in der ausgezogenen Stellung völlig geöffnet. Wie man erkennt, überdecken sich alle drei Fenster für Zusatzluft etwas, sobald der Drosselschieber zu öffnen beginnt; es erfolgt sodann ein schnell ansteigendes Wachsen der Zusatzluftmenge, bis die seitlichen Schlitze zu schließen beginnen, wodurch ein geringer Abfall entsteht. Bis zum völligen

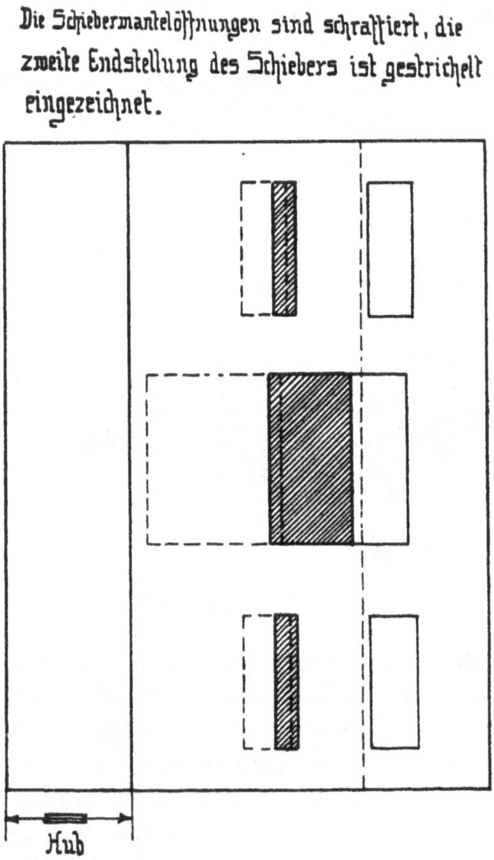

Abb. 73. Schlitze im Schieber und Mantel des Mercedes-Vergasers.

Öffnen des Drosselschiebers bleibt schließlich die Zusatzluftmenge konstant. Um den Vorgang noch anschaulicher zu machen, sind in Abb. 74 die gesamten Luftquerschnitte als Ordinaten zu den zugehörigen Schieberwegen als Abszissen graphisch aufgetragen, wodurch man eine Kurve erhält, die in dem anfänglich schnell ansteigenden und später horizontalen Verlauf eine praktisch rohe Annäherung an die von Krebs (vergl. Abb. 11) theoretisch ermittelte Linie darstellt.

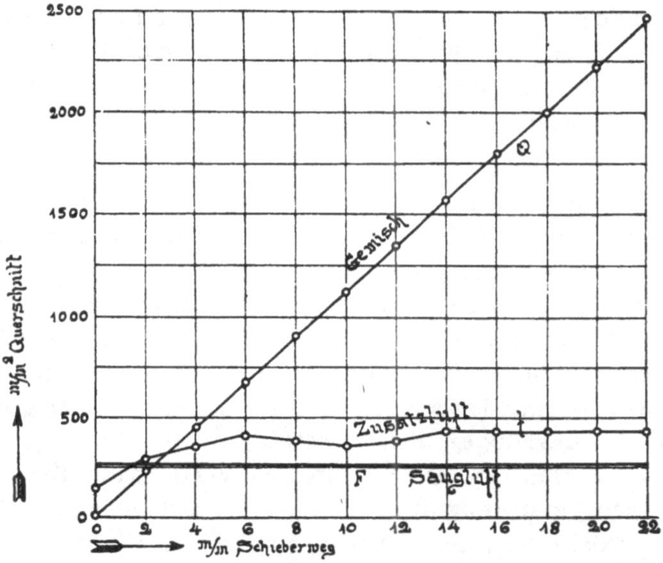

Abb. 74. Luftquerschnitt des Kolbenschiebers des Mercedes-Vergasers.

In Abb. 75 ist der Favorit-Vergaser dargestellt. Die Regelung der Luftmenge erfolgt durch einen zwangläufig mit der Drosselklappe bewegten Zusatzluftschieber.

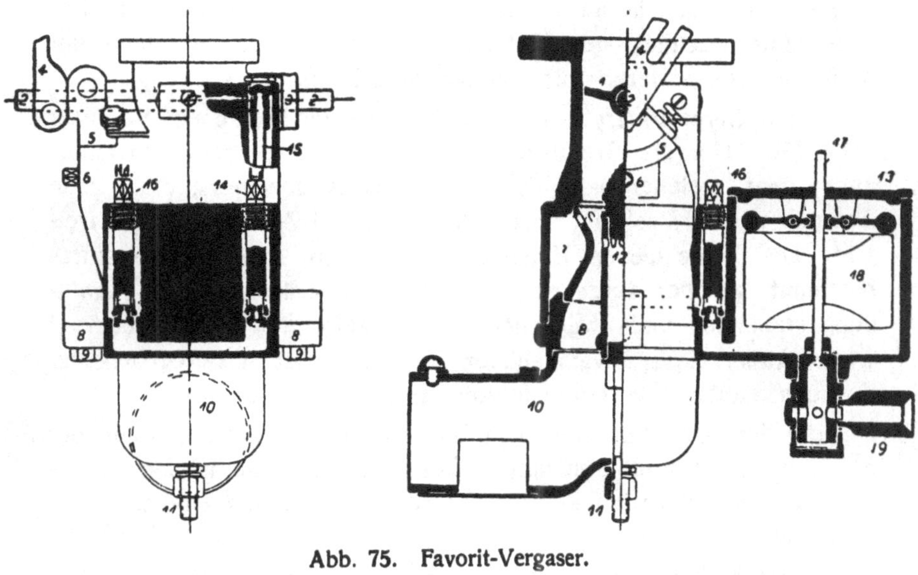

Abb. 75. Favorit-Vergaser.

Die Hauptbrennstoffdüse 16 und die Leerlaufdüse 14 sitzen zwischen Mischkammer und Schwimmergehäuse. Der Brennstoff strömt durch die kalibrierte Düse 16 und einen Kanal in das weite Steigrohr 12, aus dem er durch Bohrungen in die Mischkammer abgesaugt wird. Das weite Steigerohr und die abseits gelegte Brennstoffdüse verfolgen den Zweck, das Nachspritzen des Brennstoffes bei plötzlicher Abnahme des Unterdruckes abzudämpfen.

Der Zusatzluftweg ist ein zweifacher. Mit der Drosselklappe 1 beginnt bei etwa ¼ Öffnung derselben der Segmenthebel 5 den Zusatzluftspalt zu öffnen. Dieser Spalt kann in seiner Weite durch ein Regulierstück mittels der Schraube 6 eingestellt werden. Die Zusatzluft gelangt dann in einen Ringraum 7 und von hier durch Bohrungen im Lufttrichter in die Mischkammer. Die Art dieser Luftzuführung bezweckt eine intensive Mischung. Bei weiterer Drosselung wird der erwähnte Zusatzluftweg abgeschlossen, und es tritt ein zweiter in Wirkung, bei welchem die Luft durch ein verstellbares Organ (Achsluftring und Verstellring 3) durch die angefräste Achse der Drosselklappe 2 axial in den Gemischstrom eintritt.

Für das leichte Anwerfen des Motors und den Leerlauf ist eine Leerlaufdüse 14 vorgesehen, von welcher der Brennstoff durch ein Steigrohr 15 und einen Kanal an dem engsten Drosselspalt in die Mischkammer besonders intensiv abgesaugt wird. Bemerkenswert ist bei diesem Vergaser, daß sich die Düsen bequem ohne Brennstoffverlust nach oben herausnehmen lassen. Es ist sogar möglich, dies ohne Unterbrechung des Motorlaufes vorzunehmen, da dann der Motor mit der anderen Düse weiterlaufen kann.

Ein weiterer Vertreter dieser Gruppe ist der D u l o n g - Vergaser (Abb. 76). Um die Brennstoffdüse ist ein beweglicher Lufttrichter angeordnet, welcher beim Öffnen des Drosselschiebers, d. h. beim Anwachsen der Drehzahl hochsteigt und dabei Zusatzluftkanäle freigibt. Die Größe dieser Öffnungen wird mittels eines Anschlagstiftes bestimmt, welcher durch einen mit dem Drosselschieber in Verbindung stehenden und zweckentsprechend geformten Nocken betätigt wird. Außer dieser zwangläufigen Verstellung ist eine Regelung der Zusatzluftkanäle von Hand aus von außen her möglich. —

Bei den oben beschriebenen Bauarten mit zwangläufig von der Stellung der Drossel abhängigen Zusatzluftsteuerung ist die Menge der Zusatzluft nicht immer dem Unterdruck bezw. der Drehzahl proportional.

Es ist deshalb verständlich, wenn die meisten Firmen inzwischen zu Konstruktionen übergegangen sind, welche den Unterdruck selbst zur Betätigung des Regelorganes für Zusatzluft benutzen.

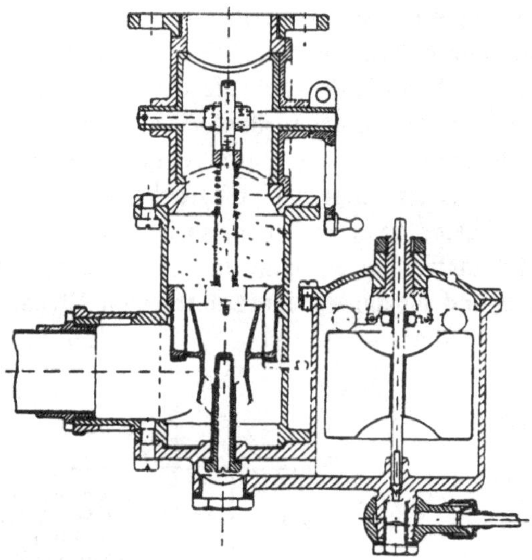

Abb. 76. Dulong-Vergaser.

Vergaser mit Zusatzluftventilen haben seit dem Erscheinen des Krebs-Vergasers in kurzer Zeit vielfache Anwendung gefunden. Trotzdem wäre es verfehlt, Krebs die Originalität der Erfindung zuzuschreiben, denn schon vor Bekanntwerden seiner Konstruktion waren automatische Zusatzluftventile in Anwendung; ihm sind nur bedeutende konstruktive Teilverbesserungen zu danken.

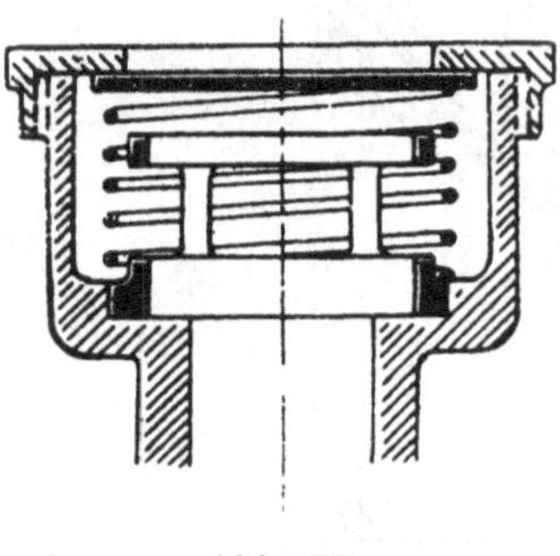

Abb. 77.
Zusatzluftventil.

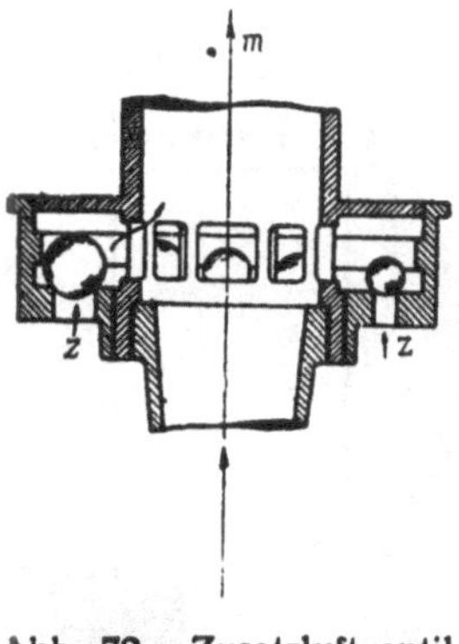

Abb. 78. Zusatzluftventil
von Grouvelle & Arcquembourg.

Recht einfach ist auch die Bauart nach Abb. 77, welche den bei Pumpen vielfach verwandten amerikanischen Plattenventilen nachgebildet ist. Ein Klemmen hierbei ist fast gänzlich ausgeschlossen.

Ein ähnliches Grundelement besitzt das Zusatzluftventil von Grouvelle & Arcquembourg (Abb. 78), bei dem die federbelastete Platte durch eine durch Eigengewicht wirkende Kugel ersetzt worden ist. Statt eines einzigen Ventils hat diese Konstruktion jedoch eine ganze Anzahl rings im Kreise angeordneter Lufteinströmungsöffnungen verschiedenen Durchmessers, die durch entsprechende Kugeln verschlossen werden. Bei geringem Unterdruck beginnen sich die kleineren Kugeln der Reihe nach zu heben, so daß ein gleichmäßiges Anwachsen der Lufteinströmungsöffnung mit steigendem Unterdruck erfolgt. In Deutschland ist diese Bauart unter dem Namen Cudell-Vergaser bekannt geworden.

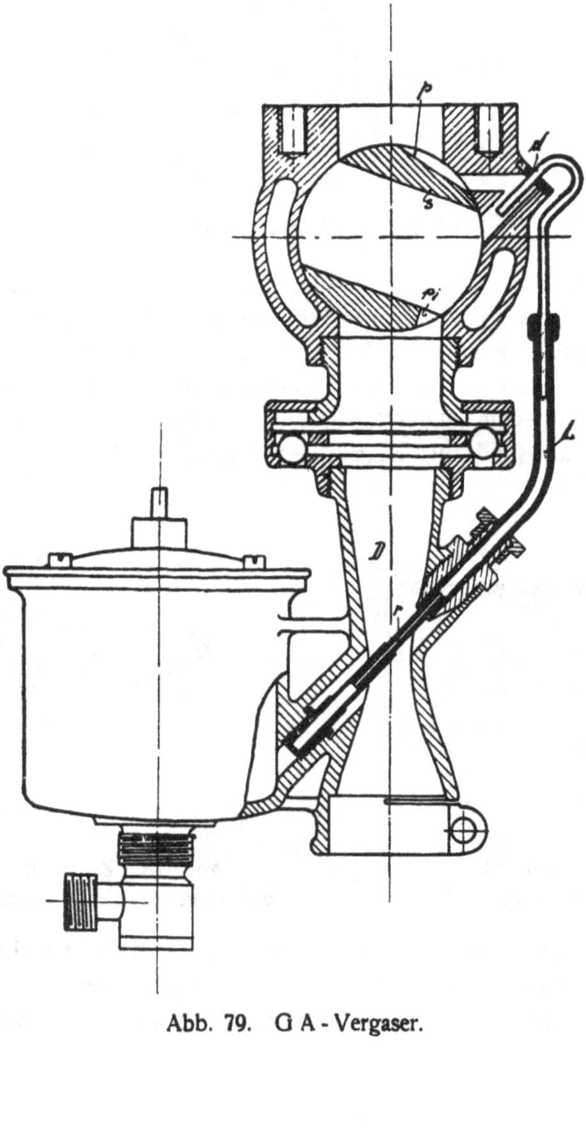

Abb. 79. G A - Vergaser.

In der Abb. 79 ist der GA-Vergaser in seiner neuesten Ausführung dargestellt, die im Gegensatz zu den älteren Bauarten mit einer Leerlaufvorrichtung ausgerüstet ist. Diese Einrichtung hat folgende Wirkung: Wenn der Drosselschieber S in Leerlaufstellung steht, läßt er für den Gemischdurchtritt nur einen schmalen Spalt p frei.. An dieser Stelle ist die Saugwirkung bedeutend größer als in der Luftdüse D des Mischraumes. Um daher auch bei dieser starken Drosselung ein genügend brennstoffreiches Gemisch zu erhalten, ist eine Hilfsleitung L bis an den Drosselspalt geführt, welche einerseits mittels des Röhrchen r in die Brennstoffhauptdüse bis unterhalb des Brennstoffspiegels eintaucht und andererseits in der Düse d mündet. Die angesaugte Luft strömt durch den Spalt p, an der Leerlaufdüse d mit hoher Geschwindigkeit vorbei, wobei sie infolge der an dieser Stelle auftretenden großen Saugwirkung genügend Brennstoff aufnimmt und durch Spalt p in die Saugleitung eintritt. Diese Leerlaufvorrichtung ist gewisser-

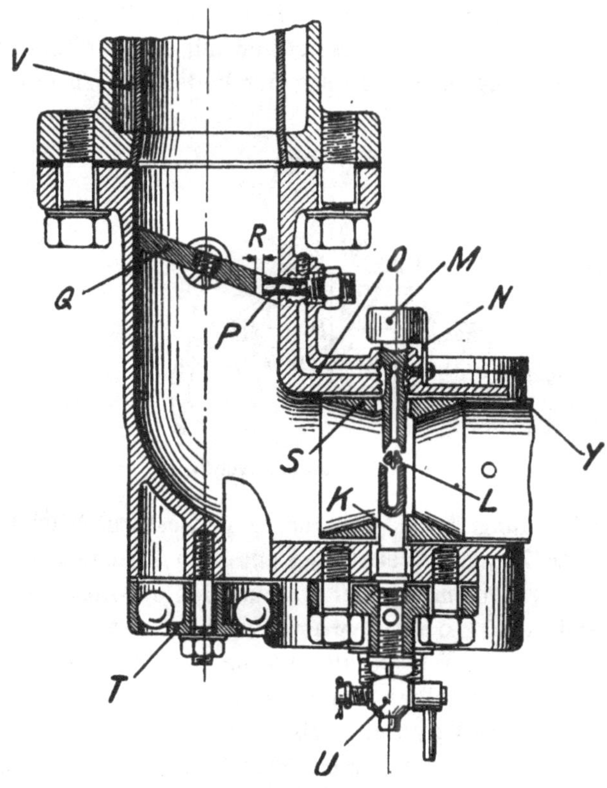

Abb. 80. Zefan-Vergaser.

maßen ein kleiner Zusatzvergaser und gestattet, den Motor im Leerlauf auf sehr geringe Drehzahl bis zu 200 Umdrehungen in der Minute herabzudrosseln, und dient auch zur wesentlichen Erleichterung des Anwerfens. Es erübrigt sich dadurch das umständliche Einspritzen von Brennstoff in die Zylinder und das Antupfen des Schwimmers zwecks Überfluten des Vergasers.

Die Regelung der Zusatzluft wird ebenfalls bei dem Zefan-Vergaser (Abb. 80) durch eine Reihe von Kugeln bewirkt. Durch die Luftdüse S ist in deren engsten Stelle die Benzindüse K geführt, deren Brennstoffautritt auch während des Betriebes durch die Schraube M, welche durch die Sperrfeder N gebremst wird, geregelt werden kann. Das für den Leerlauf benötigte Brennstoff-Luftgemisch wird durch die hohle Schraube M in den Kanal O geleitet und strömt von hier durch die hohle Schraube P der Verbrauchsstelle zu. Durch Verstellen der Schraube P läßt sich die Größe des Schlitzes R verändern und somit die Leerlaufdrehzahl einstellen.

Das Zusatzluftventil (Abb. 81) ist nach Art der normalen automatischen Saugventile konstruiert. Der untere Federteller ist mit Gewinde auf den Ventilsitz aufgesetzt und mit einem Hebel versehen, um durch Verdrehung eine Änderung der Federkraft zu gestatten.

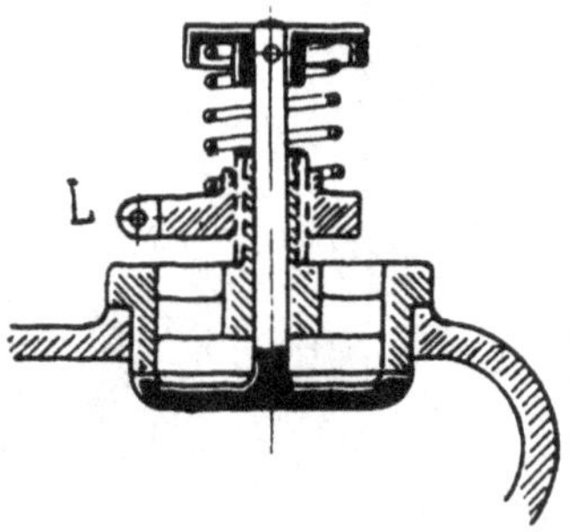

Abb. 81. Zusatzluftventil.

Um die Wirkung ihrer Vergaser zu verbessern, lieferten früher einzelne Firmen Zusatzluftventile, welche zum Anschließen an schon vorhandene Vergaser eingerichtet waren. Das in Abb. 82 dargestellte Zusatzluftventil von Longuemare wird an den bekannten Vergaser angeschlossen. Wie bei der vorhin besprochenen Anordnung ist die Federspannung mittels der Schraube einstellbar.

Bei dem Ideal-Vergaser (Abb. 83) ist das Zusatzluftventil ähnlich wie beim GA-Vergaser um die Mischkammer herum angeordnet. Die Zusatzluftöffnungen werden hier jedoch durch ein federbelastetes

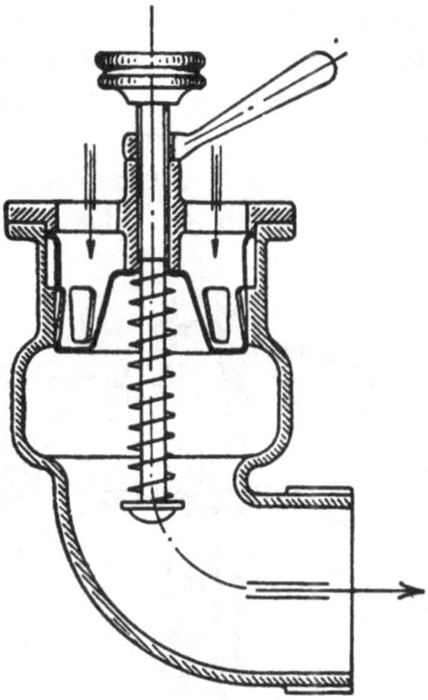

Abb. 82. Zusatzluftventil von Longuemare.

Ringventil abgeschlossen. Diese Anordnung soll weniger empfindlich gegen Stöße sein als eine solche mit losen Kugeln als Abschluß der Luftöffnungen.

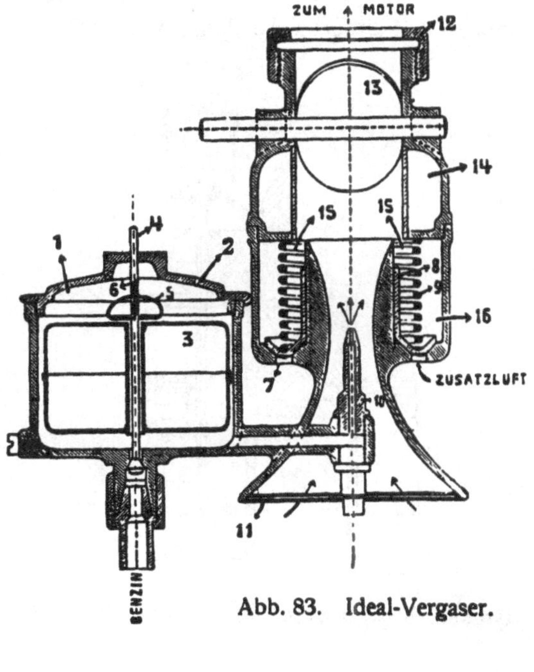

Abb. 83. Ideal-Vergaser.

Die bisher besprochenen federbelasteten Bauarten haben den Übelstand gemein, daß das Ventil, den ständigen Druckschwankungen entsprechend, leicht in Schwingungen gerät. Einige Vergaser suchen dies lästige und schädliche Klappern durch eine pneumatische Bremse zu vermeiden. Eine Konstruktion dieser Art besitzt der Vergaser Delauney-Belleville (Abb. 84). Die Ventilplatte V ist mit

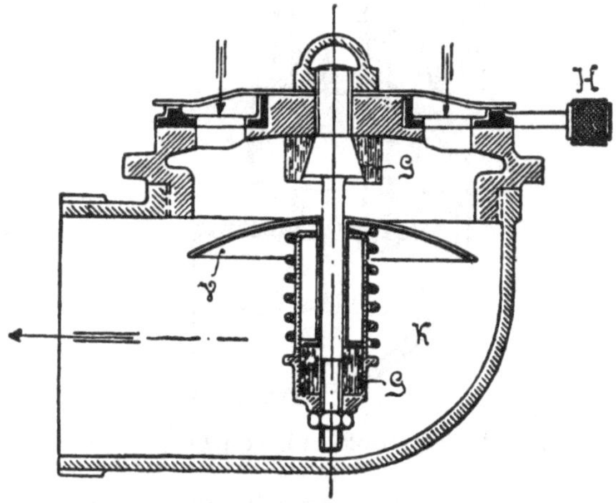

Abb. 84. Zusatzluftventil von Delauney-Belleville.

einem Kolben K verbunden, der sich in einer Hülse bewegt und dämpfend auf die Bewegungen einwirkt. Überdies sind zwei elastische Puffer G als oberer und unterer Anschlag vorgesehen, um Geräusch

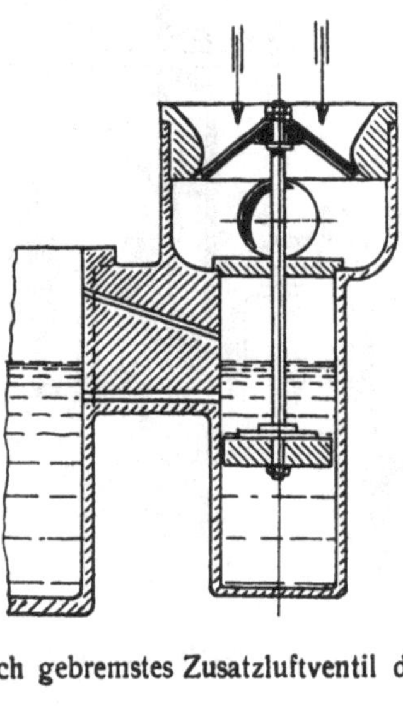

Abb. 85. Hydraulisch gebremstes Zusatzluftventil des Unic-Vergasers.

und Abnutzung zu vermeiden. Bemerkenswert ist ferner, daß die Feder nicht zum Regulieren eingerichtet ist, sondern daß statt dessen der Eintrittsquerschnitt der Luft mittels des Hebels H eingestellt werden kann.

Statt der pneumatischen Dämpfung kann man auch eine hydraulische Bremse anwenden, wie sie der „Unic"-Vergaser (Abb. 85) zeigt. Die Ventilplatte ist mit einem Schwimmer verbunden, dessen Auftrieb die Federkraft der bisher erwähnten Bauarten ersetzt. Der Schwimmer bewegt sich mit geringem Spiel in dem Zylinder, so daß der Strömungswiderstand der Flüssigkeit eine dämpfende Wirkung auf die Schwimmerbewegungen ausübt. In ganz eigenartiger Weise vermeidet diese Bauart eine besondere Flüssigkeit für den Bremszylinder des Zusatzluftventils, indem sie denselben mit dem eigentlichen Schwimmergefäß des Vergasers in Verbindung setzt und so ständig mit Brennstoff gefüllt hält. Als Nachteil muß hervorgehoben werden, daß die Gegenkraft des Ventils, der Auftrieb des Schwimmers, nahezu konstant ist, denn der geringe Querschnitt der Ventilstange bewirkt beim Eintauchen nur ein ganz unwesentliches Anwachsen der Kraft. Dieser Mangel kann durch geeignete Formgebung der Stange in einfacher Weise behoben werden. Man kann hierdurch nicht nur bewirken, daß die Gegenkraft wie bei einer Feder gleichmäßig zunimmt, sondern daß dies Anwachsen in beliebig ansteigendem Maße erfolgt.

Ein konstruktiv vollkommeneres Beispiel eines einstellbaren Zusatzluftventils mit gedämpfter Bewegung finden wir beim Métallurgique-Vergaser (Abb. 86). Im Gegensatz zu der vorher besprochenen Bauart ist statt des Auftriebes der Flüssigkeit eine besondere Feder angewandt, deren Spannung in einfacher Weise geregelt werden kann. Der mit der Ventilplatte V auf einer Achse sitzende Kolben K gleitet in dem mit Glyzerin gefüllten Zylinder und dient als Flüssigkeitsbremse. Der Ventilsitz ist so profiliert, daß die Luftzuführung mit der Ventilbewegung nicht gleichmäßig anwächst, sondern daß diese Steigerung, den theoretischen Forderungen entsprechend, geringer wird.

Die hierdurch ermöglichte Zuführung der Zusatzluft in genau bestimmt wachsendem Verhältnis ist eine wichtige Verbesserung, die zuerst von Krebs beim Vergaser Panhard & Levassor (Abb. 90) praktisch angewandt wurde.

Beim Adler-Vergaser (Abb. 87) wird die zugeführte Luft gemäß Pfeilrichtung einmal der mit Warmwasser geheizten Mischkammer zugeführt und ferner als Zusatzluft durch das hochgesaugte Zusatzlustventil oberhalb der Mischkammer in die Saugleitung gebracht. Eine Glyzerinbremse verhindert das Tanzen des Zusatzluftventils. Eine Stellschraube oben begrenzt den Ventilhub, eine Stellmutter regelt die Federbelastung desselben.

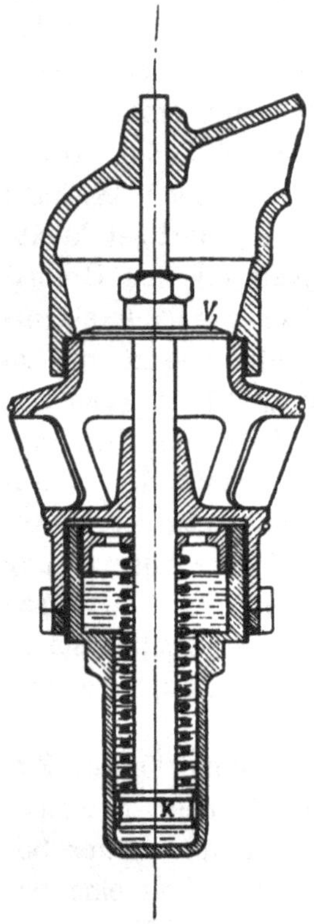

Abb. 86.
Zusatzluftventil des Métallurgique-Vergasers.

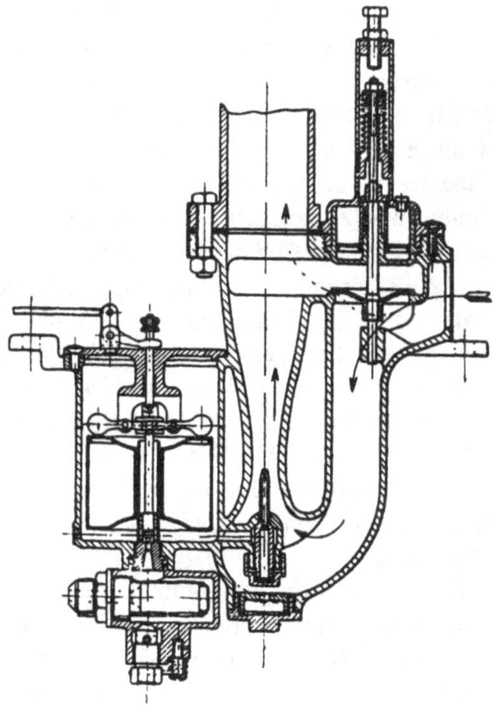

Abb. 87.
Adler-Vergaser.

Der Vergaser des G e o r g e s - R i c h a r d - W a g e n s (Abb. 88) hat ebenfalls ein durch eine Glyzerinbremse abgedämpftes Zusatzluftventil. Bemerkenswert ist bei diesem Vergaser die eigenartige Leerlaufeinrichtung. Das Drosseln des Gemisches erfolgt durch einen Tauchkolben 2, der an seinem unteren Ende ein Rohr trägt, welches mit einem Feinröhrchen bei ganz geschlossenem Drosselkolben in die Brennstoffdüse 4 eintaucht. Das untere Ende des Rohres g hat seitliche Öffnungen, durch welche beim Leerlauf Luft in das Rohr eintritt. Das Leerlaufgemisch wird aus dem Rohr g durch die Bohrungen 12 des Drosselkolbens heftig abgesaugt. Eine Einstellung der Leerlaufvorrichtung kann durch die Stellnadel 13 erfolgen.

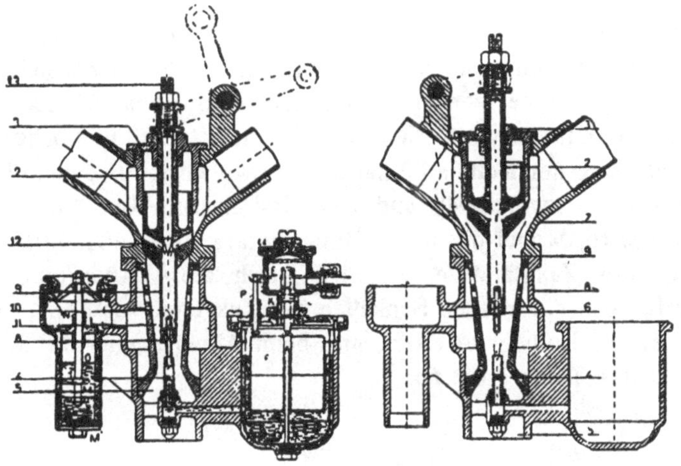

Abb. 88. Vergaser von Georges: Richard.

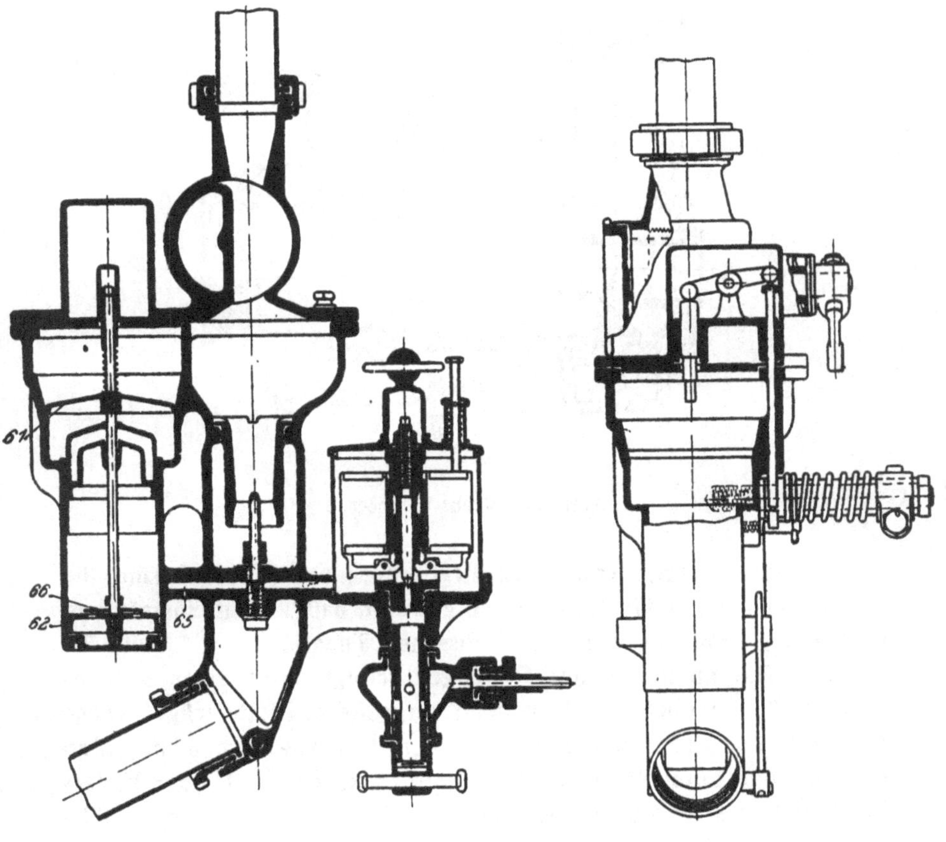

Abb. 89. Renault-Vergaser.

Das Zusatzluftventil des Renault-Vergasers (Abb. 89) ist mit einer Beruhigungsbremse versehen, bei der als Bremsflüssigkeit der Brennstoff selbst verwendet ist, der aus dem Kanal 65 durch eine Bohrung entnommen wird. Wird das Zusatzluftventil 61 hochgesaugt, so bewegt sich der Kolben 62 nach oben, wobei der Brennstoff oberhalb des Kolbens gehoben und zum Teil in den Kanal 65 zurückgedrängt wird, wobei die feine Öffnung stark bremsend wirkt. Das Anheben des Zusatzluftventils wird durch diese Anordnung stark gedämpft. Um das rasche Schließen des Zusatzluftventils zu ermöglichen, ist der Kolben ventiliert, und beim Abwärtsgang des Kolbens hebt sich das Tellerventil 66.

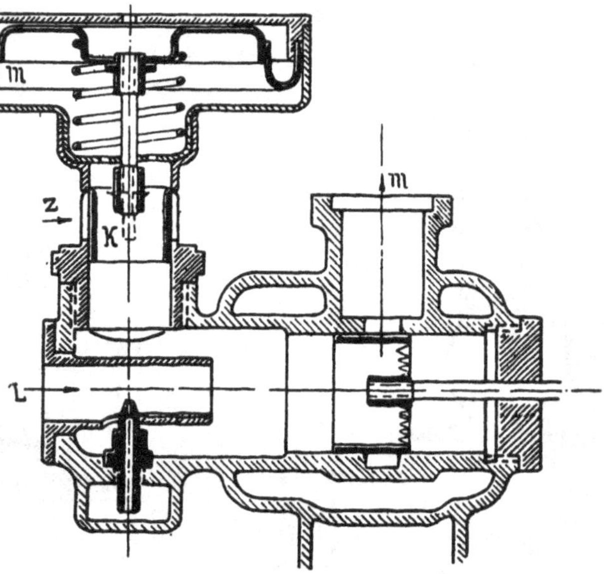

Abb. 90. Krebs-Vergaser.

Bei dem bereits erwähnten Krebs-Vergaser (Abb. 90) sind die Profile der Fenster für Zusatzluft so gewählt, daß die Lufteinströmung in Übereinstimmung mit der Krebsschen Theorie (vergl. Seite 32) erfolgt. Die Steuerung der Öffnungen erfolgt durch einen Kolbenschieber K, der oben eine bedeutend vergrößerte Platte trägt. Diese ist durch eine Ledermembran M mit dem Gehäuse verbunden. Man erkennt, daß unter Wirkung des Unterdrucks einerseits, der Federkraft andererseits der Kolben eine den jeweiligen Betriebsverhältnissen angepaßte Stellung einnehmen wird. Der Raum über der

Membran steht nur durch eine kleine Öffnung mit der Außenluft in Verbindung; infolgedessen wirkt er als Luftpuffer und dämpft die Schieberbewegungen. Die Membran selbst ist durch eine Zwischenwand den Einflüssen der Benzindämpfe nach Möglichkeit entzogen.

Eine Betätigung des Zusatzluftventils durch den Unterdruck in der Mischkammer findet man auch beim Vergaser des Schiebermotors von P a n h a r d & L e v a s s o r (Abb. 91 bis 93).

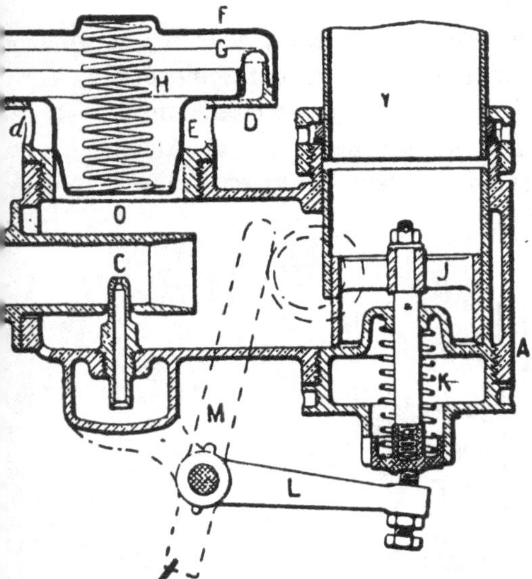

Abb. 91.

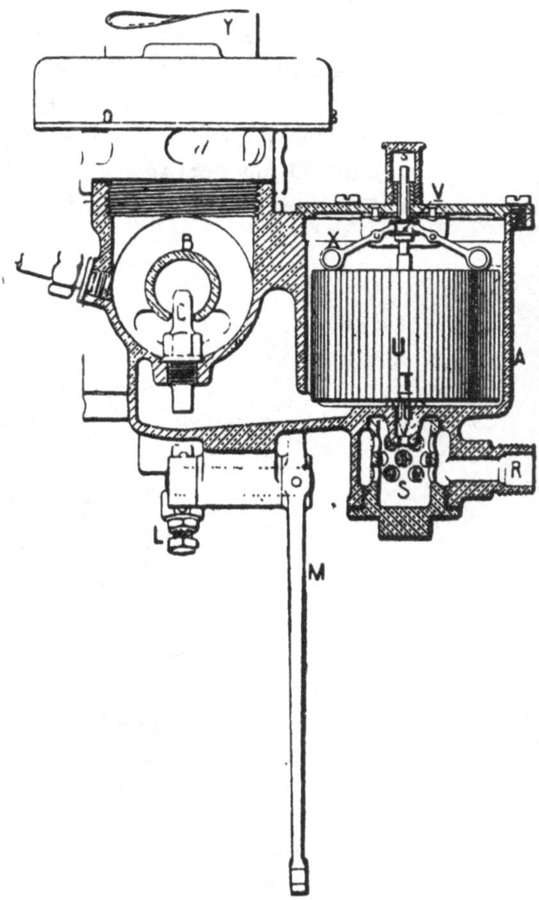

Abb. 92.

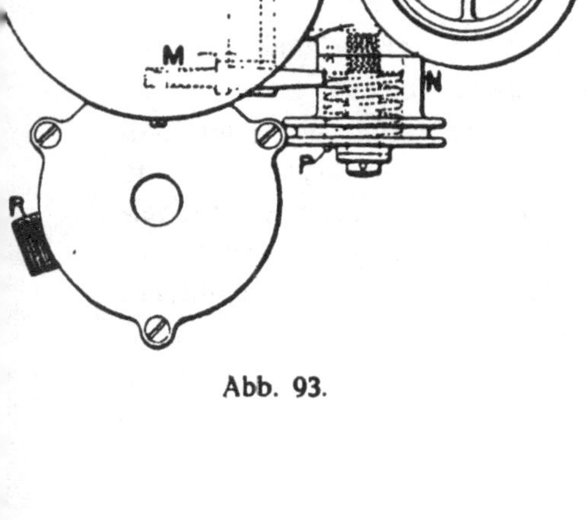

Abb. 93.

Vergaser von Panhard & Levassor.

Das Zusatzluftventil bildet einen Hohlkörper E, welcher mittels einer Kautschukmembran G an dem Körper D hängt. Oben ist der Hohlraum durch den Deckel F luftdicht abgeschlossen. Eine Feder H, in dem Hohlraum eingebaut, drückt das Ventil in seinen Sitz. Entsprechend dem in der Mischkammer herrschenden Unterdruck wird durch die Öffnung O im Hohlkörper ein Vakuum erzeugt und dadurch das Ventil angehoben, wobei der Zutritt von Zusatzluft durch die Öffnungen d freigegeben wird.

Beim Clément-Vergaser (Abb. 94) ist Schieber, Kolben und Bremse baulich vereinigt. Wie man erkennt, senkt sich der Schieber K unter Wirkung des Unterdrucks und öffnet dabei die passend profilierten Fenster F. Der Raum über dem Kolben, der durch die kleine Öffnung O mit der Außenluft in Verbindung steht, wirkt ebenso wie beim Krebs-Vergaser als Luftpuffer.

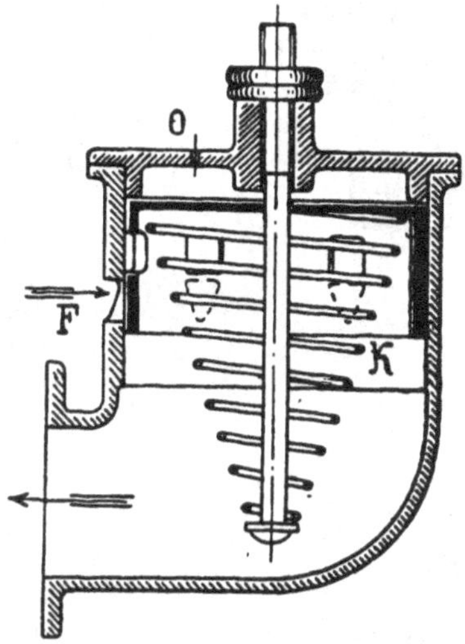

Abb. 94. Zusatzluftventil des Clément-Vergasers.

Derartige Vergaser arbeiten bei sachkundiger Behandlung ganz vorzüglich, aber es sind äußerst empfindliche Organe, die eine aufmerksame Wartung verlangen. Allgemein hörte man die Klage, daß nach wenigen hundert Kilometer Fahrt der unvermeidliche Staub die Funktion der schwachen Feder stört. Das Ventil arbeitet unregelmäßig, oder es setzt sich sogar ganz fest, und man ist gezwungen, den Vergaser häufig zu reinigen und die Federspannung zu regulieren.

Die bisher erwähnten Apparate waren sämtlich zum Einbau in einem neben dem Einlaß für Hauptluft mündenden Zweig des Vergasers bestimmt. Statt dessen kann man auch nur einen Lufteintritt wählen und durch das automatische Ventil das Verhältnis der angereicherten zur Verdünnungsluft beeinflussen. Diesen Grundsatz finden wir beim Motorrad-Vergaser von Longuemare (Abb. 95). Die Luft

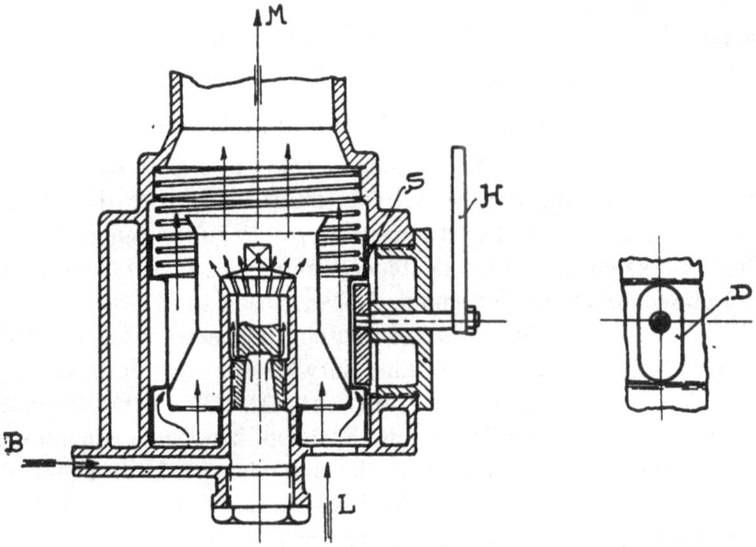

Abb. 95. Zusatzluftventil des Longuemare-Vergasers.

nimmt im Vergaser einen doppelten Weg; ein Teil durchfließt den inneren Trichter und saugt dabei Brennstoff an, während je nach der Stellung des Schiebers S ein mehr oder weniger großer Teil von Zusatzluft durch den äußeren Ringraum strömt. Die Lage des Schiebers S wird durch den Unterdruck einerseits, die Federspannung andererseits bestimmt. Außerdem kann die Bewegung von Hand mittels des Hebels H und des Daumens D beeinflußt werden. Wie man erkennt, wird je nach der Stellung des Hebels der Schieber entweder in der höchsten oder tiefsten Lage festgestellt, oder er kann frei zwischen beiden schwingen.

Bei der bisher besprochenen Art von automatischen Vergasern wird durch das Zusatzluftventil der Druck im Vergaser nicht etwa völlig konstant gehalten, sondern das Ventil beschränkt nur die Grenzen der Spannungsschwankungen und verbessert innerhalb derselben durch Verdünnung mit Zusatzluft die Gemischzusammensetzung. Bei der Konstruktion wird man also vorteilhaft bei gegebenen Formen versuchsweise den Hauptlufteinlaß so bestimmen, daß derselbe bei minimaler Drehzahl allein die günstigste Wirkung gibt. Sodann sind die bei steigender Drehzahl erforderlichen Querschnitte für die Zusatzluftöffnung zu ermitteln. Das Ventil ist so zu bemessen, daß es bei gleichmäßig ansteigendem Hub die ermittelten Öffnungsquerschnitte ergibt. Bei der Wahl der Feder ist darauf zu achten, daß einerseits das Ventil bei geringer Steigerung der Drehzahl über den kleinsten Wert in Tätigkeit tritt und andererseit nur bei der vollen Motorleistung seinen ganzen Hub ausnutzt.

B. 1. Beeinflussung der Brennstoffzufuhr.

Bei der Entwicklung des automatischen Vergasers war es naheliegend, daß man zunächst die indirekte Beeinflussung des Brennstoffgehaltes ins Auge faßte. Die Anbringung von Regulierorganen bei den großen Querschnitten und bedeutenden Mengen der Luft war naturgemäß einfacher als an den empfindlichen Brennstoffdüsen.

Die am Schlusse des vorigen Abschnittes erwähnten Nachteile des Zusatzluftvergasers haben eine Entwicklung des Vergaserbaues nach anderer Richtung hin zur Folge gehabt. Mit verhältnismäßig einfachen Mitteln ist es gelungen, die Brennstoffzufuhr zu beeinflussen. Auf diese Weise sind baulich einfache und allen Anforderungen des Automobilbetriebes entsprechende Vergaserkonstruktionen entstanden, von denen einige den Markt heute beherrschen.

α) Bremsdüsenvergaser.

Das Prinzip der Bremsdüse sei durch Abb. 96 erläutert. Patent Nr. 267 800. Der Brennstoffkanal mündet bei o in der Düse, welche durch Einschalten einer Kammer k eine Unterbrechung erfährt. Diese steht mit einem Hilfsflüssigkeitsbehälter e in Verbindung, der höher

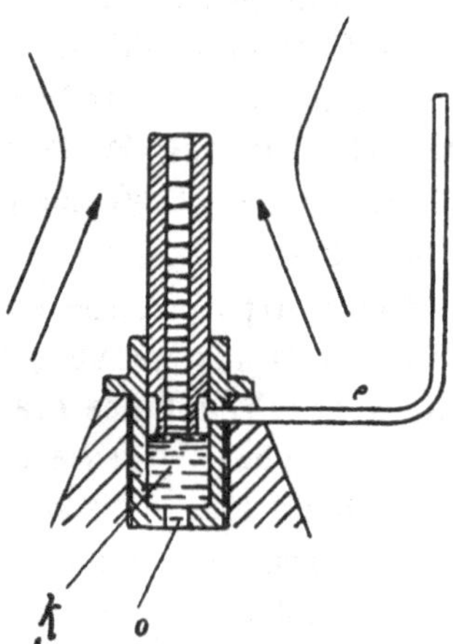

Abb. 96. Bremsdüse.

geführt ist als die Düsenmündung. Wenn der Unterdruck in der Düsenmündung über ein gewisses Maß steigt, so pflanzt er sich bis in die Kammer k fort, und es wird e leergesaugt. Sodann tritt Luft durch e in die Düse ein und beeinflußt, entsprechend dem Unterdruck, die Brennstoffzufuhr.

Dieser Vorgang bewirkt auch eine gute Zerschäumung des Brennstoffes vor seinem Austritt aus der Düse.

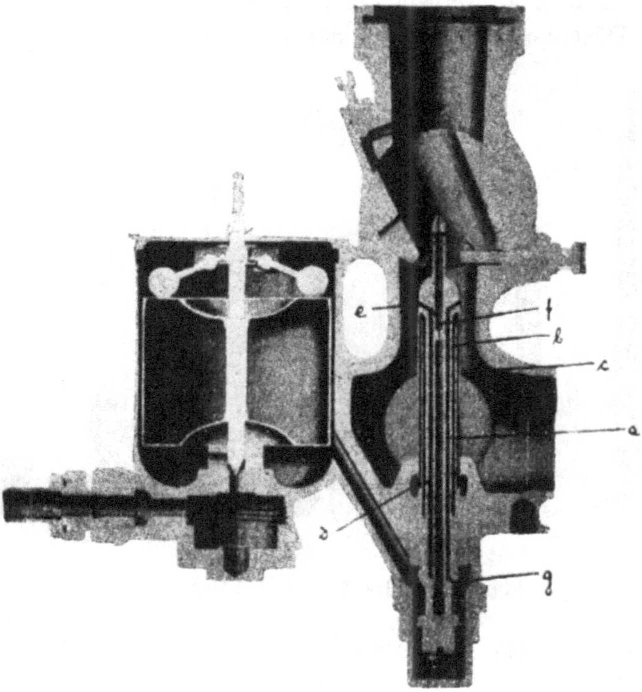

Abb. 97. Claudel-Vergaser.

Abb. 97 zeigt einen Schnitt durch den Claudel-Bremsdüsen-Vergaser. Der Brennstoff tritt durch die Bohrungen g in das Steigrohr a ein und aus diesem durch die in dessen Mantel angebrachten Bohrungen (vergl. Abb. 98) in den Raum zwischen diesem Steigrohr und der Hülse b, wo er bis zur Höhe des Brennstoffspiegels ansteigt. Es bildet sich bei Stillstand des Motors also hier eine Art Brennstoffsumpf, wodurch das Anlassen erleichtert wird. Die erwähnten Rohre sind von einer Laterne c umgeben. Durch den Unterdruck wird beim Betrieb durch die Bohrungen d und die Laterne Luft angesaugt. Diese tritt über den oberen Rand des Rohres b und drückt auf die Brennstoffsäule zwischen a un b, tritt durch die Bohrungen des Steigrohres a in dieses hinein und gelangt auf diese Weise mit dem Brennstoff innig vermischt durch die Öffnungen e in die Mischkammer. Mitten durch das Steigrohr a führt ein Röhrchen f, oben in den Drosselschieber ragend. Bei Leerlaufstellung des Schiebers tritt an diesem Ende ein starker Saugzug auf, welcher aus diesem Röhrchen den zum Leerlauf erforderlichen Brennstoff reißt. In dem Röhrchen f ist eine Brennstoffdüse angebracht und darüber ein Lufteinlaß, so daß diese Vorrichtung als selbständiger Leerlaufvergaser wirkt. Abb. 98 zeigt die Düsenvorrichtung auseinandergenommen.

Abb. 98. Düse des Claudel-Vergasers.

In diese Gruppe gehört auch der Eureka-Vergaser, der in Abb. 99 dargestellt ist.

Der Aufbau dieses Vergasers ist gänzlich abweichend von den anderen bekannten Bauarten. Über der Mischkammer A ist das Schwimmergehäuse mit dem Schwimmer B angebracht. Konzentrisch zu diesem liegt die Zerstäubungskammer C, in welche der Brennstoff durch das Düsenrohr D und die Bremsluft durch das Rohr E eingeführt werden, und zwar derart, daß der Brennstoff und die Luft bei F aufeinanderprallen und in der Kammer C zerstäubt werden. Vor der Luftleitung liegt ein Plättchen mit der kalibrierten Luftdüse G, deren Größe derart gewählt wird, daß die gewünschte Bremswirkung der Luft in bezug auf die Luftgeschwindigkeit erreicht wird, um ein möglichst gleichbleibendes Gasluftgemisch in allen Fällen zu erzielen. Das so erzeugte, stark gesättigte Gemisch tritt durch die verhältnismäßig weiten Kanäle H in die Mischkammer A ein. Der Gemischdrosselschieber ist mit J gekennzeichnet. Ist letzterer fast oder ganz geschlossen, so tritt die Leerlaufdüse in Wirkung, und zwar wird durch den Kanal K der Brennstoff in die Höhe gesaugt, mischt sich mit der

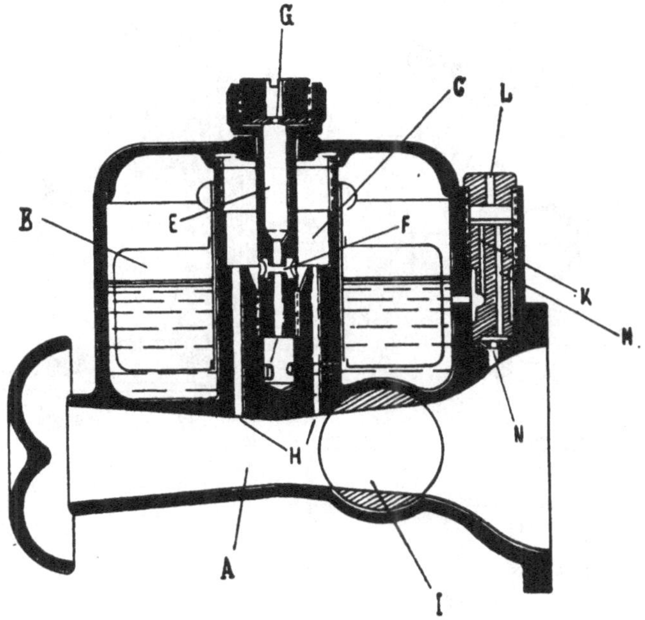

Abb. 99. Eureka-Vergaser.

durch L eintretenden Luft und strömt mit dieser abwärts durch den Kanal M und die kalibrierte Öffnung N der Saugleitung zu. Diese eigenartige Brennstoff- und Luftzufuhr ermöglicht die Verwendung verhältnismäßig großer Düsenquerschnitte, was in bezug auf die Vermeidung einer Verstopfung günstig ist.

Der G r a e t z i n - Vergaser (Abb. 100 a u. b). Seitlich am Schwimmergehäuse sitzt der Düsenhalter D, in den durch die kalibrierte Luftdüse y Bremsluft und durch die kalibrierte Düse x Brennstoff eintritt, um durch die Öffnung z auszutreten und in das Brennstoffsumpfrohr C überzutreten. Aus diesem wird der mit Luft bereits versetzte Brennstoff durch die Öffnung R von dem Unterdruck abgesaugt. Das Rohr C liegt an der engsten Stelle der Hauptluftdüse G, also da, wo die größte Luftgeschwindigkeit vorhanden ist. Die durch die Düse y eingeführte Luft trifft achsial auf die durch x eintretende Brennstoffsäule und wirkt daher mit wachsendem Unterdruck bremsend auf die Brennstoffzufuhr. Von dem Sumpfrohr C ist eine Brennstoffleitung E zur

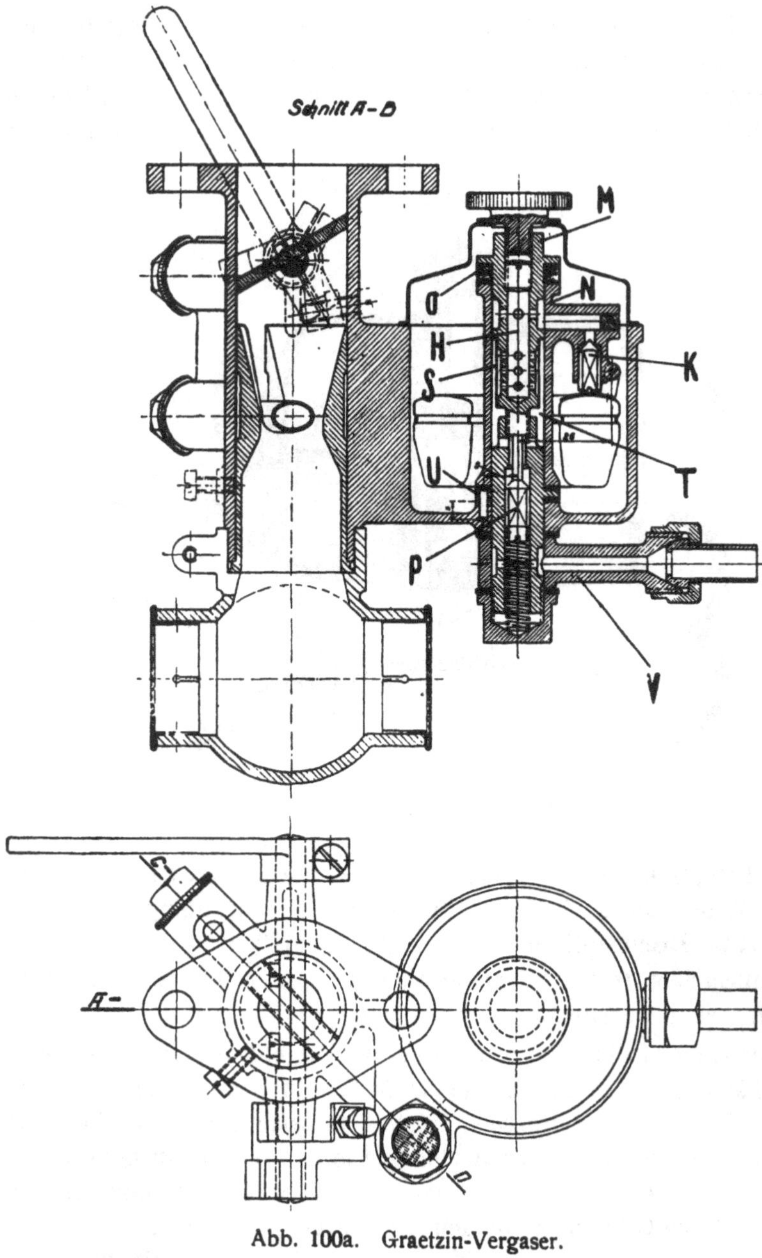

Abb. 100a. Graetzin-Vergaser.

Leerlaufdüse F abgezweigt. Die Luft für den Leerlauf wird durch das Loch R eingesaugt. Die drei Düsen F, x und y haben dasselbe Gewinde, können also miteinander vertauscht werden, wodurch verschiedene Kombinationsmöglichkeiten gegeben sind. Gegenüber dem

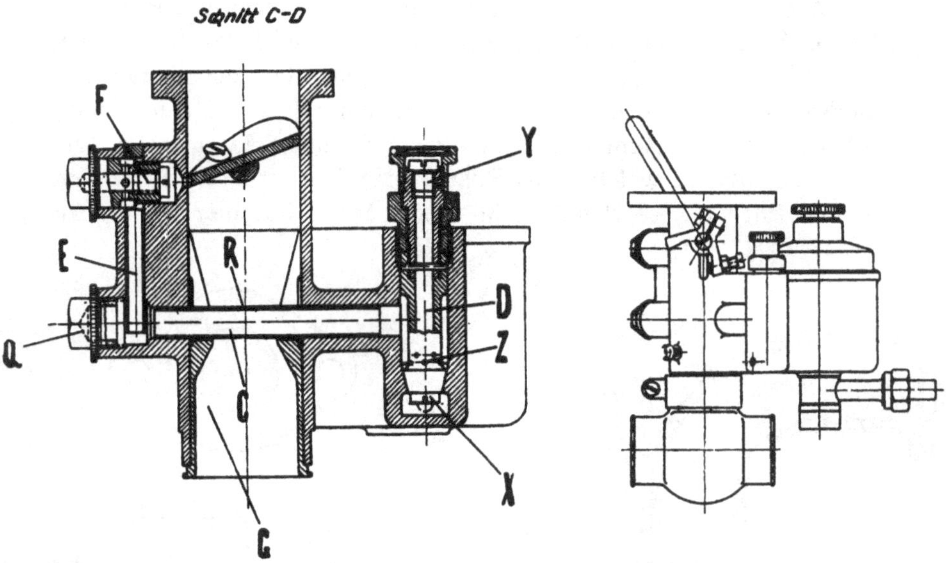

Abb. 100b. Graetzin-Vergaser.

einen Ende des Sumpfrohres C liegt eine Verschraubung Q, an deren Stelle bei Verwendung schweren Brennstoffes eine Leitung für leichten Brennstoff zum Anlassen angeschlossen werden kann. Die Schwimmereinrichtung dieses Vergasers zeigt eine besondere Durchbildung. Die Höhenlage des Schwimmerhalters N kann durch Einlegen von Scheiben O zwischen N und M bezw. zwischen N und U verändert werden, so daß die Höhe des Brennstoffspiegels entsprechend dem Brennstoff eingestellt werden kann, je nachdem, ob man einen schweren oder leichten Brennstoff verwendet. Dies ist jedoch nur erforderlich, wenn man von einem relativ sehr schweren auf einen sehr leichten Brennstoff übergeht, da das Sumpfrohr C eine geringe Änderung des Brennstoffspiegels zuläßt. Der durch den Rohranschluß V eintretende Brennstoff fließt an den flachen Stellen des Ventil-Vierkantkörpers P vorüber und durch zwei Querbohrungen, den Raum T, das Sieb S und wiederum durch eine Reihe von Querbohrungen in das Innere von H, um von dort durch andere, etwas weiter oberhalb liegende Querbohrungen in den zum Brennstoffventil K führenden Kanal zu gelangen. Wenn man die Schwimmerstütze N herausnimmt, so daß das Brennstoffventil K außer Wirksamkeit tritt, so schließt das Ventil P selbsttätig die Brennstoffleitung ab, so daß beim Nachsehen der Teile im Schwimmergehäuse ein Brennstoffverlust vermieden wird.

Auch bei dem aus Abb. 101 ersichtlichen Vergaser von Panhard & Levassor ist das Prinzip der Bremsdüse angewendet. Der Brennstoff tritt in Pfeilrichtung durch entsprechende Kanäle und kalibrierte Löcher aus der Schwimmerkammer in das äußere Steigrohr G ein; ferner kommuniziert mit der Schwimmerkammer die Vorschaltkammer, in welcher das Rohr J eingeführt ist, das an seinem oberen Ende die Leerlaufdüse M trägt. Diese Kammer steht oben

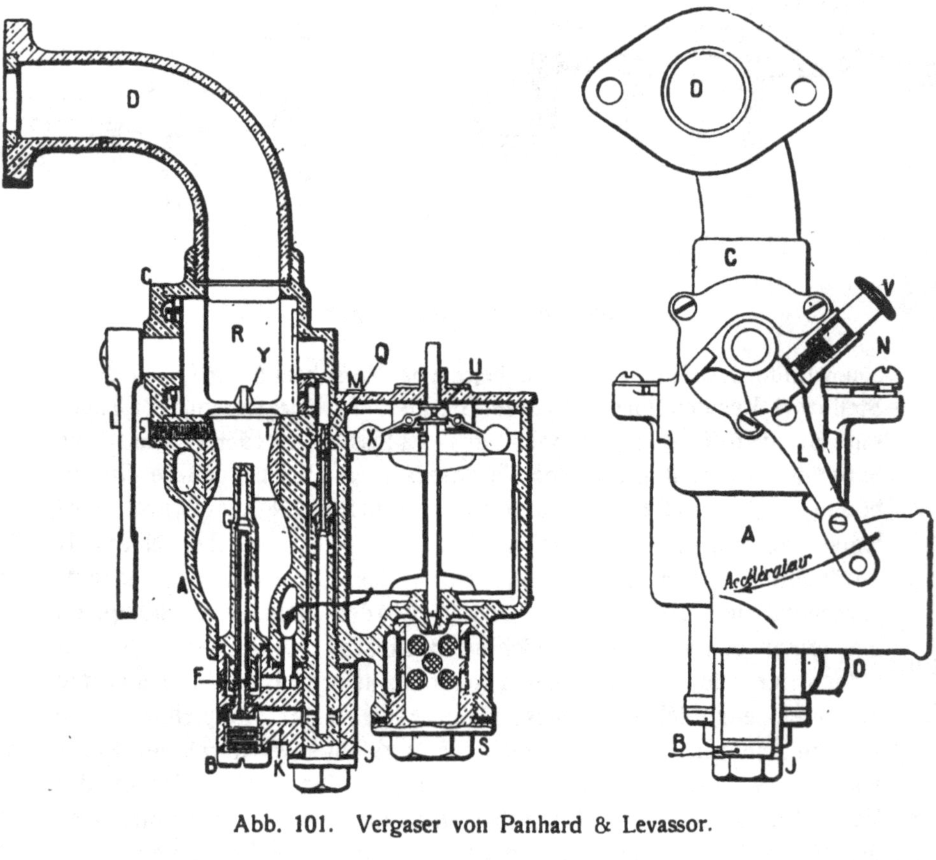

Abb. 101. Vergaser von Panhard & Levassor.

vermittels der Öffnung Q mit der Außenluft in Verbindung. Durch Querbohrungen tritt der Brennstoff aus der Vorschaltkammer in das Innere des Rohres J ein und gelangt von hier aus durch einen Verbindungskanal in das innere, kürzere Steigrohr F.

Bei wachsender Drehzahl wird entsprechend dem Unterdruck in der Mischkammer durch die Öffnung Q Bremsluft in das innere Steigrohr F beigesaugt und so der Gesamtbrennstoffaustritt automatisch geregelt. — Bei starker Drosselung tritt die Leerlaufdüse M nebst der Luftöffnung Q in Wirkung.

Beim Gobbi-Vergaser (Abb. 102) wird die Zuführung der Bremsluft zur Düse dadurch wesentlich unterstützt, daß der Düsenkopf pilzförmig ausgebildet ist. Unter dem Kragen des Pilzes staut sich ein Teil des durch die Luftdüse gesaugten Luftstromes und wird mit erhöhtem Druck in den Brennstoffkanal der Düse hineingedrückt. Diese Bremsung der Brennstoffsäule gewährleistet eine mit dem Unterdruck fortschreitende Selbsttätigkeit.

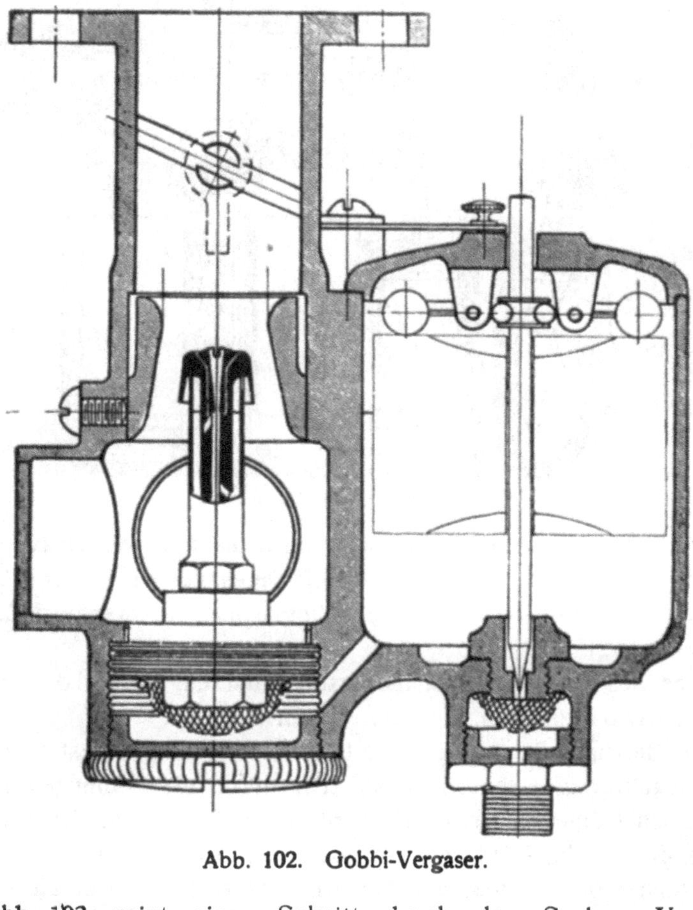

Abb. 102. Gobbi-Vergaser.

Abb. 103 zeigt einen Schnitt durch den Solex-Vergaser Modell C. Die auswechselbare, kalibrierte Brennstoffdüse G wird hier von einem Mantel A konzentrisch zum Steigrohr des Düsenhalters t festgehalten. Die Bremsluft tritt durch die seitlichen Öffnungen des Mantels A ein, streicht über den oberen Rand des Steigrohres und tritt bei genügend großer Saugwirkung nach Durchströmen des Zwischenraumes zwischen Steigrohr und Düse durch die Öffnungen am Fuße der Düse G in letztere ein. Eigenartig ist die Leerlaufvorrichtung dieses Vergasers. In der Leerlaufstellung der Drossel tritt der Kanal y mit der Saugleitung in Verbindung, wobei durch die

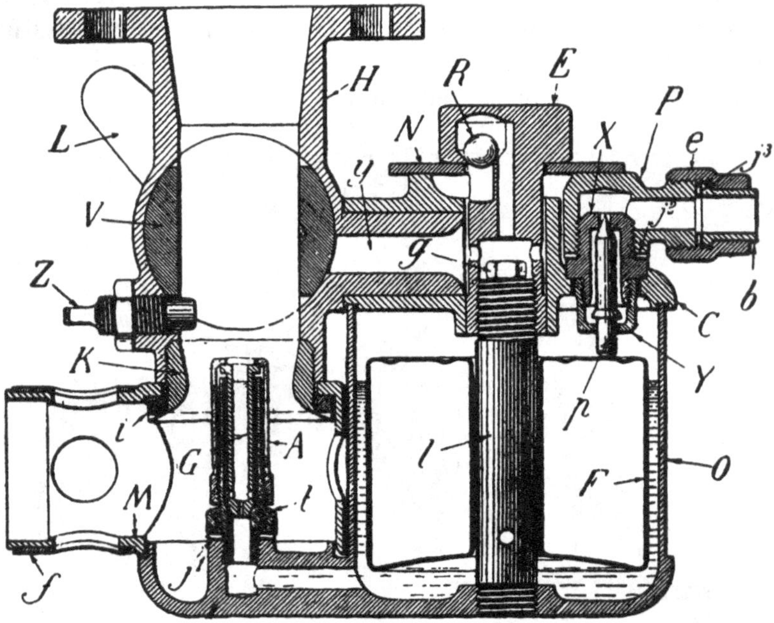

Abb. 103. Solex-Vergaser.

Düse g aus der hohlen Schwimmerachse, die mit dem Schwimmergehäuse in Verbindung steht, Brennstoff angesaugt wird. Bei größerer Saugwirkung wird die Kugel R angehoben und entsprechend Zusatzluft beigesaugt.

Eine besondere Art von Bremsdüse hat ein Patent der Wanderer-Werke (Abb. 104) zum Gegenstande.

Um die eigentliche Spritzdüse 17 ist eine Haube 18 gestülpt, deren Kopf kegelförmig eingedrückt ist. Die durch die Öffnungen 21 der Haube einströmende Bremsluft wird durch den Kegel des Haubenkopfes derart abgelenkt, daß sie gegen die trichterförmige Mündung der Brennstoffdüse stößt und hierbei, entsprechend ihrer Geschwindigkeit, den Brennstoffaustritt hemmt. Der hierbei zerschäumte Brennstoff tritt sodann durch die Öffnung 20 des Haubenkopfes in die Mischkammer ein.

Ein neuerer Bremsdüsen-Vergaser ist der Vergaser von Ernst Schlee G. m. b. H., Pirna (Abb. 105).

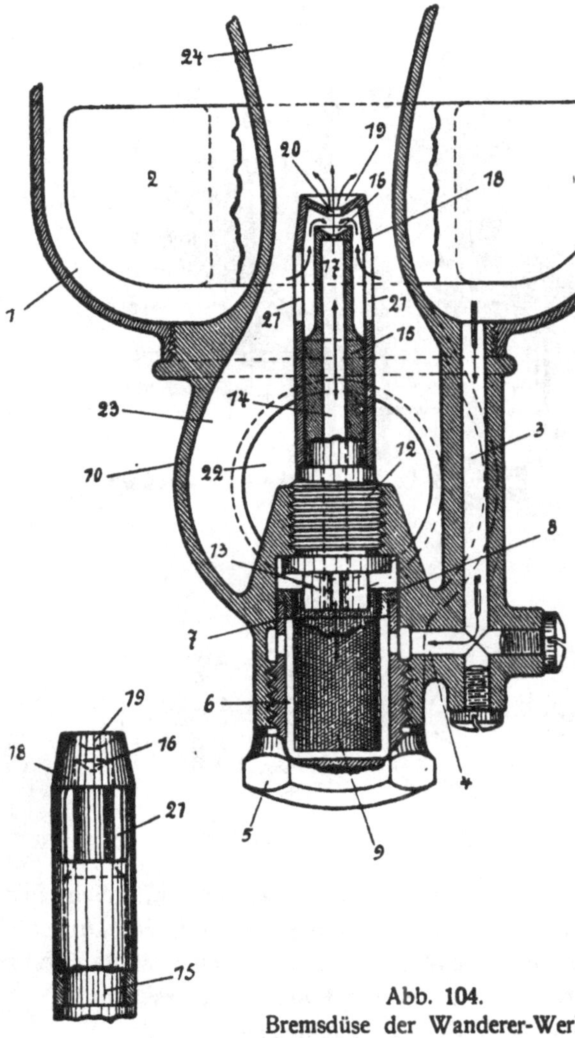

Abb. 104.
Bremsdüse der Wanderer-Werke.

Der Düsenkörper d ist schräg durch die Mischkammer des Vergasers hindurchgelegt und trägt an seinem unteren Ende die Brennstoffdüse f. Die Bremsluft tritt durch die Bremsluftdüse k und den Brennstoffhilfsbehälter i in den Düsenkörper d durch kleine Bohrungen ein und zerschäumt daselbst den Brennstoff.

In den Düsenkörper d ragt von oben ein Tauchröhrchen hinein, welches unter den Brennstoffspiegel taucht und mit dem Kanal h in Verbindung steht.

Letzterer mündet in der üblichen Weise in die Leerlaufdüse g. Oberhalb der Mündung der Leerlaufdüse ist im Saugkanal des Ver-

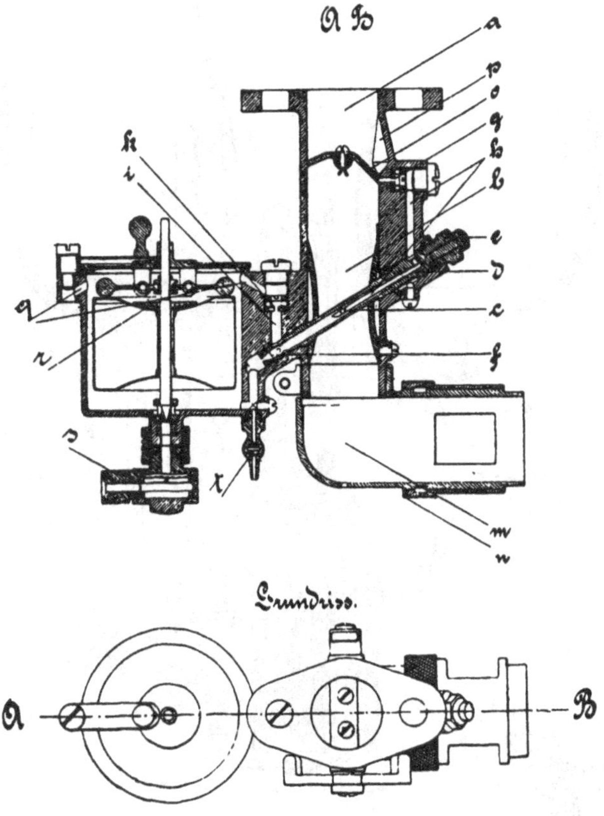

Abb. 105. Schlee-Vergaser.

gasers eine muschelförmige Höhlung p angebracht, welche den Zweck hat, den Hauptluftstrom in der Leerlaufstellung der Drosselklappe o an der Leerlaufdüsenmündung vorbeizulenken. Weitere Einzelheiten dieser Vegasertype sind aus der Abb. 105 zu ersehen.

Eine Übersicht über die Grundeinstellung des S c h l e e - Vergasers gibt nachstehende Tafel.

Größen-Nummer Lichte Weite desselben	Spritz-Düsen mm	Zerstäuber-Düse mm	Leerlauf-Düse mm	Brennstoff-Düse mm	Bremsluft-Düse mm
22	0,8	14	0,6	0,6	0,6
26	1,0	16	0,7	0,8	0,9
30	1,8	18	0,8	0,9	1,1
35	2,0	20	0,9	1,1	1,2
40	2,2	23	1,0	1,3	1,4
45	2,4	26	1,0	1,5	1,6
50	2,6	30	1,1	1,7	1,7
60	2,8	33	1,1	1,9	1,8

Eine sehr vervollkommnete Ausbildung des Bremsdüsenprinzips findet man bei dem bekannten Pallas-Vergaser (Abb. 106).

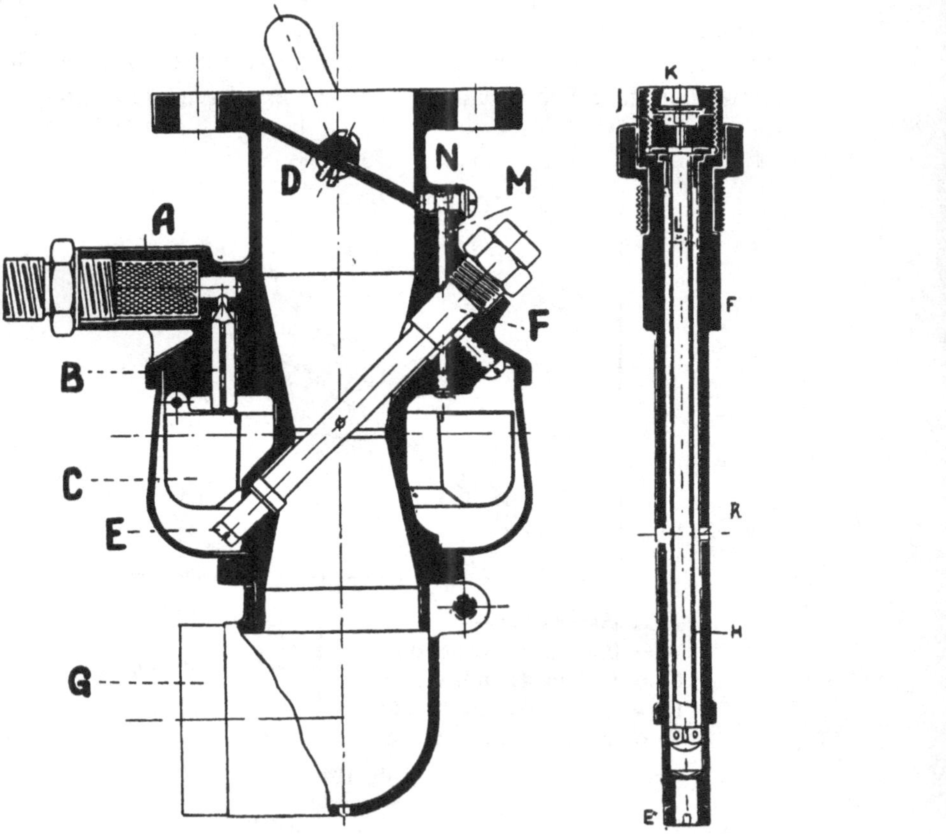

Abb. 106. Pallas-Vergaser.

In einem schräg durch die Mischkammer des Vergasers geführten, leicht auswechselbaren Düsenkörper ist sowohl die Brennstoffzuführung als auch die Einführung der Bremsluft und die Abzweigung zur Leerlaufvorrichtung untergebracht. In dem Düsenkörper F ist am unteren Ende die auswechselbare Brennstoffdüse E eingeschraubt. Die Bremsluft tritt durch die auswechselbare Bremsluftdüse J am oberen Ende in das Tauchrohr H ein, um dieses an seinem unteren Ende durch kleine Bohrungen zu verlassen. Hier tritt die Bremsluft in den Brennstoff über und zerschäumt denselben. Das zerschäumte Gemisch verläßt durch die Bohrung R den Düsenkörper und mischt sich in dem ebenfalls auswechselbaren Lufttrichter der Mischkammer mit der Hauptluft, welche durch den Krümmer G zugeführt wird.

Von dem Düsenkörper F ist ferner ein Kanal M abgezweigt, der zur Leerlaufdüse N an der Drosselklappe D führt.

Vor der Bremsluftdüse J ist ein Staubschutzsieb K vorgelegt. Bemerkenswert ist die gefällige, zentrale Anordnung des Schwimmers C, welcher auf die Schwimmernadel B wirkt. Vor der Brennstoffzufuhr zum Schwimmergehäuse ist ein Brennstoff-Filter A geschaltet.

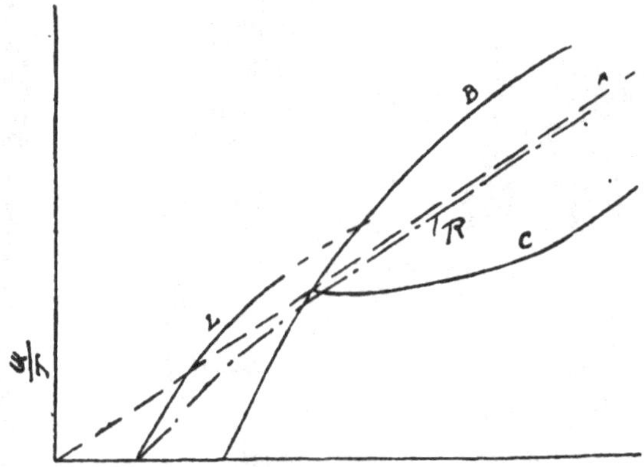

A = theoret. Kurve
B = Einfluß der Benzindüse
C = Finfluß der Korrekturdüse
L = Einfluß der Leerlaufdüse
} auf die Brennstoff-Fördermenge
R = ungef. Verlauf der effektiven Kurve

Abb. 107.

Ein Bild von dem Zusammenarbeiten der Düsen des Pallas-Vergasers ist in Abb. 107 gegeben. Es sind die sekundlich geförderten Brennstoffmengen der Düsen als Ordinaten und der Drehzahlen des Motors (welche zu dem Unterdruck im Saugrohr proportional gesetzt werden können) als Abszissen aufgetragen. Die Kurve A stellt die anzustrebende Brennstoff-Fördermenge bei steigendem Unterdruck dar. Die Kurve der wirklichen Fördermenge R muß sich also der Kurve A möglichst nähern. Mit einer normalen Benzindüse (Kurve B) ist dies nicht zu erreichen, insbesondere, da diese erst bei einem bestimmten höheren Unterdruck in Wirksamkeit tritt. Den Einfluß der Bremsluft auf die geförderte Brennstoffmenge veranschaulicht Kurve C. Durch Kombination von B und C ergibt sich die Kurve R. Die Wirksamkeit der Leerlaufvorrichtung ist durch die Kurve L dargestellt.

Nachfolgende Einstellungstafel gibt einige Annäherungswerte für die beim Pallas-Vergaser erforderlichen Düsengrößen in mm, bezogen auf Steuer-PS.

Steuer-Pferde	Luft-düsen-Durch-messer	Vergaser-größe	Ungefähre Düsendimensionen			
			Brennstoff-düse	Korrektur-luftdüse	Leerlauf-düse	Tauch-rohr
3	15		0,6 —0,75	0,5 —0,6		3,5
4	16	O	0,65–0,75	0,5 —0,6	0,4—0,7	3,5—3,3
5	17		0,75—0,85	0,6 —0,7		3 3—4,0
6	18	I	0,85—0,95	0,7 —0,75		4,0
7	19		0,95—1,05	0,75—0,8		4,0—3,8
8	20	II	1,05—1,15	0,8 —0,85	0,5—0,8	4,0—3,8
9	21		1,15—1,2	0,85–0,9		
10	22		1,2 —1,25	0,9 —1,0		
11—12	23	III	1,25—1,3	1,0 —1,05	0,6—0,9	3,8
13—14	24		1,3 —1,35	1,05—1,1		
15—16	25		1,35—1,4	1,1 —1,15		
17—18	26	IV	1,4 —1,45	1,15—1,2	0,7—1,0	3,8—3,6
19—20	27		1,45—1,5	1,2 —1,25		
21—22	28		1,5 —1,55	1,25—1,3		
23—24	29	V	1,6 —1,7	1,3 —1,35	0,9—1,2	3,6
25—26	30		1,7 —1,75	1,35—1,4		
27—28	31		1,8 —1,85	1,4 —1,45		
29—30	32	VI	1,8 —1,9	1,45—1,5	1,0—1,4	3,6
31—32	33		1,95—2,0	1,5 —1,55		
33—34	34		2,0 —2,1	1,55—1,6		

Ein Bremsdüsen-Vergaser mit mehreren Austrittsöffnungen ist der Füllbeck-Vergaser (Abb. 108).

Der Luftzutritt geschieht durch den Stutzen A mit von Hand verstellbarer Klappe und wird vor Eintritt in den Mischtrichter so umgelenkt, daß ein Teil der Luft gegen den Kanal k stößt und, entsprechend der Luftgeschwindigkeit, als Bremsluft in den Brennstoffkanal g eintritt. Der zerschäumte Brennstoff tritt aus 4 Düsenrohren in den Mischraum über. Eine andere Abzweigung k_1 führt zur Leerlaufdüse am Drosselspalt.

Der in Abb. 109 gezeigte Lacharnay-Vergaser wird in zwei verschiedenen Ausführungen hergestellt; einmal als einfacher Bremsdüsenvergaser, dessen Wirkungsweise in Figur I bis III dargestellt ist, und zweitens mit einer Zusatzluft-Einrichtung. Außer der Haupt-

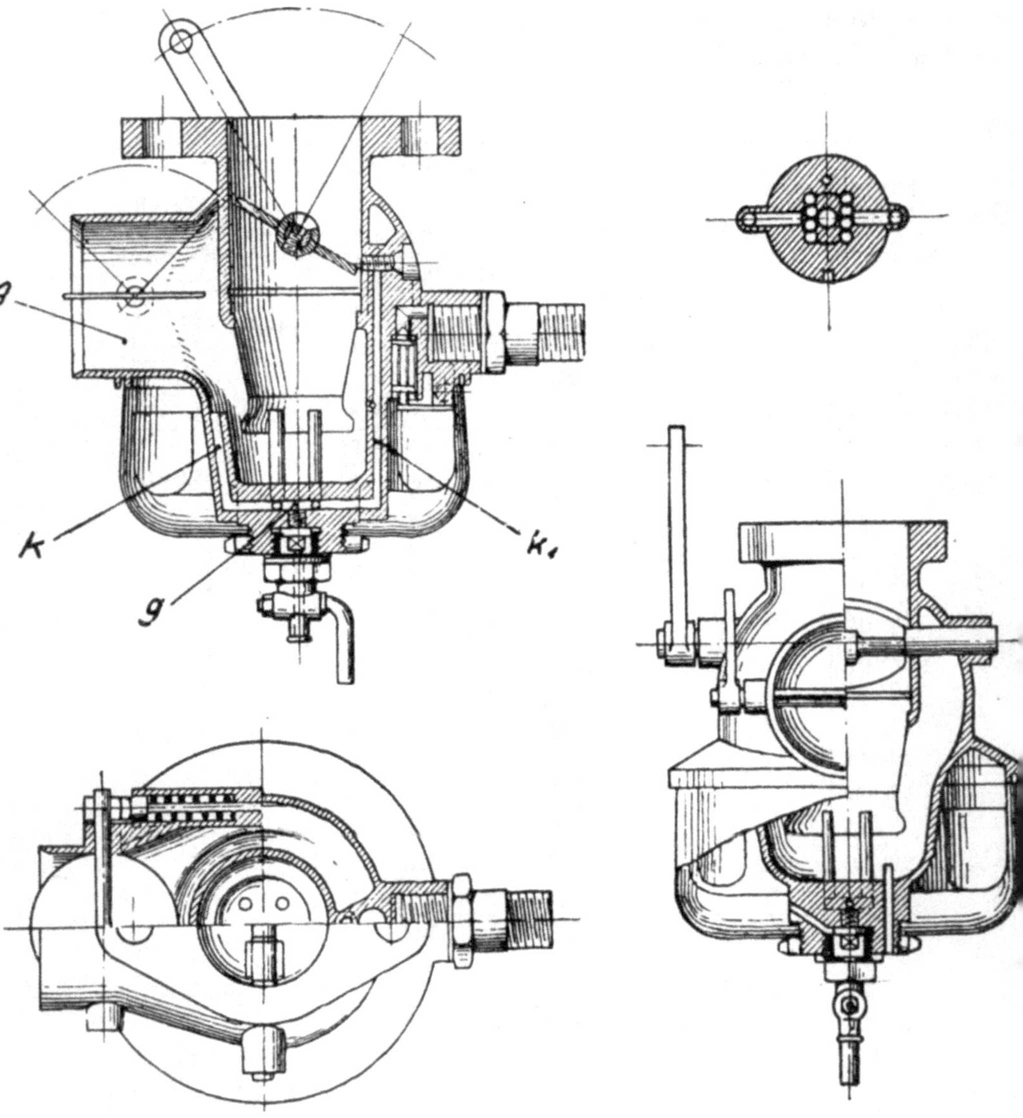

Abb. 108. Füllbeck-Vergaser.

düse 5 ist eine Bremsdüse 6 vorgesehen, welche gleichzeitig als Leerlaufvorrichtung wirkt, und welche an der zur Hauptdüse führenden Leitung angeschlossen ist. Das Steigrohr der Bremsdüse hat zwei Löcher 22 und 23, mittels deren sich dasselbe beim Leerlauf (Fig. I) mit Brennstoff anfüllt. In diesem Falle wird die Kammer 12 vollkommen mit Brennstoff gefüllt. Bei völlig abgedrosselter Misch-

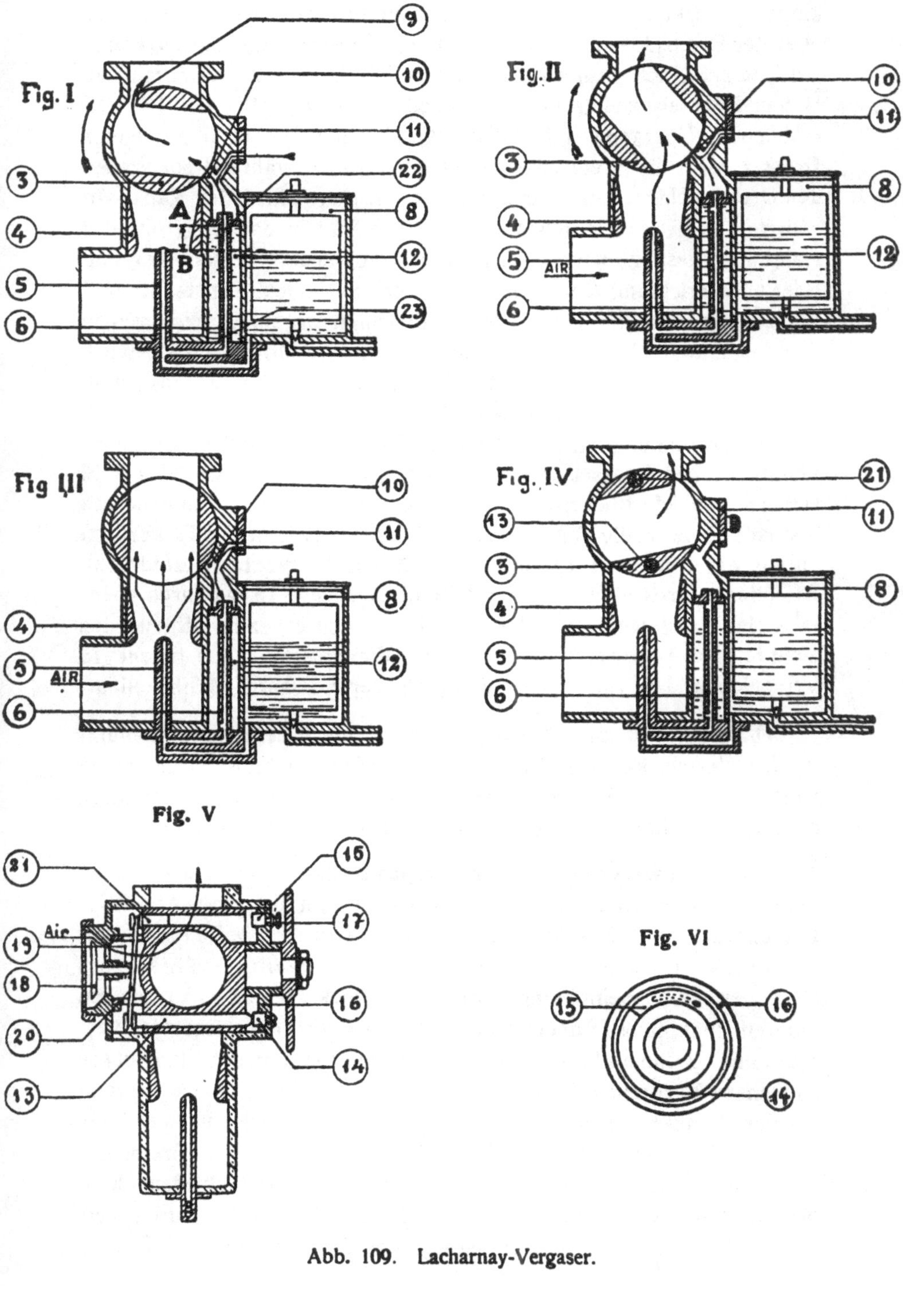

Abb. 109. Lacharnay-Vergaser.

kammer wirkt die Bremsdüse als Leerlaufvorrichtung, wobei der über der Bremsdüse liegenden Kammer in Pfeilrichtung Luft zugeführt wird, welche sich da mit dem Brennstoff innig mischt und durch den hohien Drosselschieber in die Saugleitung gelangt (Fig. I). Bei allmählichem Übergang auf Vollast (Fig. II) und zum Teil geöffneter Drossel wirkt die Bremsdüse als Zusatzvergaser, während bei Vollast der Drosselschieber den zur Leerlaufvorrichtung führenden Kanal absperrt (Fig. III) und durch die Bremsdüse Luft in das Steigrohr der Hauptdüse gesaugt wird. Bei ganz geschlossener Mischkammer und Leerlaufvorrichtung (Fig. IV) wird bei der mit einem Zusatzluftventil versehenen Ausführung dem Motor Frischluft zugeführt, wodurch in der bekannten Weise eine Bremswirkung im Motor erzielt wird. Außerdem wird durch diese Luftzuführung bei völlig gedrosseltem Vergaser (z. B. beim Bergabfahren) ein Hereinpumpen von Schmieröl in den Verbrennungsraum verhindert. Die Anordnung des Zusatzluftventils an dem Drosselschieber ist in Fig. V zu sehen. Am Deckel 16 sind zwei schiefe Ebenen 14 und 15 (Fig. VI) angebracht, von denen 14 fest ist und bei völlig abgedrosseltem Vergaser (wie in Fig. IV gezeigt) mittels des Stiftes 13 und der Leiste 20 das Luftventil 18 aufdrückt. Bei offener Drossel berührt der Stift 13 die Fläche 15, wodurch ebenfalls eine der jeweiligen Schieberstellung entsprechende Öffnung des Ventils erreicht wird. Der Grad der Öffnung ist, da die Fläche 15 verschiebbar ist, von Hand aus mittels der Schraube 17 einstellbar.

Dadurch, daß die Düse 6 als Brems- und Leerlaufdüse benutzt wird, findet ein häufiger Wechsel der Strömungsrichtung in derselben statt, was die Möglichkeit eines Verstopfens dieser Düse verringert, andererseits aber die Elastizität des Vergasers verschlechtert.

Ein moderner Vergaser dieser Gruppe ist der Sum-Vergaser. Einen Schnitt durch den vertikalen Sum.-Vergaser zeigt Abb. 109a. Die charakteristischen Merkmale dieses Vergasers bestehen in der Hauptsache in einem nach oben ohne Brennstoffverlust während des Betriebes herausnehmbaren Bremsdüsenstock, welcher an seinem unteren Ende konisch abgedichtet ist. In diesem Konus sind vier verschiedene Brennstoffdüsen vorgesehen, welche abwechselnd durch einfaches Verdrehen des Düsenstockes in Wirksamkeit gesetzt werden können, je nach Beschaffenheit des jeweils verwendeten Brennstoffes. Im oberen Teil des Düsenstockes ist ein Bremsluftdüsenstück lose eingesetzt, welches wiederum 4 verschiedene kalibrierte Bohrungen zur Zuführung der Bremsluft besitzt. Durch Verdrehen dieses Stückes im Düsenstock wird die Zuführung der Bremsluft reguliert. Um die jeweilig gewählte Stellung des Düsenstockes und der Bremsluftdüse festzulegen, besitzen beide einen Vierkantkopf, welcher durch eine federnde Kappe festgehalten wird. Durch diese Anordnung wird die Einregulierung des Vergasers wesentlich erleichtert, ohne daß für die Auswechslung verschiedene Düsen auf Vorrat gehalten werden müssen, welche im Betriebe bekanntlich fast nie

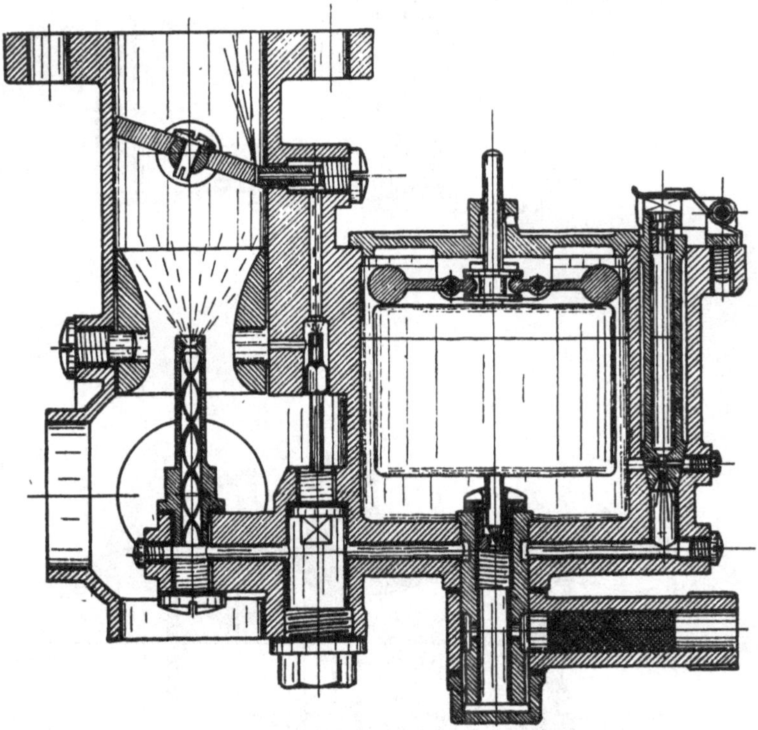

Abb. 109a.

im gegebenen Augenblick zur Hand sind. Der Düsenstock ist an seinem unteren Ende wie ein Venturirohr ausgebildet, an dessen engster Stelle der Brennstoff quer zum Bremsluftstrom eintritt, so daß eine kräftige Vorzerstäubung eintritt. Das zerstäubte Gemisch gelangt durch einen Kanal und eine Kammer in ein weites Steigrohr, welches zur Unterstützung weiterer Zerstäu-

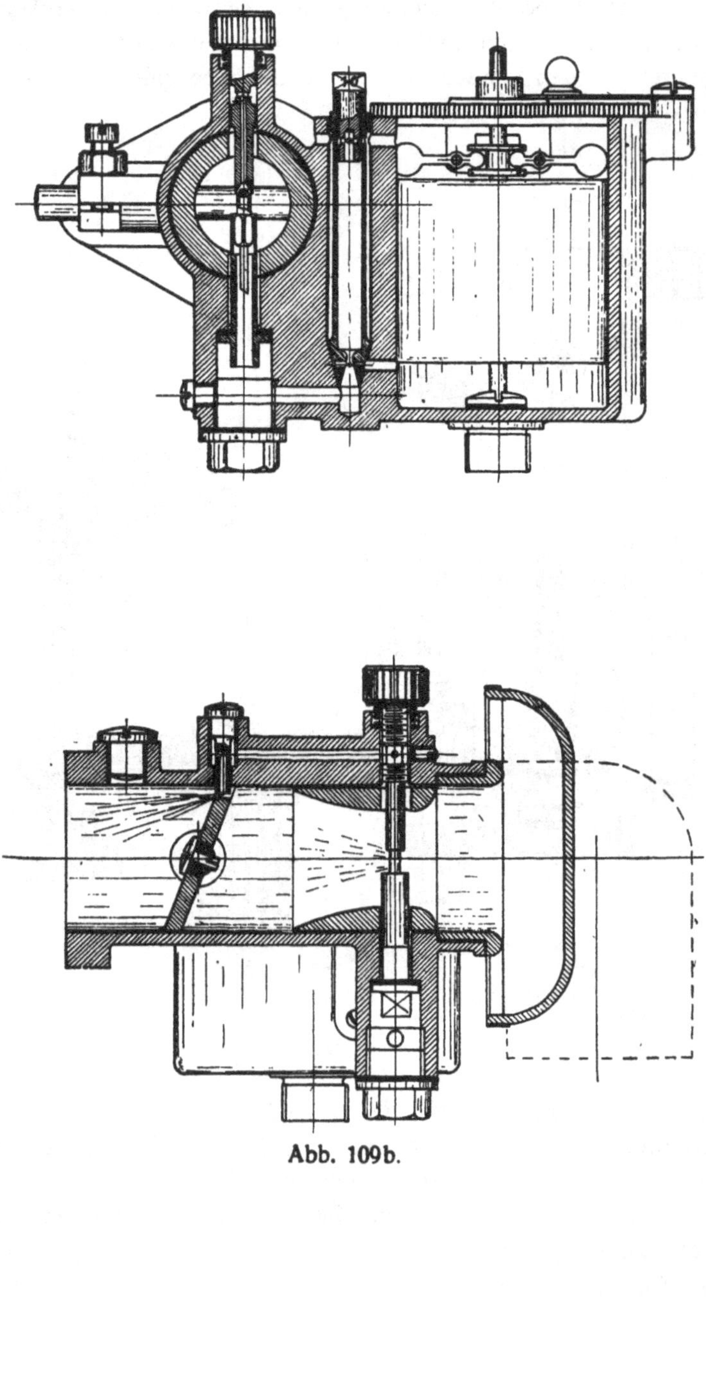

Abb. 109b.

bung mit einem Drall versehen ist. Der Austritt ist blumenspritzartig gestaltet. Der Austritt aus dem Steigrohr geschieht an der engsten Stelle der auswechselbaren Hauptluftdüse. Aus der Kammer, welche als Wasserabscheider dient, zweigt nach oben die auswechselbare Leerlaufdüse ab, aus welcher vermittels eines Kanals von der engsten Stelle des Drosselspaltes der Brennstoff kräftig angesaugt wird. Die hierbei notwendige Luft wird durch eine nach der Mischkammer führende Querbohrung zugeführt. Zu erwähnen ist noch, daß der Eintritt des Leerlaufgemisches nicht, wie sonst üblich, durch eine einfache Bohrung in der Wand des Vergasergehäuses stattfindet, sondern durch ein besonderes eingeschraubtes Röhrchen, welches einige mm über die Seitenwand vorragt. An dieser Stelle besitzt die Drosselklappe einen entsprechenden Ausschnitt. Diese Anordnung bezweckt eine Ablenkung des Leerlaufgemisches von der kalten Wand und soll ein Niederschlagen des Gemisches an den Wandungen verhindern. Wie aus der Abbildung ersichtlich, arbeiten Hauptdüse und Leerlaufdüse parallel im Gleichstrom, also ohne Umkehr des Brennstoffes. Die übrigen Einzelheiten gehen aus der Zeichnung hervor. Beim horizontalen Sum-Vergaser (Abb. 109 b) ist die Gleichstromwirkung des Lerlaufes noch vollkommener ausgebildet, indem die Leerlaufdüse unmittelbar in das Steigrohr eingesetzt ist. Hier ist außerdem die Zusatzluft für den Leerlauf in einfachster Weise nachstellbar, wie beim Zefan-Vergaser Abb. 80. Der Zefan-Vergaser stammt von demselben Konstrukteur.

β) Zwei- und Mehrdüsen-Vergaser.

Die Möglichkeit, ein richtiges Gemischverhältnis bei wechselndem Druckgefälle des Vergasers mittels zweier sich ergänzender Brennstoffdüsen bei unveränderlicher Luftdüse und ohne Zusatzluft zu erzielen, sei an dem bekannten Zenith-Vergaser System François Baverey veranschaulicht.

Die Kurve (Abb. 110) stellt die Abhängigkeit des Verhältnisses von Brennstoff zu Luft von der Drehzahl des Motors dar, wie sie sich bei einer einfachen Spritzdüse ergibt. Wie man daraus ersieht, ist das Gemisch bei niedriger Drehzahl brennstoffarm, während es bei höheren Drehzahlen brennstoffreich ist. Um nun das Verhältnis von Brennstoff zu Luft bei allen Drehzahlen möglichst unveränderlich zu machen, ist beim Zenith-Vergaser neben der Hauptbrennstoffdüse eine zweite Düse, die sogenannte Ausgleich- oder Kompensatordüse, angeordnet, bei welcher sich das Verhältnis von Luft zum Brennstoff mit der Drehzahl nach Abb. 111 ändert. Wie man aus der Kurve ersieht, wird hier gerade die entgegengesetzte Richtung wie in Abb. 110 hervorgerufen. Wirken nun die beiden Düsen gleichzeitig, so ent-

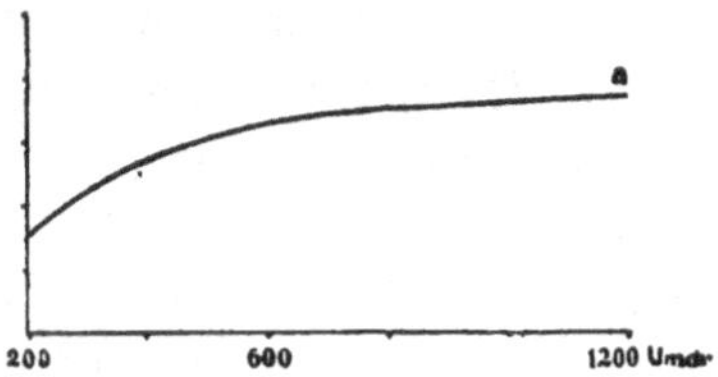

Abb. 110.

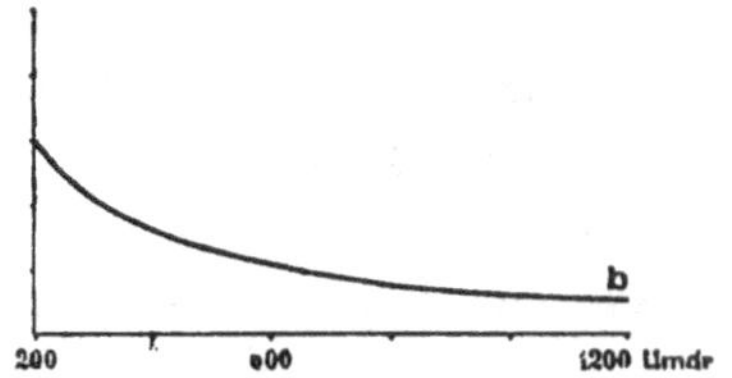

Abb. 111.

spricht dem Ergebnis eine Gemischverhältniskurve, die sich aus den beiden abgebildeten Kurven zusammensetzt und nahezu horizontal verläuft. Hierdurch kommt also ein ständig gleichbleibendes Gemischverhältnis zum Ausdruck.

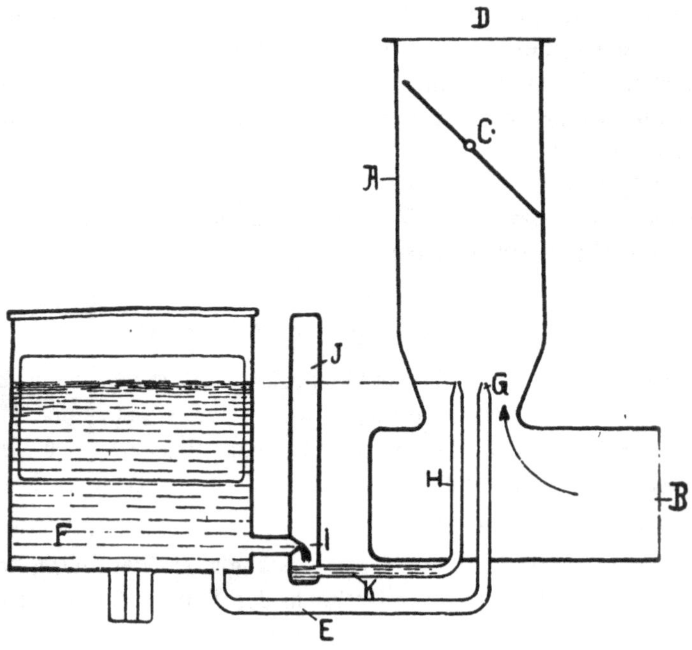

Abb. 112. Vertikaler Zenith-Vergaser.

In Abb. 112 ist der Grundsatz des Zenith-Vergasers dargestellt. Neben der Hauptspritzdüse G, welche unmittelbar mit der Schwimmerkammer F in Verbindung steht, ist eine zweite Düse J angebracht, welche den Ausgleich herbeiführen soll. Durch letztere fließt der

Brennstoff aus der Schwimmerkammer F der Kammer J zu, deren oberer Teil mit der Außenluft in Verbindung steht und welche infolgedessen eine gleichbleibende Menge Brennstoff liefert. Die Mündung des Ausflußrohres H befindet sich in gleicher Höhe wie die der Hauptspritzdüse G. Der konstruktive Aufbau des Vergasers ist in Abb. 113 bis 114 zu sehen (vgl. auch Abb. 47a und 47b).

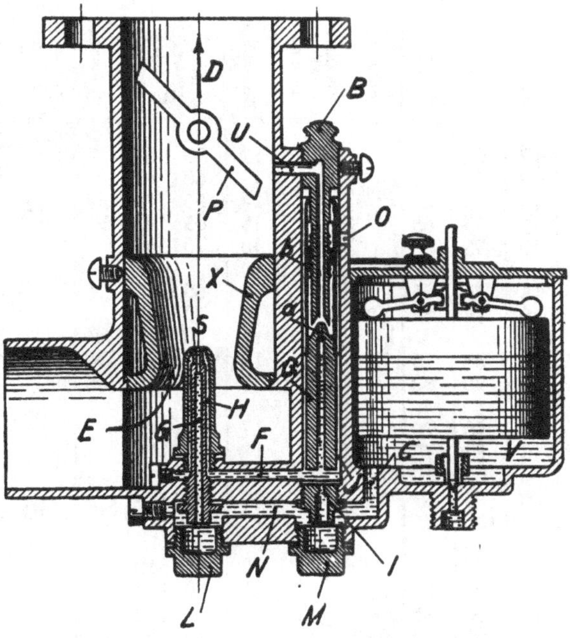

Abb. 113. Vertikaler Zenith-Vergaser.

Die Röhre H umgibt zentral die Hauptdüse G und wird durch die Ausgleichsdüse J und den Kanal F gespeist. Spritzdüse und Ausgleichsrohr münden in gleicher Höhe bei S in den Lufttrichter X der Mischkammer. Der Kanal F steht mit dem Hilfsbehälter J in Verbindung, der bei O offen ist. In dem Hilfsbehälter ist von oben die Leerlaufvorrichtung eingeschraubt. Dieselbe besteht aus der Düse Q mit der Mündung a, über welche ein Steigrohr greift.

Infolge der kräftigen Saugwirkung am Drosselspalt wird durch O Luft angesaugt, die durch die Löcher b strömt, an der Leerlaufdüsenmündung a vorbeistreichend, reichlich Brennstoff mitnimmt und durch das Steigrohr dem Drosselspalt zuführt.

Zu erwähnen ist, daß durch die Verschraubungen L und M sowohl die Hauptdüse als auch die Ausgleichsdüse zwecks Auswechselung bequem zugänglich ist.

Eine Tafel für die Grundeinstellung des Zenith-Vergasers unter Annahme der Verwendung von Benzin mit dem spezifischen Gewicht bis 0,750 ist nachstehend gegeben. Die angegebenen Werte sind in mm eingetragen.

2 Zylinder (geschlossener Mantel)					4 Zylinder					6 Zylinder (einfache Vergaser)				
Bohrung	Vergaser Lichte Weite in mm	Zerstäuber	Düse	Kompensator	Bohrung	Vergaser Lichte Weite in mm	Zerstäuber	Düse	Kompensator	Bohrung	Vergaser Lichte Weite in mm	Zerstäuber	Düse	Kompensator
		12	65	55			12	55	65			14	65	75
		13	65	60			13	60	65			15	65	80
50 bis 70	22	14	70	60	bis 59	22	14	65	70	bis 59	26	16	70	95
		15	75	65			15	65	80			17	70	105
		16	75	70			16	70	90			18	75	110
												19	80	115
		15	75	65			15	65	80					
		16	75	65			16	70	90			17	70	105
71 bis 84	26	17	80	70	60 bis 74	26	17	70	100			18	75	110
		18	85	75			18	75	100	60 bis 74	30	19	75	115
		19	90	80			19	75	110			20	80	125
												21	80	130
		17	80	70			17	70	100					
		18	85	75			18	75	100			20	80	125
85 bis 94	30	19	90	80	75 bis 84	30	19	75	110			21	80	130
		20	95	85			20	80	110	75 bis 84	36	22	90	130
		21	100	85			21	85	115			23	100	130
												24	105	135
		19	90	80			20	80	110			25	110	140
		20	95	85			21	90	115					
95 bis 114	36	21	100	85	85 bis 94	36	22	95	120			23	100	130
		22	105	90			23	100	130			24	105	130
		23	110	90			24	105	130			25	110	140
		24	115	95						85 bis 94	42	26	115	145
							24	105	130			27	120	155
		23	110	90			25	110	140			28	125	160
		24	115	95	95 bis 114	42	26	115	140			29	130	160
115 bis 129	42	25	120	100			27	120	150					
		26	125	110			28	125	150			28	125	160
		27	130	110								29	130	160
							27	120	150			30	130	165
							28	125	150			31	135	170
					115 bis 129	48	29	130	150	95 bis 114	48	32	140	170
							30	130	160			33	145	175
							31	135	160			34	150	180
							32	140	160			35	150	180
							30	130	160			33	145	175
							31	135	160			34	150	180
							32	140	165	115 bis 129	55	35	150	180
					130 bis 144	55	33	140	170			36	155	180
							34	145	170			37	160	190
							35	150	170			38	165	190

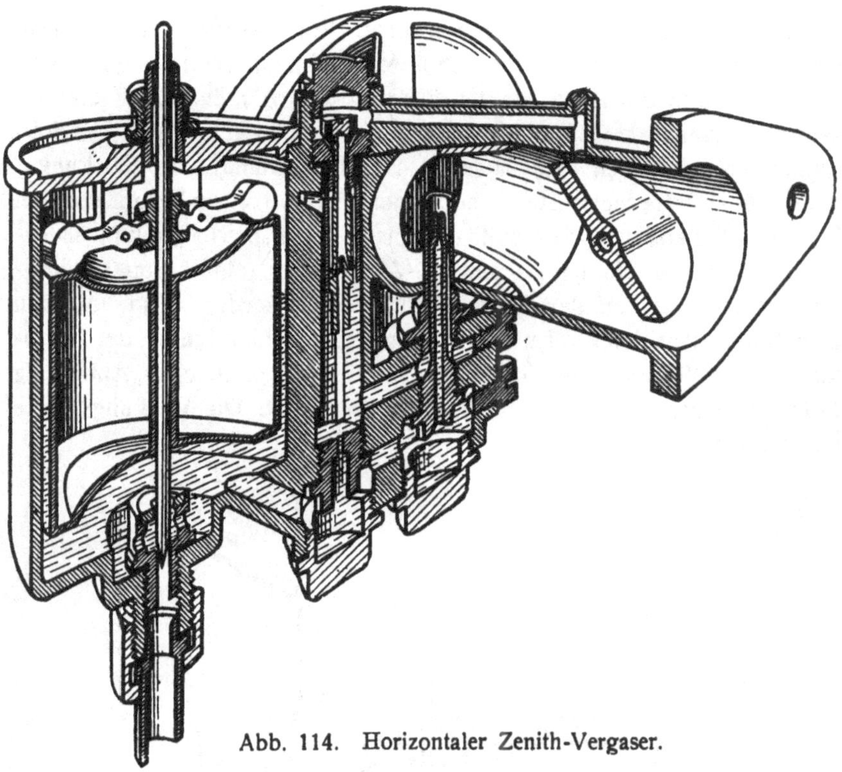

Abb. 114. Horizontaler Zenith-Vergaser.

Die neueste Ausführung des Zenith-Vergasers weicht in einzelnen Gesichtspunkten von den bisher bekannten ab. Ein schematisches Bild, welches das Prinzip der neuen Ausführung erläutert, ist in Abb. 114a dargestellt. Das Zweidüsensystem ist auch hier angewandt, jedoch mündet der Austritt der Haupt- und Korrekturdüse G und H nicht unmittelbar in die Mischkammer, sondern in einen Kanal C, welcher das vorzerstäubte Gemisch in einen dreifachen Diffusor N, c, b, X weiterleitet. Durch diese Anordnung wird die dreifache Ejektorwirkung dazu benutzt, auch bei Überlastung des Motors, also bei geringem Unterdruck in der Mischkammer, eine kräftige Saugwirkung auf den Kanal C hervorzurufen. Infolge des ständigen zentralen Eintritts des Gemischnebels in den Diffusor und der mantelförmigen Zuführung der Frischluft wird ein Niederschlagen des Gemisches an den Vergaserwänden verhindert. Wie bereits erwähnt, werden für den praktischen Gebrauch mit Rücksicht auf die Elastizität bei allen Witterungsverhältnissen die Vergaser derart eingestellt, daß das Gemisch etwas reichlicher ist, als eigentlich erforderlich. Die kalte Maschine erfordert immer einen Brennstoff reicherer Gemischzusammensetzung als die heiße Maschine. Von diesem Gesichtspunkte aus hat man es auch vielfach schon versucht, durch besondere, von Hand betätigte Benzinsparer durch Zuführung von Zusatzluft die Zusammensetzung des Gemisches zu regulieren. Alle diese Vorrichtungen haben jedoch den Nachteil, daß die automatische Wirkungsweise des Vergasers stark beeinträchtigt wird, insbesondere bei falscher Bedienung. Die Zenith-Vergaser G. m. b. H. hat nun neuerdings unter dem Namen Korrektor (Ausgleicher) einen Apparat konstruiert, welcher an den Vergaser angebaut werden kann und den erwähnten Ausgleich ermöglicht ohne Beeinträchtigung der automatischen Wirkung des Vergasers. In der schematischen Abbildung 114 a ist dieser Ausgleicher mit F gekennzeichnet. Die Wirkungsweise ist folgende:

Abb. 114a

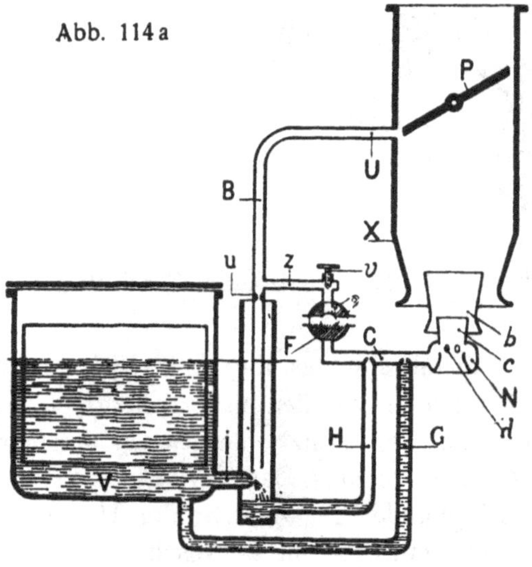

Beim Anlaufen der kalten Maschine wird der Hahn F derart gestellt, daß Kanal C und Z voneinander vollständig abgesperrt sind, daß der Zutritt von Frischluft in beide Kanäle verhindert wird und die Leerlaufvorrichtung durch das Rohr B in Wirkung tritt. Bei normalem Betrieb bleibt der Kanal C immer noch gegen die Außenluft abgeschlossen, und der Hahn steht in der in der Abbildung dargestellten Stellung, also Kanal Z kommuniziert mit der Außenluft. Eine Regulierschraube V reguliert den Luftzutritt nach Kanal Z. Dies ist eine neutrale Stellung, welche die Funktionen des Vergasers in keiner Weise beeinträchtigt. Bei vollbelastetem, also heißem Motor wird der Hahn F derart gestellt, daß er den Kanal Z mit dem Kanal C und diese beiden Kanäle mit der Außenluft verbindet. Dies muß allmählich geschehen, je nach Bedarf. Dadurch, daß jetzt Frischluft direkt in den Kanal C gelangt, wird der vorzerstäubte Gemischnebel brennstoffärmer gemacht. Einen Schnitt durch einen derartigen Vertikal-Vergaser zeigt Abb. 114 b. Hierin bedeuten G und J die beiden auswechselbaren Brennstoffdüsen. Die zuletzt erwähnte Regelvorrichtung ist in der Abbildung im Schnitt dargestellt. Der dreifache Diffusor ist ebenfalls im Schnitt zu sehen.

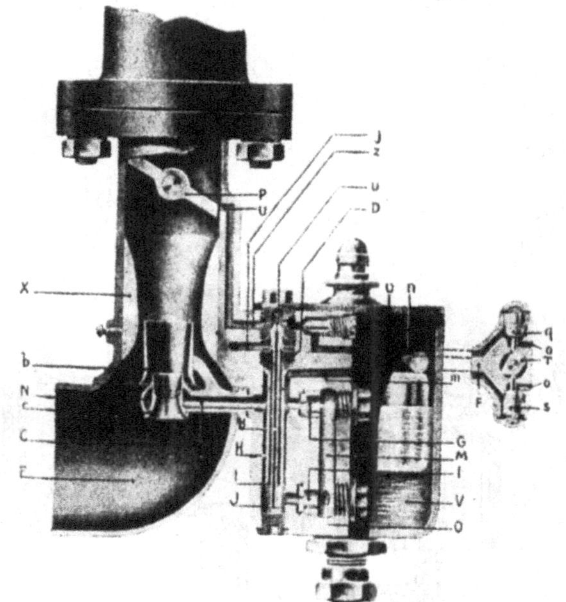

Abb. 114 b.

Eine andere Möglichkeit, die Regelung des Gemischverhältnisses durch zwei sich ergänzende Düsen zu erzielen, hat sich Max Bucherer patentieren lassen.

Gemäß Abb. 115 sind zwei Düsen angeordnet, von denen die Hauptdüse a in normaler Weise an den Schwimmerbehälter b angeschlossen ist. Der Schwimmerbehälter steht durch eine Öffnung g, wie üblich, mit der Außenluft in Verbindung. Die Nebendüse h ist in einer inhalatorähnlichen Anordnung neben der Hauptdüse angebracht. Diese Düse steht in Verbindung mit cinem abgeschlossenen Hilfsschwimmerbehälter k, dessen Brennstoffspiegl niedriger steht als der im Hauptbehälter b, und dessen Luftraum durch den Kanal n mit der Mischkammer des Vergasers verbunden ist. Die beiden Schwimmerkammern stehen durch den Kanal l (siehe Schnitt ZZ) miteinander in Verbindung.

Die einfache, bereits früher geschilderte Spritzdüsenwirkung der

Hauptdüse a wird durch die Inhalatorwirkung auf die Nebendüse h ergänzt. Die zusätzliche Brennstoffmenge aus der Nebendüse wird bei wachsendem Unterdruck durch Fortpflanzung desselben mittels des Kanals n auf die Schwimmerkammer k entsprechend verringert.

Um die Beeinflussung der aus der Nebendüse austretenden Brennstoffmenge zu ermöglichen, ist noch eine Verbindung des Luftraumes der Hilfsschwimmerkammer k mit der Außenluft bei p vorgesehen, die mittels der Schraube o eingestellt werden kann.

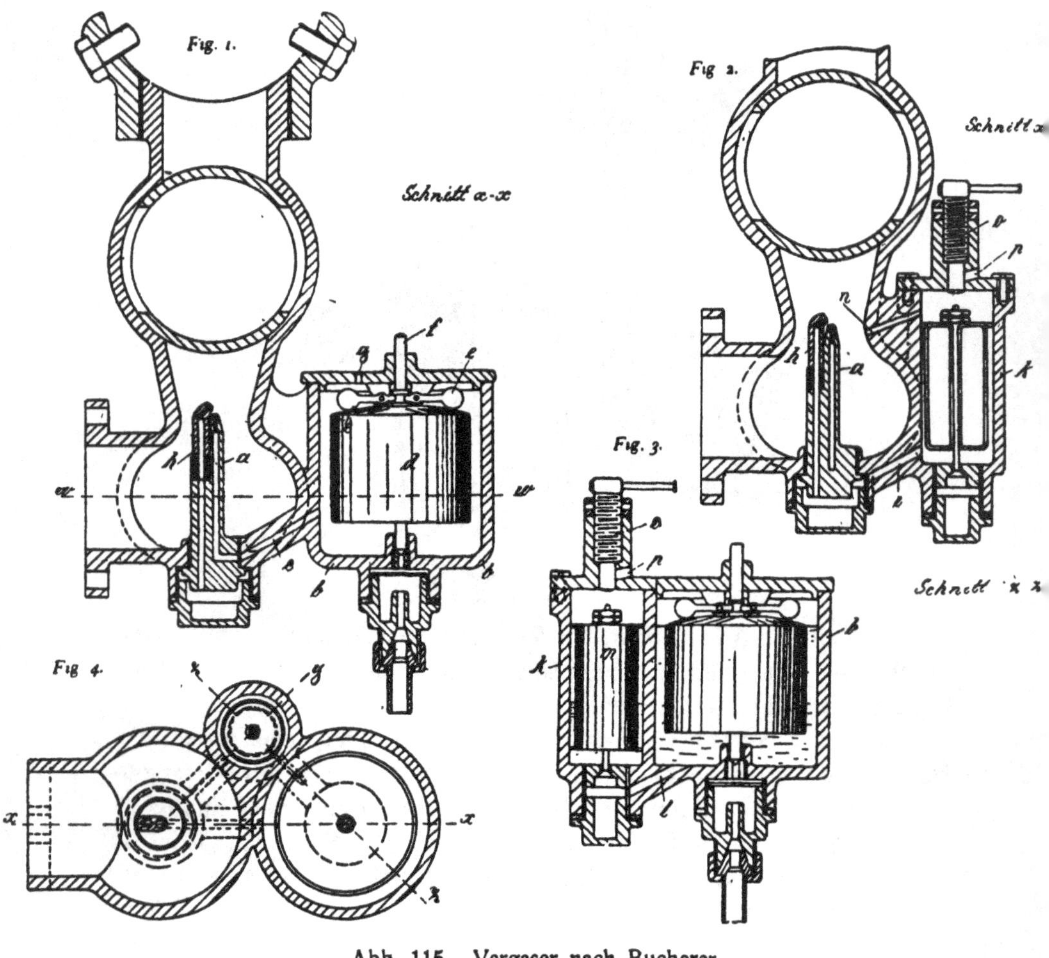

Abb. 115. Vergaser nach Bucherer.

γ) Regelung der Brennstoffzufuhr durch Einwirkung des Unterdrucks auf das Schwimmergehäuse.

Verbindet man nach dem Vorschlage von Grouvelle & Arcquembourg den luftdicht abgeschlossenen Schwimmerbehälter eines einfachen Spritzvergasers mit der Saugleitung des Motors, oder der Mischkammer des Vergasers, oder aber mit beiden zugleich, so kann dadurch die Brennstoffzufuhr so geregelt werden, daß bei wechselndem Unterdruck ein annähernd gleichbleibendes Gemischverhältnis erzeugt wird.

Dieser Gedanke liegt dem selbsttätigen Luftregulator System Gillet-Lehmann zugrunde (Abb. 116 und 117).

Abb. 116.

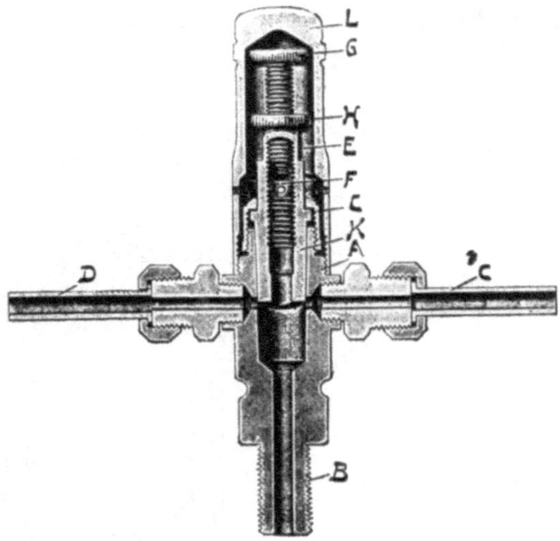

Abb 117.

Unterdruckregler Gillet-Lehmann.

Der Apparat kann an das luftdicht abgeschlossene Schimmergehäuse eines Spritzvergasers aufgeschraubt werden und wird mit Rohrleitungen einmal mit der Mischkammer des Vergasers, andererseits mit dem Ansaugrohr des Motors oberhalb der Drossel verbunden. Diese doppelseitige Verbindung hat den Zweck der leichten Einregulierung des Apparates, indem die Saugwirkung bei gedrosseltem Motor oberhalb der Drosselklappe kräftiger ist als in der Mischkammer, während bei ganz offener Drossel gerade das Gegenteil der Fall ist. Durch ein verstellbares Hahnkücken K, dessen unterer Rand schräg abgeschnitten ist, kann man entweder das Rohr C oder D mehr öffnen oder schließen, wodurch der Schwimmerspiegel und damit die Brennstoffzufuhr zur Düse verschieden beeinflußt wird. Kleine Ausbohrungen F, welche durch die Stellschraube G mehr oder weniger geschlossen werden, gestatten noch die quantitative Regelung des Unterdruckes, indem sie eine Verbindung mit der Außenluft herstellen.

b) Zerstäubungsvergaser mit veränderlicher Luftdüse.

Die Gemischzusammensetzung kann auch dadurch beherrscht werden, daß der Durchgangsquerschnitt der Hauptluft in der Mischkammer verändert wird. Diese Veränderung kann entweder zwangläufig erfolgen oder durch den Unterdruck selbsttätig vor sich gehen.

A 1. Zwangläufige Veränderung der Luftdüse.

Ein Beispiel hierfür ist die in Abb. 118 dargestellte Konstruktion eines älteren W i n d h o f f - Vergasers.

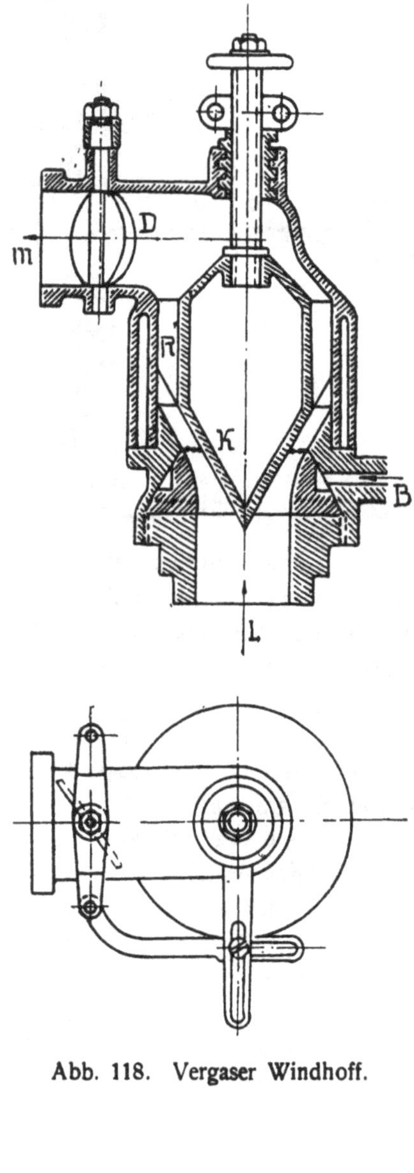

Abb. 118. Vergaser Windhoff.

Durch eine verstellbare Hebelübersetzung ist der Drosselhahn D mit dem Konus K verbunden. Beim Verstellen des Drosselhahnes wird also gleichzeitig dem Kegel mittels des steilen Gewindes eine Vertikalbewegung erteilt. Beim Abdrosseln beeinflußt die Verengung des Luftquerschnittes auf der großen Länge der Kegelfläche die Brennstoffausströmung sehr wirksam. Die über dem Kegel vorhandenen Rippen R sollen zur Beförderung der innigen Mischung dienen. Mittels des feinen Gewindes kann der Vergaser zunächst eingestellt werden. Bemerkenswert ist an dieser Ausführung die ringförmige Ausbildung der Brennstoffdüse.

Zu den Vergasern mit zwangläufig gesteuerter Hauptluft gehört auch ein Vergaser neuerer Bauart, der Lyma-Vergaser (Abb. 119 bis 121).

Abb. 119. Lyma-Vergaser.

In der Gemischkammer befindet sich ein kegelförmiger Körper, welcher den Hauptluftquerschnitt ventilartig verändern kann. Er ist auf einer Spindel verschiebbar angebracht und wird mittels einer Feder gegen einen auf der Spindel festen Bund gedrückt.

Mittels des Regulierhebels wird während des Betriebes der Kegel mit Hilfe der Spindel und des erwähnten festen Bundes nach unten gezogen und so der gewünschte Luftquerschnitt eingestellt. Im

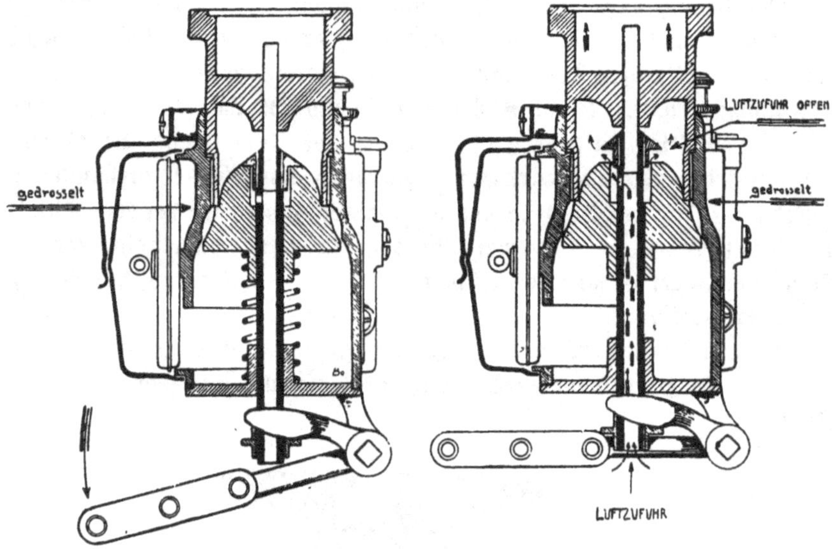

Abb. 120. Abb. 121.
Lyma-Vergaser.

ganz gedrosselten Zustande legt sich der Kegel mit seiner Schulter gegen den eingeschraubten und somit verstellbaren Sitz. Wird der Regulierhebel über diese Stellung hinaus weiter nach oben bewegt, so hebt er den auf der Spindel festsitzenden Bund von dem Kegel ab und gestattet das Ansaugen von Luft durch die hohle Spindel. Dies hat den Zweck, beim Bergabfahren mit ganz abgedrosseltem Motor diesem Luft zuzuführen, wodurch unnötiger Brennstoffverbrauch und ein Verölen infolge zu hohen Vakuums in den Zylindern vermieden wird. Die seitlich angeordnete Brennstoffdüse ist mittels Nadel verstellbar. Der Brennstoffeintritt in die Mischkammer findet an der engsten Drosselstelle statt. Eine besondere Einrichtung dieses Vergasers besteht noch in einer selbsttätigen Regelung der Warmluftzufuhr. Die in die Mischkammer eingeführte Hauptluft kommt von einer Warmluftleitung und einer selbsttätig verstellbaren Kaltluftklappe. Letztere wird betätigt durch einen Drehhebel 28, der mit einer seitlich angeordneten Membrankapsel 47 verbunden ist. Wenn der Vergaser im Betriebe durch die zugeführte Heißluft zu warm wird, so dehnt sich die Luft in der Membrankapsel aus, wodurch die Kaltluftklappe mehr oder weniger geöffnet wird. Bemerkenswert ist noch das verstellbare Schwimmerniveau.

B 1. Selbsttätige Veränderung der Luftdüse.

Ein Beispiel hierfür ist der D e c a u v i l l e - Vergaser (Abb. 122).

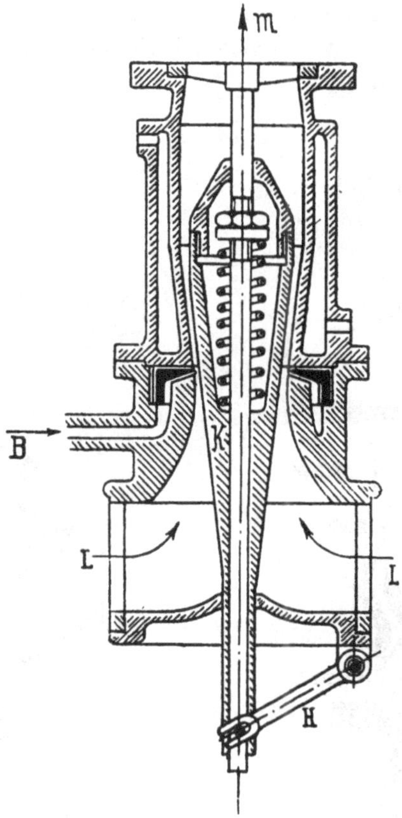

Abb. 122. Decauville-Vergaser.

Bei diesem bilden feine Rillen, die in die Berührungsfläche der beiden Kegel eingeschnitten sind, die Düsen. In ihrer Mitte ist der leichte Hohlkonus K frei verschiebbar auf der Achse angeordnet. Vom Unterdruck wird dieser Doppelkegel gegen die Kraft der im Innern angebrachten Feder nach oben gesaugt und nimmt jeweils eine der Drehzahl entsprechende Stellung an. Mittels des Hebels H kann man die Spannung der Feder ändern und dadurch den Konus einstellen. Es ist weniger dem Prinzip als der Ausführung zuzuschreiben, daß sich diese Konstruktion weniger bewährt hat. Insbesondere erfordert die Feder, welche, allen Druckschwankungen folgend, ständig in Schwingung ist, ein oftmaliges Nachregulieren.

Vollkommener in seiner Wirkungsweise ist der Vergaser „Gamet" (Abb. 123), bei dem die Regelung der Luftgeschwindigkeit durch Verstellung eines mit der Membran M verbundenen Trichters T erfolgt. Die gezeichnete Stellung entspricht der höchsten Drehzahl; der Durchgangsquerschnitt ist also im Maximum. In dem Maße, wie der

Unterdruck sinkt, hebt sich der Schieber und vergrößert dabei die Luftgeschwindigkeit. Wie üblich ist die Feder zum Einstellen eingerichtet.

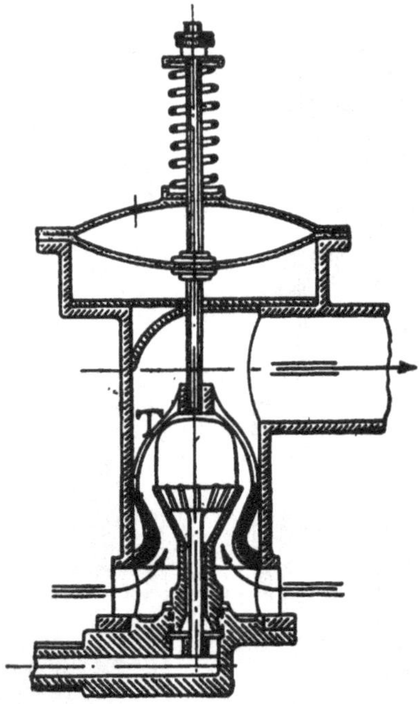

Abb. 123.
Vergaser Gamet.

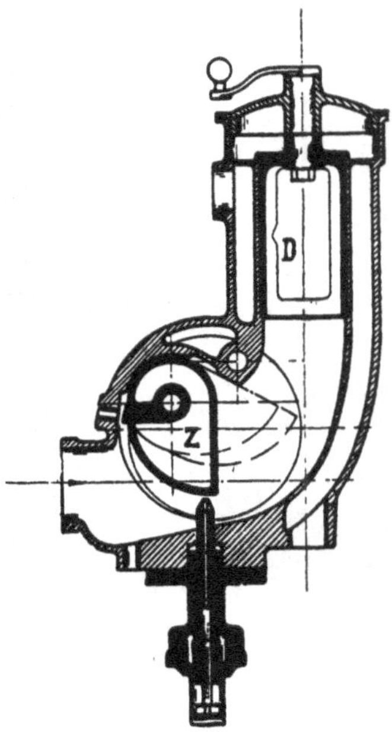

Abb. 124. v. Soden-Vergaser
der Daimler-Motoren-Gesellschaft.

Eine eigenartige konstruktive Lösung des gleichen Regulierprinzips zeigt der v. Soden-Vergaser (Abb. 124). Bei diesem ist über der Düse eine entsprechend ausgesparte Zunge Z drehbar aufgehängt, die durch eine verstellbare Blattfeder in ihrer Lage gehalten wird. Unter Wirkung des Unterdruckes beim Ansaugen und der lebendigen Kraft der einströmenden Luft schlägt die Zunge mit wachsender Drehzahl aus, indem sie dabei den Durchgansquerschnitt erweitert. Bemerkenswert ist an dem Vergaser auch die Düse mit innerer Nadelregulierung, deren Stellung durch eine übergeschobene Sechskanthülse gesichert wird. Die Gaszufuhr zum Motor wird durch einen Drehschieber D geregelt.

Eine originelle Lösung wird durch das Patent von Wildy (Abb. 125) angestrebt. Der Luftdurchgang an der Brennstoffdüsenmündung wird durch 4 Kugeln c begrenzt. Bei wachsendem Unterdruck werden die Kugeln selbsttätig angehoben und schieben sich in

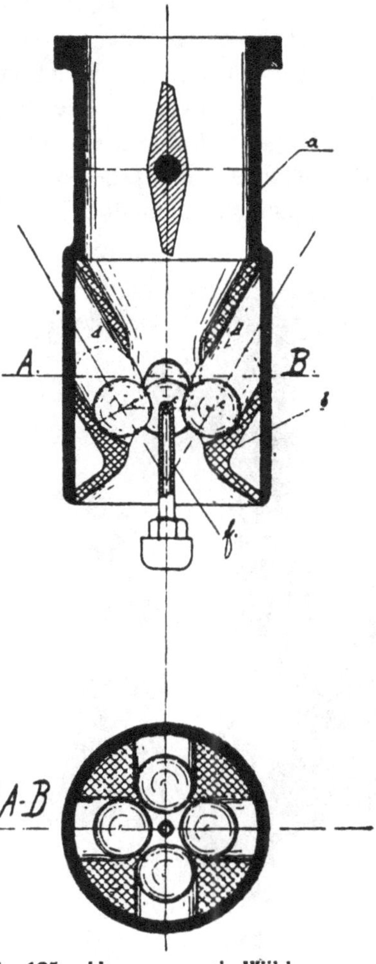

Abb. 125. Vergaser nach Wildy.

die divergierenden Kanäle d, wodurch der Querschnitt der Luftdüse entsprechend dem Unterdruck erweitert wird.

Die selbsttätige Regelung der Luftzufuhr innerhalb der Mischkammer durch einen Gewichtsring findet man auch bei dem Standard-Vergaser. Einen Schnitt durch denselben zeigt Abb. 126. Dem wechselnden Unterdruck wird bei diesem Vergaser nur durch eine Veränderung der zugeführten Luftmenge Rechnung getragen. Es wird die angesaugte Luft und Brennstoffmenge proportional zum Unterdruck verändert, wobei die mit wachsender Luftgeschwindigkeit sonst an der Düse wachsende Ejektorwirkung ausgeschaltet wird. Die Luftgeschwindigkeit an der Düse verändert sich nur unwesentlich, indem durch Freigabe eines weiteren Luftquerschnittes ein dem jeweiligen Unterdruck entsprechender Durchtrittsquerschnitt freigegeben wird. Die Brennstoffdüse H ist von einem mit Schlitzen E versehenen Ringstück D umgeben. Die zweckentsprechende Höhenlage der Schlitze E läßt sich durch ein Auf- und Niederschrauben des Ringstückes D einstellen. Die Lage des letzteren wird mittels der Gegenmutter G festgelegt. Über der Brennstoffdüse ist der als Luft-

Abb. 127.

Abb. 126. Standard-Vergaser.

düse wirkende, verschiebbare Gewichtsring A angebracht, dessen oberste Lage durch eine Stellschraube K begrenzt wird. Bei geringem Unterdruck (z. B. bei Leerlauf) ruht der Gewichtsring A auf dem Rand C des Ringstückes (Abb. 127), und die gesamte Luft strömt lediglich durch die Schlitze E mit starkem Saugzug an der Düsenmündung vorbei. Bei größerem Unterdruck wird der Gewichtsring angehoben, und ein Teil der angesaugten Luft strömt über dem Ringstück D in die Mischkammer, wobei dieser Teil der Luft keine Ejektorwirkung auf die Brennstoffsäule ausübt. Je mehr der Unterdruck anwächst, desto größer wird der von dem höher angehobenen Gewichtsring freigegebene Durchtrittsquerschnitt, so daß die Saugwirkung der Luft auf den Brennstoff ständig in den Grenzen gehalten wird, welche ein gleichbleibendes Gasgemisch erfordert. Die durch die Schlitze E gesaugte Luftmenge wird durch Schrauben des Ringstückes, also durch Verringern oder Vergrößern der wirksamen Schlitzbreite eingestellt.

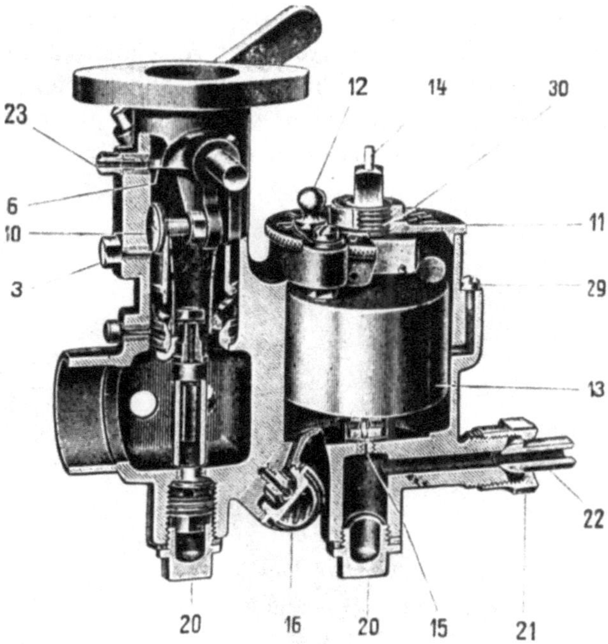

Abb. 128. Einhorn-Vergaser.

Bei dem Einhorn-Vergaser, Abb. 128 und 129, ist ebenfalls ein Gewichtsring vorgesehen, mittels dessen, entsprechend dem jeweiligen Saugzug, die Qualität des Gasgemisches selbsttätig geregelt wird. Der Brennstoff tritt durch die kalibrierte Brennstoffdüse 16 von der Schwimmervorrichtung aus in das Steigrohr 4 und wird aus diesem durch den Kopf 18 herausgesaugt. Ungefähr in Höhe des Zerstäubers ist die kalibrierte Luftdüse 5 angebracht, auf welche sich in Ruhelage der Gewichtsring 2 stützt. Letzterer trägt einen zentrischen Einsatz, in dessen unteres Ende der Kopf 18 hineinragt. Da der Gewichtsring bei Leerlauf die Luftdüse 5 abschließt, so entsteht an der Stelle, an welcher der Kopf 18 in die Hülse hineinragt, eine hohe Luftgeschwindigkeit, so daß also der Kopf in Vereinigung mit der Hülse als Leerlaufvorrichtung wirkt. Bei stärker werdendem Unterdruck wird durch diesen der Gewichtsring 2 angehoben, und ein dem jeweiligen Unterdruck entsprechender

Spalt wird zwischen Gewichtsring und Luftdüse freigegeben. Die Luft findet nun nicht nur durch die innere Hülse, sondern auch durch seitliche Bohrungen im Gewichtsring ihren Weg in die Saugleitung. Der Hub des Gewichtsringes ist durch eine Stellschraube begrenzt. In der Nähe der Drosselklappe ist eine Regulierluftdüse 23 vorgesehen, welche zum Regeln der Höhe des Unterdruckes in der Mischkammer dient. Durch die eigenartige Ausbildung des vom Gasgemisch durchströmten Gewichtsringes soll infolge der durch die verschieden gerichteten Bohrungen aufeinander prallenden Strömungen ein inniges Brennstoffgemisch erzielt werden.

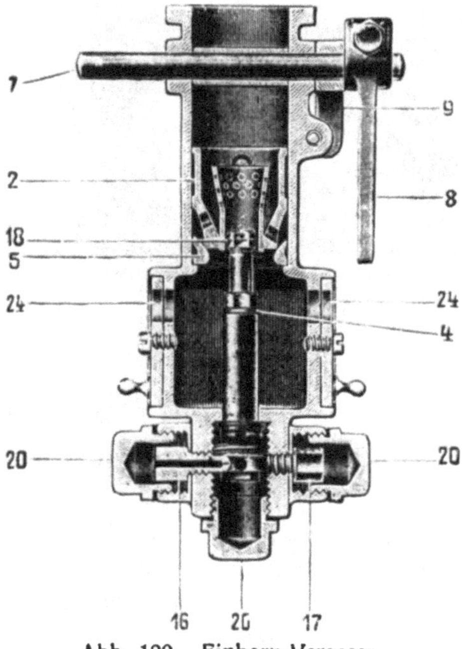

Abb. 129. Einhorn-Vergaser.

c) Gemeinsame Veränderung der Luft- und Brennstoffzufuhr.

Naheliegend ist der Gedanke, die richtige Gemischzusammensetzung dadurch zu erreichen, daß sowohl der Luftquerschnitt in der Gemischkammer als auch die Brennstoffzufuhr in bestimmter Wechselbeziehung verändert wird. Man kann die Regelorgane für Luft und Brennstoffzufuhr wiederum entweder zwangläufig steuern oder zum Teil selbsttätig vom Unterdruck in Abhängigkeit bringen.

Ein typisches Beispiel für den ersteren Fall ist der in Abb. 130 dargestellte Vergaser der Motorenbau G. m. b. H., Friedrichshafen.

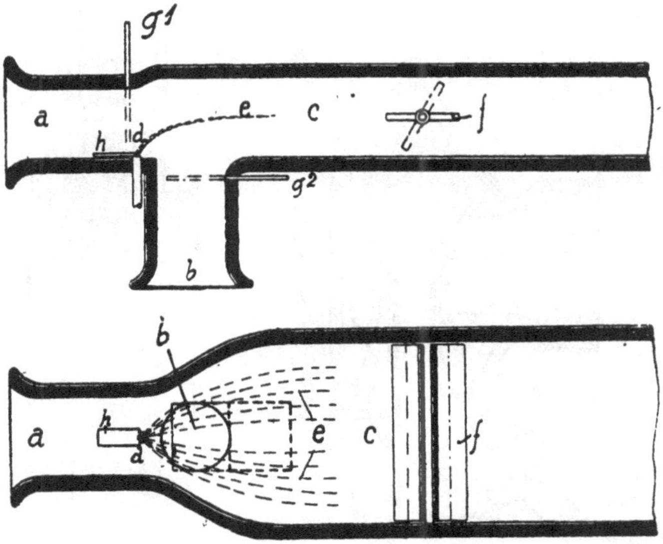

Abb. 130. Gemischregelung der Motorenbau-G.m.b.H., Friedrichshafen.

Der Luftzutritt wird durch die zwangläufig bewegten Schieber G_1 und G_2 verändert, während die Brennstoffdüse in bestimmter Abhängigkeit vom jeweiligen Luftquerschnitt von einer Exzenterblende h beeinflußt wird. Die Brennstoffdüse befindet sich außerdem noch im Treffpunkt eines wagerechten und senkrechten Luftstromes, um zu vermeiden, daß der fächerartige Brennstoffstrahl mit den Vergaserwänden, namentlich mit der untern, in Berührung kommt.

In diese Gruppe gehört auch der Vergaser nach dem Patent von Tricoche (Abb. 131).

Auf dem Brennstoffzuführungsrohr b ist ein Doppelkegel f verschiebbar angeordnet. Mit demselben ist oben ein zweiter Kegel j verbunden und außerdem noch die mit Gewinde einstellbare Düsennadel c. Wird mittels des Regulierhebels der Kegel f nach oben bewegt, so gibt er in der Mischkammer für die Hauptluft einen Ringspalt frei, und gleichzeitig bewegt sich auch die Düsennadel c nach oben, wodurch die durch die Öffnungen e an der engsten Drosselstelle angesaugte Brennstoffmenge entsprechend dosiert wird. Bei noch weiterer Abwärtsbewegung gibt der Kegel j Zusatzluft frei.

In die Gruppe der Vergaser mit zwangläufiger Luft- und Brennstoffregelung gehört auch der Le Rhône-Vergaser (Abb. 132). Dieser Vergaser wurde insbesondere für Umlaufmotoren vielfach verwendet und ist daher ohne Schwimmervorrichtung. Die Luftdüse wird durch einen quer zu ihr angeordneten rechteckigen Schieber a

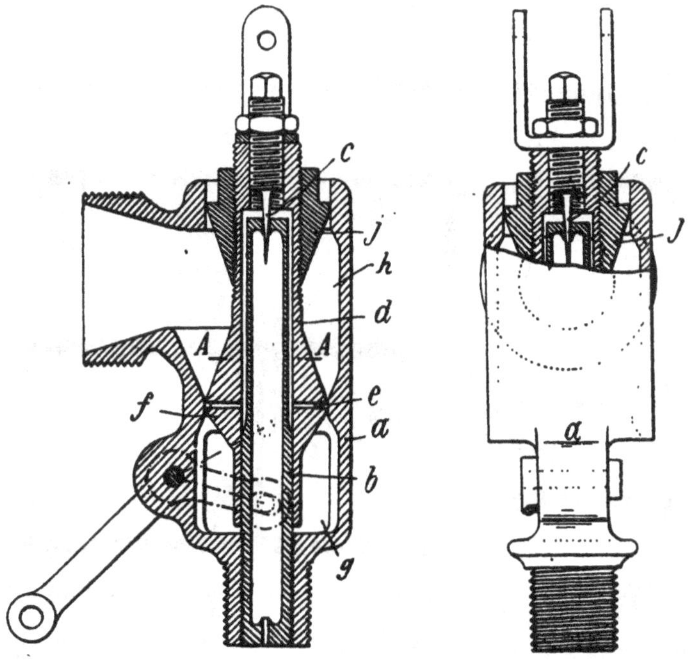

Abb. 131. Gemischregelung nach Tricoche.

abgesperrt, welcher mittels eines Hebels b' von Hand aus verstellt werden kann. Mit dem Schieber bewegt sich die in demselben gelagerte Brennstoffnadel c, welche in die kalibrierte Düsenöffnung d eintaucht. Durch den Schieber wird der jeweilige Luftzutritt geregelt und in Abhängigkeit davon durch die entsprechend profilierte Nadel die Brennstoffzufuhr. Der Kopf der Nadel ist als Kugel ausgebildet und in einer Pfanne der unteren Schieberwand derart gelagert, daß ein Kugelabschnitt über die untere Schieberfläche herausragt. Die Kugel wird durch eine Feder f belastet und schließt die Mündung der Brennstoffdüse dicht ab, bevor der Schieber seine untere Schlußlage erreicht hat. Wird der Vergaser vollständig abgedrosselt, so ist durch diese Einrichtung die Gewähr für einen völligen Abschluß der Brennstoffzufuhr gegeben. Da der Vergaser keine Schwimmereinrichtung hat, muß durch Anordnung eines Vorschaltbehälters für ein gleichbleibendes Gefälle gesorgt werden oder durch Zwischenschalten eines besonderen Reglers die Brennstoffzufuhr bei Veränderung des Gefälles ständig nachreguliert werden. Zu bemerken ist noch, daß der Luftschieber zwecks guten Abdichtens mit einem federbelasteten Deckel g versehen ist.

Ein Nachteil dieser Bauart besteht darin, daß bei einer Außerbetriebsetzung des Motors bei geöffneter Drossel der Brennstoffaustritt nicht abgesperrt ist. Es ist daher unbedingt nötig, bei jeder Außerbetriebsetzung des Motors den Vergaser sofort vollständig zu schließen oder den Benzin-Haupthahn abzusperren.

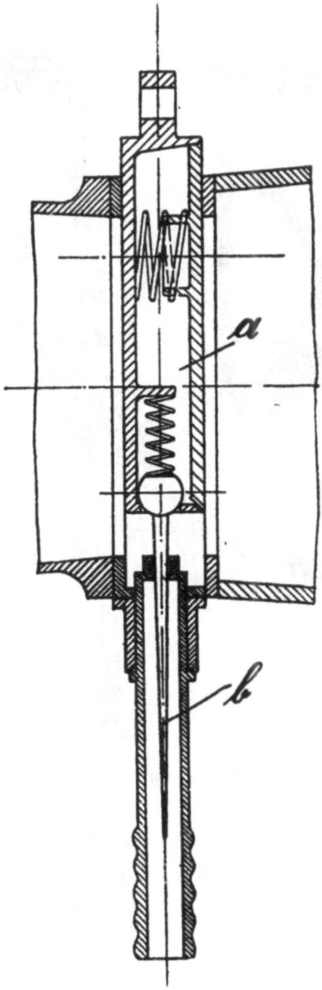

Abb. 132. Le Rhône-Vergaser.

Bei dem in Abb. 133 dargestellten Homa-Vergaser wird die Luftzufuhr zwangläufig durch einen Drehschieber a geregelt. Die Regelung der Brennstoffzufuhr geschieht einesteilt durch eine Bremsdüse c der üblichen Ausführung, anderenteils dadurch, daß eine an der Drosselkante des Drehschiebers vorspringende Nase d die Mündung des Brennstoffkanals b mehr oder weniger überdeckt. Die Mündung des Kanals ist derart angeordnet, daß sie bei jeder Drosselstellung der im Vergaser auftretenden größten Saugwirkung ausgesetzt ist. Bei stark gedrosseltem Vergaser wird die Mündung des Hauptkanals b durch den Drehschieber abgedeckt, während an dem engsten Luftspalt der Leerlaufdüsenkanal e in Wirkung kommt.

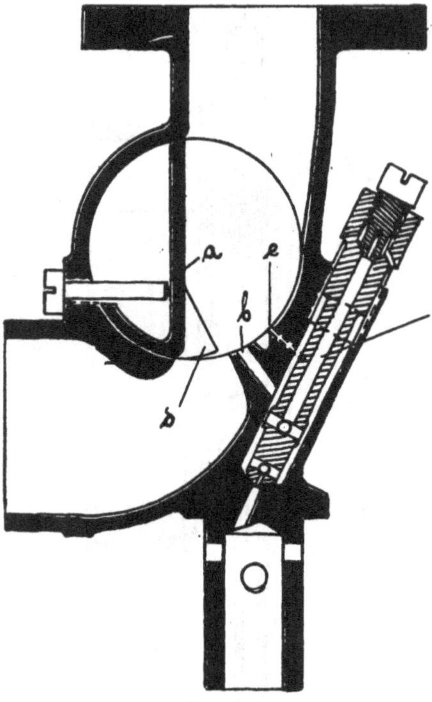

Abb. 133. Homa-Vergaser.

Ein gänzlich aus dem Rahmen der bekannten Typen fallender Vergaser ist der Asmo-Vergaser (Abb. 134). Bei diesem ist die Schwimmervorrichtung gleichzeitig als Brennstoffförderer ausgebildet. Das Schwimmergehäuse ist dicht abgeschlossen und steht durch einen Kanal A und die Leerlauf-Luftdüse B, welche mittels der Regulierschraube C eingestellt werden kann, mit der Außenluft in Verbindung. Eine zweite Verbindung mit der Außenluft wird durch Zurückziehen der Nadel D erreicht, deren Lage von der Stellung des Drosselschiebers abhängig ist und bei Uebergang von Leerlauf auf Betrieb zurückgezogen wird. Von dem Schwimmergehäuse führt ein Kanal E zu der engsten Stelle der Mischkammer F, unter welcher der Drosselschieber G liegt. Letzterer dient gleichzeitig als Regelorgan für die Luftzuführung. Beim Anlassen des Motors ist der Drosselschieber G geschlossen. Desgleichen schließt die Nadel D die zweite Öffnung des Kanals A. Der in der Mischkammer auftretende Unterdruck pflanzt sich durch den Kanal E zu der Schwimmerkammer fort, in welche durch die Leerlauf-Luftdüse B etwas Luft eingesaugt wird. Dadurch

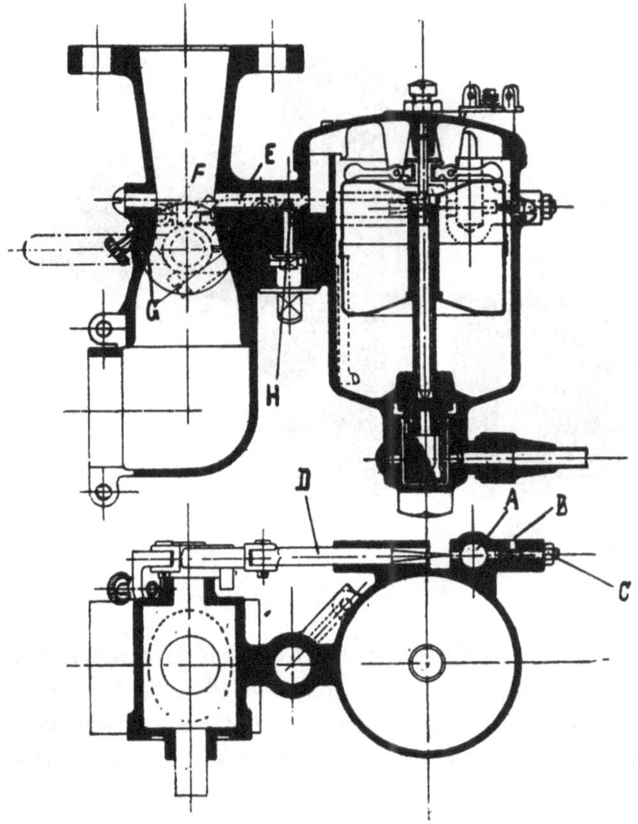

Abb. 134. Asmo-Vergaser.

entsteht in der Schwimmerkammer ein geringerer Unterdruck als in dem Kanal E, in welchen infolgedessen durch die gleichzeitig als Haupt- und Leerlaufdüse dienende Brennstoffdüse H Brennstoff eintritt. Der in der Schwimmerkammer herrschende Unterdruck sorgt in der bekannten Weise für das Ansaugen des Brennstoffes aus dem tiefer liegenden Behälter und der Schwimmer für einen ständig gleichbleibenden Brennstoffspiegel. Durch diese Anordnung des Drosselschiebers wird ein ständig gleichbleibendes Brennstoffgemisch unter allen Betriebsverhältnissen angestrebt. Bei wachsender Drehzahl und wachsendem Unterdruck wird zwar der absolute Unterdruck im Schwimmergehäuse und an der Düse zunehmen, die Druckdifferenz zwischen diesen beiden Stellen aber abnehmen, wodurch ein Bremsen der Brennstoffzufuhr stattfindet und ein automatischer Ausgleich entsprechend der Aenderung der Sauggeschwindigkeit erzielt wird.

Abb. 135. S. U.-Vergaser.

Eine selbsttätige Regelung von Luft- und Brennstoffzufuhr in Abhängigkeit voneinander findet man bei dem S. U.-Vergaser von Darracq (Abb. 135). Eingeleitet wird diese selbsttätige Regelung durch den jeweiligen Unterdruck hinter einer normalen Drosselklappe, welcher in Pfeilrichtung A auf einen Lederbalg AO wirkt. Durch diesen Balg wird ein Kolben P und gleichzeitig eine mit dem Kolben verbundene Düsennadel Z verschoben. Der Kolben P regelt den Hauptluftdurchgang in der Mischkammer, während die konische Nadel Z die Brennstoffzufuhr beeinflußt, indem sie in die Düsenöffnung eintaucht und entsprechend profiliert ist. Da die Druckschwankungen im Allgemeinen sehr gering sind, muß der Vergaser sehr sorgfältig ausgeführt und genügend empfindlich sein, um den Anforderungen der selbsttätigen Regelung genüge zu leisten.

Eine selbsttätige Regelung der Luft- als auch der Brennstoffzufuhr, jedoch in nicht zwangläufiger Abhängigkeit voneinander findet bei dem M e c o - Vergaser der Metallwerke Continental G. m. b. H., Bielefeld (Abb. 136 und 137) statt. Die Luftdüse ist in ihrem Querschnitt durch

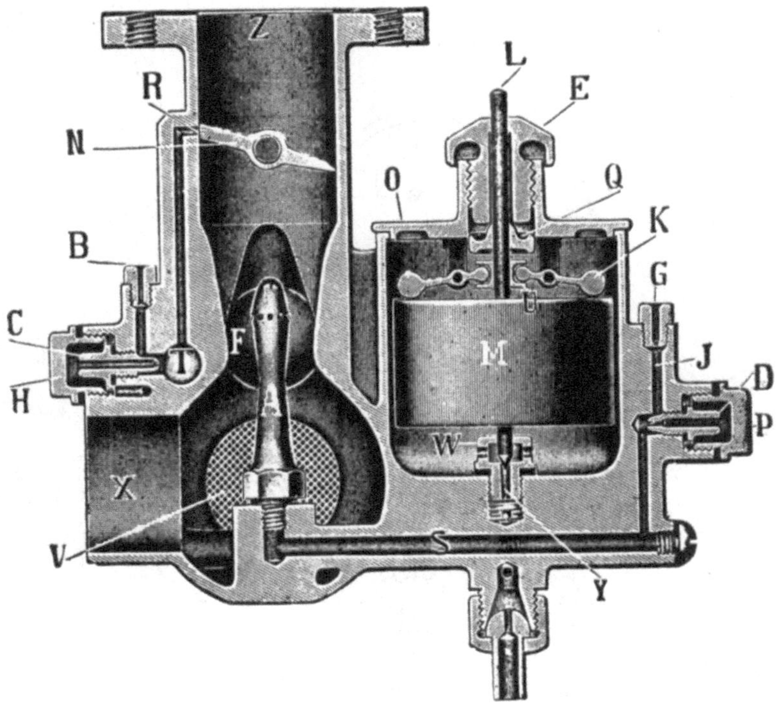

Abb. 136. Meco-Vergaser.

Kugeln F begrenzt, welche sich, entsprechend dem Unterdruck, unterhalb der Drosselklappe N in divergierende Kanäle heben und dadurch den Querschnitt für den Luftdurchtritt vergrößern. Gleichzeitig wird die Saugwirkung an dem Düsenrohr A verändert, dem der zerschäumte Brennstoff durch eine Bremsdüsenanordnung zugeführt wird. Bei P tritt der Brennstoff durch die kalibrierte Brennstoffdüse D ein und mischt sich mit der durch die Luftdüse G zuströmenden Bremsluft. Der zerschäumte Brennstoff tritt durch den Kanal S nach dem Düsenrohr A über.

Der Vergaser ist auch mit einer Leerlaufvorrichtung in der dargestellten Weise ausgerüstet. Bei H tritt der Brennstoff durch die Düse C ein, um sich mit der durch die Düse B zuströmenden Luft in der Kammer T zu mischen und durch den Kanal R an den Drosselspalt geführt zu werden.

d) Registervergaser.

Die Wirkung der gleichzeitigen Verstellung von Luft und Brennstoff würde nur dann eine ideale sein, wenn zugleich mit der Brenn-

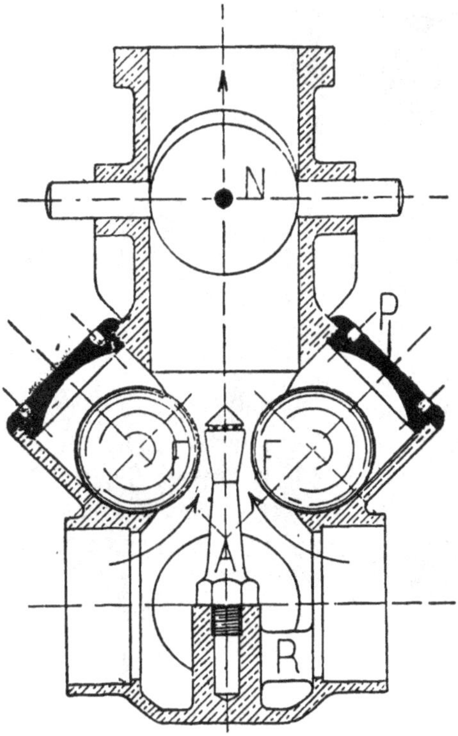

Abb. 137. Meco-Vergaser.

stoffdüse nicht nur die Lufteintrittsöffnung oder der Luftquerschnitt an der Düse, sondern alle Luftwege, mit anderen Worten die gesamten Vergaserdimensionen, verändert würden. Dies Ziel kann man erreichen durch Verwendung mehrerer Vergaser, die an die gleiche Saugleitung angeschlossen sind und je nach der Drehzahl des Motors einzeln, sei es von Hand, sei es durch einen Regulator oder automatisch durch den Unterdruck, eingeschaltet werden.

Die theoretische Vollkommenheit dieser sogenannten „Registervergaser“ hängt naturgemäß von der Anzahl der einzelnen Vergaser ab. Beim Automobilbetrieb ist diese durch Rücksicht auf Gewicht, Raumbeanspruchung und Einfachheit sehr beschränkt.

Ein praktisches Beispiel ist der ältere Renault-Vergaser (Abb. 138), der als automatisch zu bezeichnen ist, denn bei ihm wird nicht nur der Unterdruck im Vergaser konstant gehalten, sondern es erfolgt auch die Einschaltung der zweiten Düse selbsttätig durch den Unterdruck. Die große Düse G und die kleine K werden durch eine gemeinsame Schwimmervorrichtung mit Brennstoff gespeist, letztere ist ständig mit der Saugleitung in Verbindung. Die Luftzuführung wird durch die Schraubenspindel S geregelt, die mit mehrgängigem steilen Gewinde im Gehäuse geführt ist. Die Spindel trägt einen Lufteinlaßschieber L und eine Saugplatte P. Durch die Federkraft und durch ihr Eigengewicht wird die Spindel nach unten gedrückt, während das in der Kammer A herrschende Vakuum auf die Platte P wirkt und die-

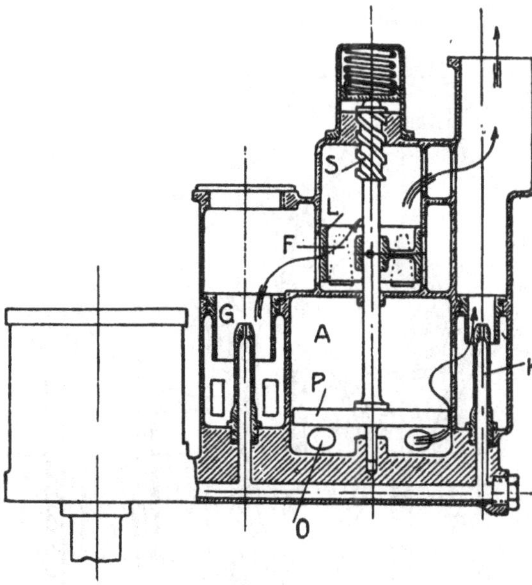

Abb. 138. Renault-Vergaser.

selbe zu heben sucht, so daß die Stellung der Spindel der jeweiligen Drehzahl entsprechen wird. Bei geringer Sauggeschwindigkeit tritt die Luft allein durch die Öffnungen O ein und reichert sich an der Düse K mit Benzin an. In dem Maße wie die Geschwindigkeit wächst, hebt sich die Spindel, der Zylinderschieber legt die Fenster F frei und die Düse G wird zur Gemischbildung herangezogen.

Ein weiterer 2 Düsen-Registervergaser ist der Vergaser von Schlick, Abb. 139. Für das Anwerfen und den Langsamlauf kommt die Düse 4 in Wirkung, welche in den Kanal 6 eingebaut ist und deren Mündung unterhalb des durch den Schwimmer bestimmten Brennstoffspiegel liegt. Oberhalb der Düsenmündung, etwa in der Höhe des Brennstoffspiegels, ist eine Querbohrung angeordnet, welche exzentrisch in dem drehbaren Einsatzstück 13 liegt und mit dem Luft-Einlaßstutzen 10 in Verbindung steht. Der Brennstoff bildet in dieser Querbohrung je nach der Lage des Einsatzstückes 13 zum Spiegel eine

Brennstoffpfütze, welche den Luftzutritt mehr oder weniger absperrt. Beim Anlassen wird der Drosselschieber 7 so verdreht, daß er die Mündung des Kanals 6 freigibt, und es wird durch den heftigen Saugzug der Brennstoff aus der Brennstoffpfütze abgesaugt und so der für das Anlassen erforderliche Brennstoffüberschuß im Gemisch erzielt. Durch die Düse 4 strömt sodann soviel Brennstoff nach, um den Motor im Langsamlauf zu erhalten. Die erforderliche Luftmenge liefern die einstellbaren Luftlöcher 12.

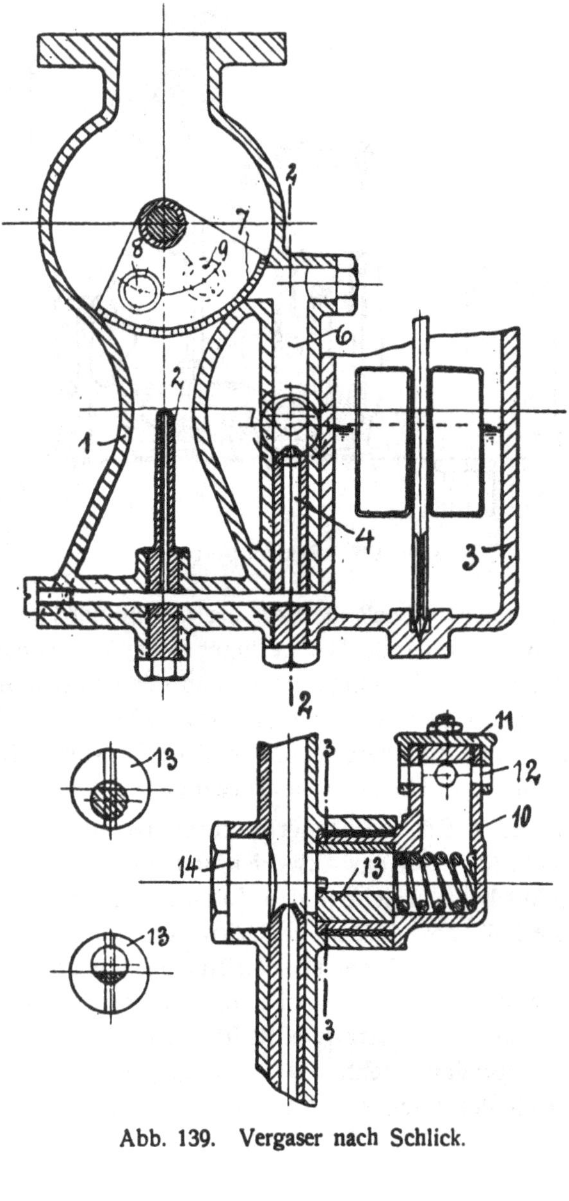

Abb. 139. Vergaser nach Schlick.

Bei vollem Betrieb gibt der Drosselschieber 7 den Hauptluftweg an der Hauptdüse 2 frei. Mit zunehmender Öffnung des Drehschiebers wird allmählich durch Überdecken der Löcher 8 und 9 in der Seitenwand des Drehschiebers und Gehäuses Zusatzluft zugeführt. Zur Regelung der Zusatzluftmenge ist außerdem noch ein von Hand stellbarer Schieber vorgesehen.

Ein Beispiel für einen 3stufigen Registervergaser ist der in Abb. 140 dargestellte „Thurot"-Vergaser. Die nebeneinander angeordneten Vergaser, deren Größenverhältnis der wachsenden Motorleistung angepaßt ist (A B, A' B', C D) werden vermittels eines Drosselschiebers nacheinander zur Wirkung gebracht.

Abb. 140. Vergaser von Thurot.

Bei den gebräuchlichen Motorgrößen wird ein Registervergaser mit zwei Düsen im allgemeinen ausreichend sein, nur bei besonders starken Maschinen, beispielsweise Rennwagenmotoren, kann eine größere Anzahl von Düsen angebracht sein, um trotz der hohen Drehzahl eine weitgehende Schmiegsamkeit der Maschine zu erzielen. Eine derartige recht einfache Konstruktion sehen wir im Clément-Vergaser (Abb. 141). Der Rundschieber besitzt Aussparungen von verschiedener Länge, so daß bei seinem Verstellen

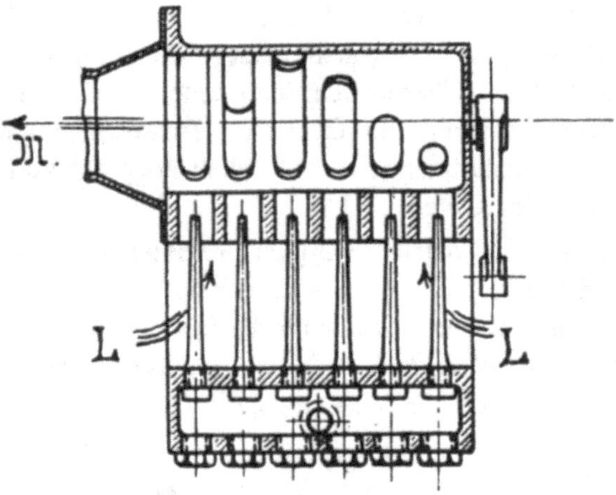

Abb. 141. Clément-Register-Vergaser.

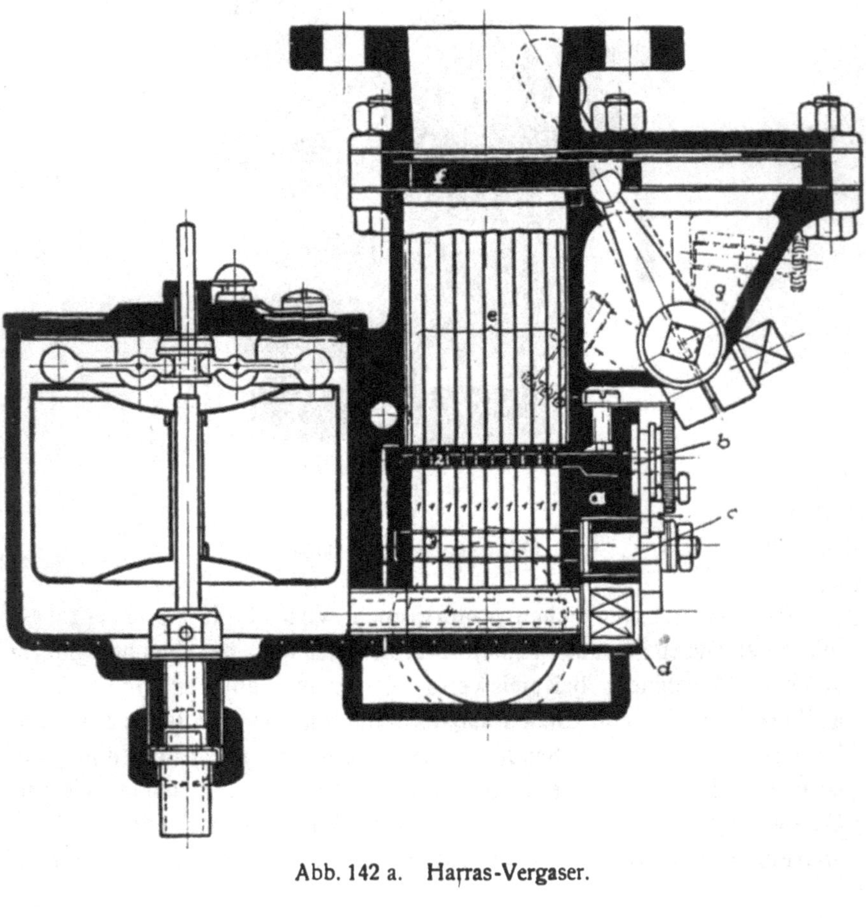

Abb. 142 a. Harras-Vergaser.

nacheinander die einzelnen Düsen mit dem gemeinsamen Luftzuführungsrohr in Verbindung gesetzt werden.

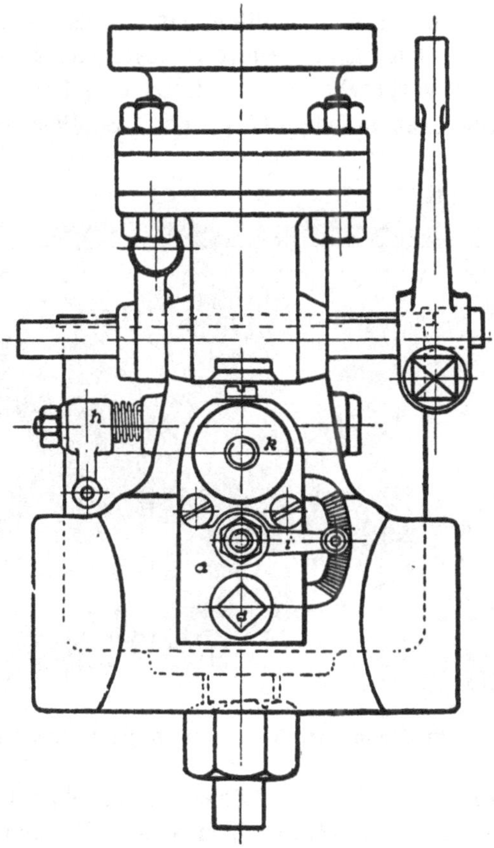

Abb. 142 b. Harras-Vergaser.

Eine weitgehende Unterteilung des Registers finden wir bei dem Harras-Vergaser (Abb 142). Durch Einbau einer Anzahl Bleche e ist der rechteckige Mischraum des Vergasers in eine Reihe von Unterabteilungen eingeteilt, die der Reihe nach durch einen darüberliegenden Querschieber f freigegeben werden können. Der Düsenkörper h ist mit ebensovielen Bohrungen versehen, welche in die einzelnen Abteilungen münden. Um die aus den Düsen austretende Brennstoffmenge regulieren zu können, sind in dem Düsenkörper die beiden Regulierorgane 2 und 3 vorgesehen. Die Wirkungsweise ist folgende:

Aus der Schwimmerkammer tritt der Brennstoff durch die hohle Befestigungsschraube 4 und entsprechende Querbohrungen in die den

Düsenkörper vertikal durchlaufenden Bohrungen 1 ein. Das Regulierorgan 3 besteht aus einer Achse, welche die Bohrungen 1 quer durchdringt und ihrerseits mit korrespondierenden Löchern versehen ist. Durch verdrehen dieser Achse mittels des Hebels i kann der Durchfluß gedrosselt werden. Eine weitere Nachstellung 2 ist im Kopfende des Düsenkörpers vorgesehen und gestattet eine Feinregulierung des Brennstoffdurchganges an jedem Düsenloch. Zu diesem Zwecke wird

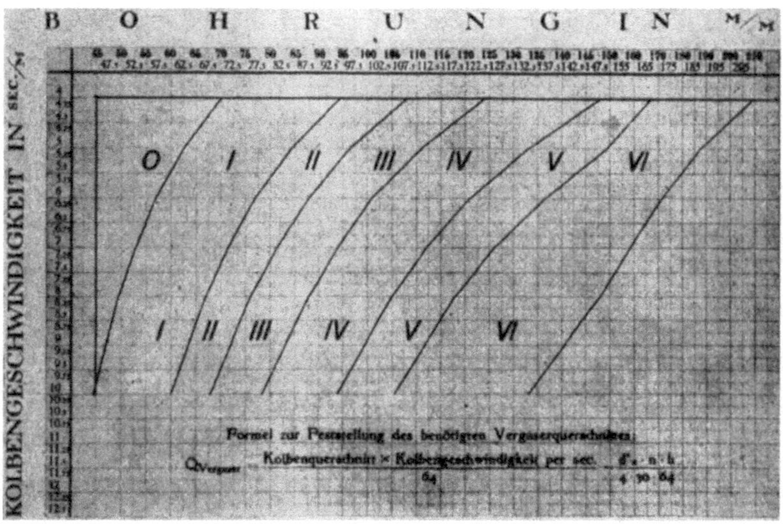

Abb. 142 c. Festlegung der Abmessungen des Harras-Vergasers.

die Achse 2, die ebensoviel feine Löcher besitzt als Düsenlöcher vorhanden sind, mittels einer Mutter b in axialer Richtung verschoben.

Der für einen bestimmten Brennstoff eingestellte Vergaser trägt bezüglich der Gemischzusammensetzung dem wechselnden Unterdruck keine Rechnung, er ist also kein automatisch regelnder Vergaser. Hingegen hat er den Vorteil der Registervergaser, daß er auch bei reduzierter Leistung, also in gedrosseltem Zustande, durch Verringerung der Anzahl der wirksamen Vergaserkammern sparsam arbeitet.

C. Ventilvergaser.

Ventilvergaser sind eine Abart der Einspritzvergaser, bei der die Schwimmervorrichtung fortgelassen ist. Die Spritzdüse wird durch ein Ventil verschlossen, das durch die unter dem Einfluß des Unterdruckes in den Zylinder einströmende Luft geöffnet wird, sodaß der Brennstoff durch die vereinigte Wirkung von Flüssigkeitsdruck des Vorratbehälters und Unterdruck im Vergaser ausströmt.

Für die Vereinfachung, Verbilligung und Erleichterung durch Fortfall der Schwimmereinrichtung müssen jedoch nicht unerhebliche Nachteile in Kauf genommen werden, so daß die Ventilvergaser trotz mannigfacher Bestrebungen nur vereinzelt Anwendung gefunden haben. Zunächst leidet die Betriebssicherheit durch Anwendung des empfindlichen Abschlußorgans für die Düse, zu dessen Betätigung nur schwache Federn oder das Eigengewicht gewählt werden können, da als Öffnungskraft nur der geringe Unterdruck des Ansaugens zur Verfügung steht. Dies gilt im Betrieb ebensowohl als auch beim Stillstand. Bei Schwimmervergasern werden vorübergehende Klemmungen der Schwimmernadel infolge Schräglage oder Stöße des Wagens durch den Brennstoffvorrat im Schwimmerraum ausgeglichen, während der gleiche Vorgang beim Ventilvergaser sofort ein Aussetzen herbeiführt. Aus dem gleichen Grund sollte man sich bei Außerbetriebsetzung nicht auf die Absperrung der Düse verlassen, sondern beim Abstellen des Motors noch ein besonderes Absperrorgan schließen.

Ein weiterer Übelstand ist der Einfluß des vom Vorrat im Brennstoffbehälter abhängenden Flüssigkeitsdruckes auf die Gemischzusammensetzung, der freilich bei Luftdruckförderung des Brennstoffes durch ein Überdruckventil nahezu ausgeglichen werden kann. In bezug auf die Abhängigkeit der Gemischbildung vom Unterdruck gelten für die Ventil-Vergaser die gleichen für Spritzvergaser besprochenen Beziehungen.

Abb. 143.
Longuemare-Motorrad-Vergaser.

Als Beispiel solcher Bauarten sei der Longuemare Fahrradvergaser (Abb. 143) angeführt, bei dem die Luft hinter der Düse gegen eine durchlöcherte Platte stößt, die mit einer Ventilnadel verbunden ist. Durch ihr Eigengewicht schließt diese bei stillstehendem Motor den Zufluß ab, während beim Saugen der Brennstoffdurchfluß freigegeben wird. Unabhängig davon wird die eigentliche Meßdüse durch Rillen gebildet, die in der früher besprochenen Weise in die Kegelfläche

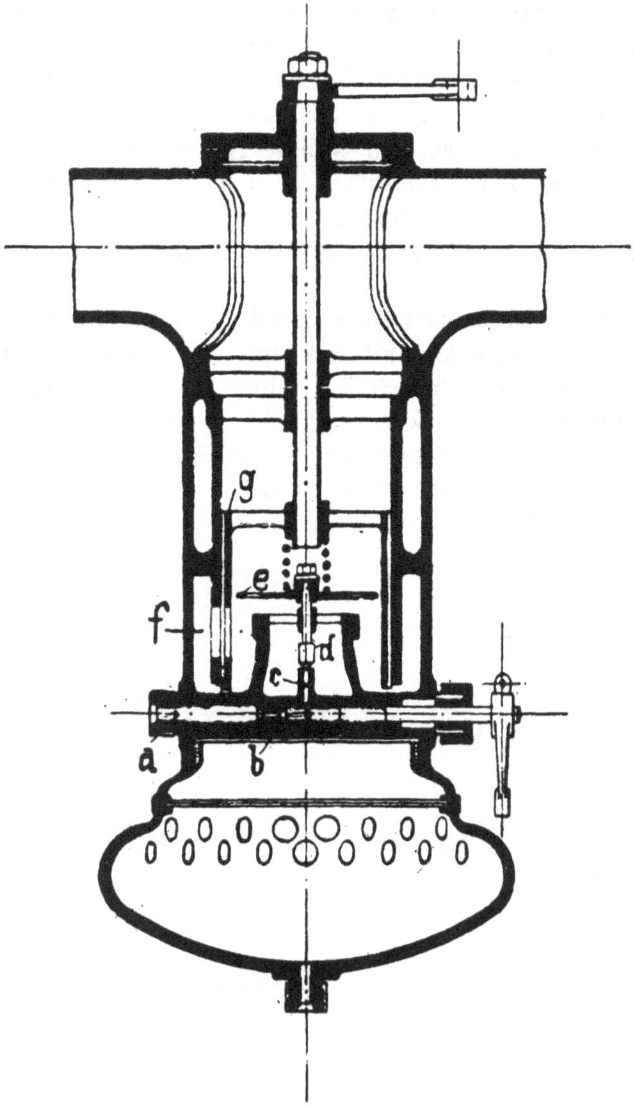

Abb. 144. Gaggenau-Vergaser.

eingeschnitten sind. Durch eine das Gehäuse durchdringende Regelschraube mit konischem Ansatz kann der Nadelhub genau eingestellt werden. Heizung und Zusatzluft-Regelung sind wie bei normalen Spritzvergasern ausgebildet.

Eine ähnliche Bauart deutschen Ursprungs ist der „Gaggenau-Vergaser“ (Abb. 144). Der bei a eintretende Brennstoff fließt durch die mittels eines Nadelventils von Hand einstellbare Düse b in das Steigrohr c, dessen Mündung durch das Nadelventil d abgeschlossen wird. Dies ist mit der durchlochten Saugplatte e verbunden, die beim Betrieb hochgesaugt wird. Mit dem Drosselschieber wird zwangläufig ein Zusatzluftschieber g bewegt, welcher aus dem Ringraum f Zusatzluft eintreten läßt.

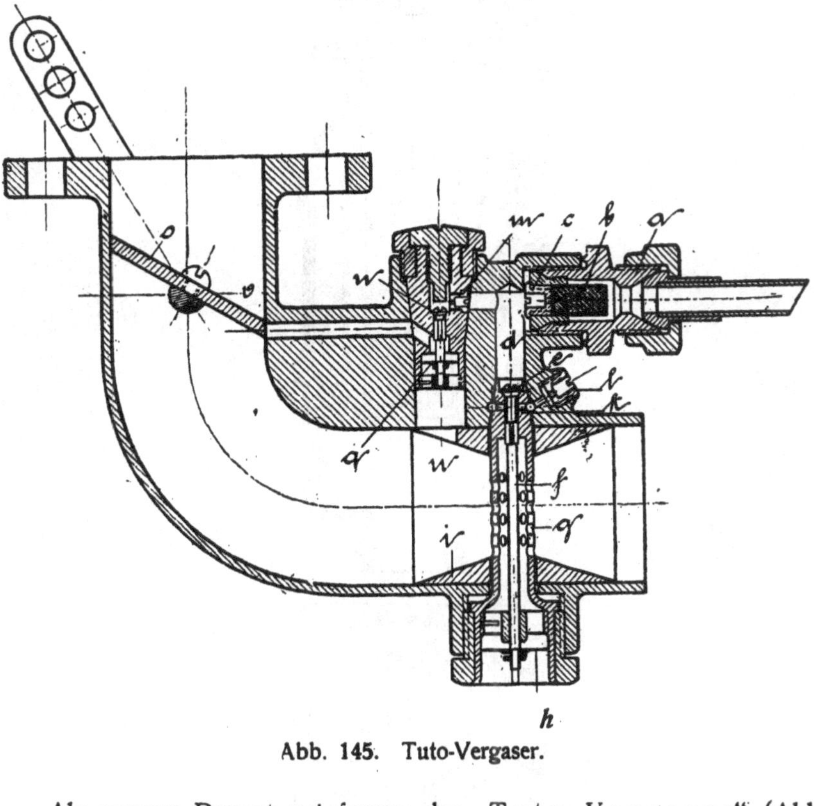

Abb. 145. Tuto-Vergaser.

Als neuere Bauart sei ferner der „Tuto-Vergaser“ (Abb. 145) erwähnt. Dieser ist als automatischer Vergaser zu bezeichnen, da er eine Bremsluftdüse verwendet. Der Brennstoff tritt durch die kalibrierte Brennstoffdüse c in einen Vorschaltraum d ein. Von hier führt ein Kanal nach dem Zerstäuberrohr g, welches durch das Ventil e abgeschlossen ist. Im Betrieb wird dies Ventil durch die Saugplatte h vermittels der Spindel f geöffnet, so daß der Brennstoff vermischt mit der durch die Luftdüse l und den Ringkanal k angesaugten Bremsluft ausfließen kann. Das Zerstäuberrohr ist quer zum Lufttrichter an dessen engster Stelle angeordnet und siebartig mit vielen Bohrungen versehen.

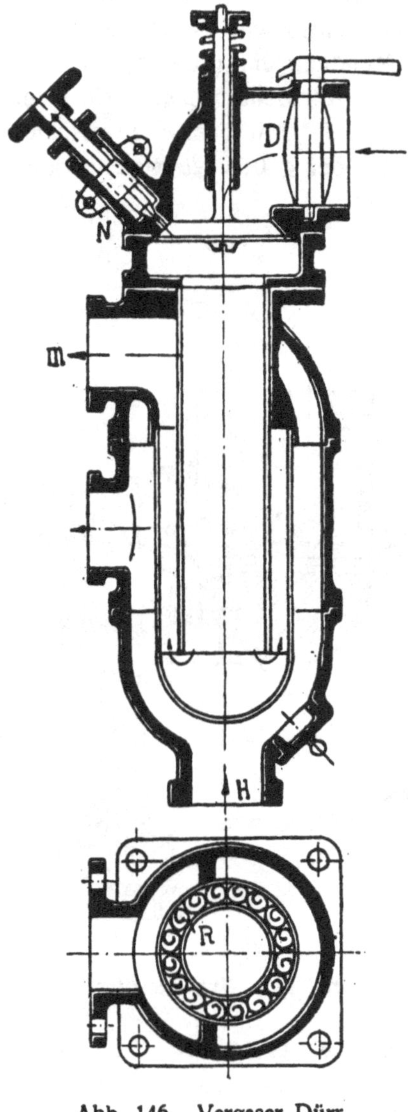

Abb. 146. Vergaser Dürr.

Die Leerlauf- und Anlaßvorrichtung wirkt ähnlich. Von der Vorschaltkammer d fließt der Brennstoff durch die Leerlaufdüse m dem Ventil zu. Dies wird mittels der Saugplatte unter dem Einfluß der Saugwirkung am Luftspalt v der Drosselklappe o geöffnet. Um die Saugplatte herum tritt aus der Mischkammer Luft in den nach v führenden Kanal ein und mischt sich mit dem ausströmenden Brennstoff. Nur längere Praxis kann entscheiden, ob sich derartig empfindliche Organe im Dauerbetrieb bewähren.

Während bei den besprochenen Vergasern der Unterdruck durch Vermittlung einer Saugplatte indirekt die Brennstofföffnung freigibt, ist bei anderen Bauarten der Sitz eines besonderen zweiten Luftventils in der Saugleitung zugleich als Abschluß für den Brennstoff benutzt.

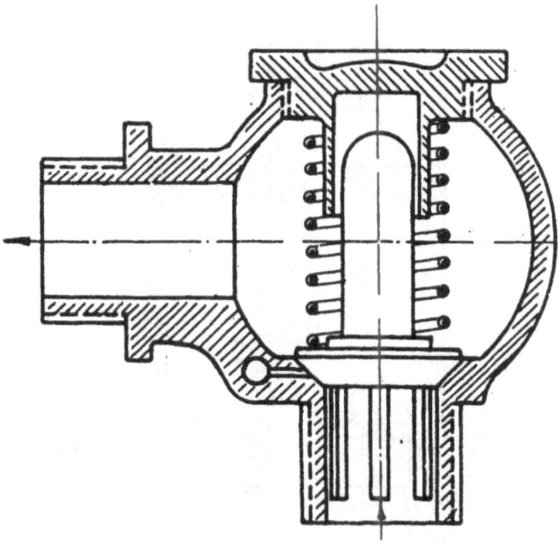

Abb. 147. Vergaser von James.

Eine solche Bauart ist der „D ü r r - V e r g a s e r" (Abb. 146), der bei ortsfesten Maschinen angewandt und versuchsweise auch für Motorwagen übernommen wurde, um mit schweren Brennstoffen arbeiten zu können, da er mit einer recht wirksamen, von den Auspuffgasen umspülten Heizvorrichtung versehen ist. Die Regelung der Luft erfolgt durch den Drosselhahn D. Für den Eintritt des Brennstoffes ist ein Regelorgan N vorgesehen. Ein zweites, gleichartiges, auf der Abbildung nicht dargestelltes dient zum Anlassen mit leichteren Brennstoffen. Eine auf gleicher Wirkungsweise beruhende, aber äußerst vereinfachte Bauart zeigt der amerikanische „J a m e s - V e r g a s e r" (Abb. 147), die ohne weitere Beschreibung verständlich ist. Daß für die neuzeitlich gesteigerten Anforderungen derartig primitive

Konstruktionen nicht mehr in Betracht kommen, bedarf kaum der Erwähnung.

Im Streben nach weiterer Vereinfachung war es ein Schritt, das zweite Saugventil aus der Leitung fortzulassen und das Saugventil des Motors in gleicher Weise zur Absperrung des Brennstoffes zu benutzen. Von einem eigentlichen Vergaser kann man in solchen Fällen kaum noch sprechen. Eine innige gleichmäßige Mischung ist um so weniger zu erwarten, als nur ein Teil der Luft mit dem mangelhaft zerstäubten Brennstoff angereichert wird und die Mischung nur im Zylinder selbst, nicht aber in einem besonderen Mischraum oder der Saugleitung vor sich geht.

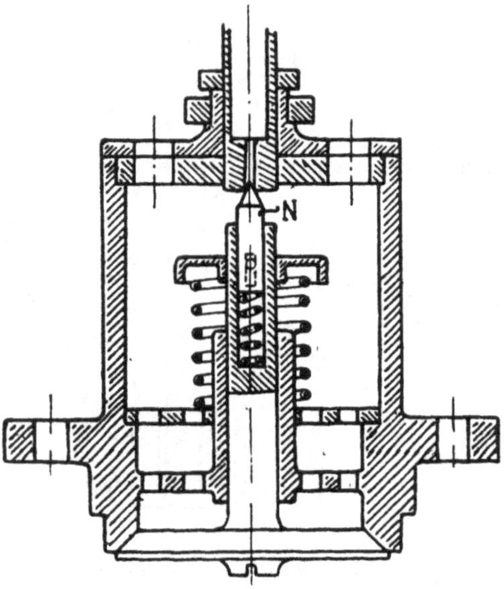

Abb. 148. Vergaser Carlton-Motor-Co.

Eine konstruktiv einfache Lösung dieser Frage zeigt der Vergaser der Carlton-Motor-Co., (Abb. 148). In das obere Ende des Ventilschaftes des selbsttätigen Einlaßventils ist ein besonderes kleineres Nadelventil eingebaut, desen Hub durch Schlitz und Keil begrenzt wird. Je nach Stellung des verstellbaren Ventilsitzes wird der Brennstoff während eines größeren oder kleineren Teiles des Einlaßventilhubes geöffnet. Man hat also außer der Querschnitts- eine Zeitregelung der Brennstoffmenge.

Beim Mischventil von Henriod (Abb. 149) ist mehr Sorgfalt au die gleichmäßige Verteilung von Luft und Brennstoff gelegt. Der über den Schaft des Einlaßventils geschobene Ventilkegel V dient zur Zuführung des Brennstoffes, der durch eine auf der Zeichnung nicht sichtbare, in den Hohlraum der Ventilführung mündende Leitung fließt. Beide Ventile werden durch unabhängige Federn auf ihre Sitze gedrückt. Beim Ansaugen öffnet sich zunächst nur das Einlaßventil und nimmt etwa auf halbem Wege das Brennstoffventil durch den ver-

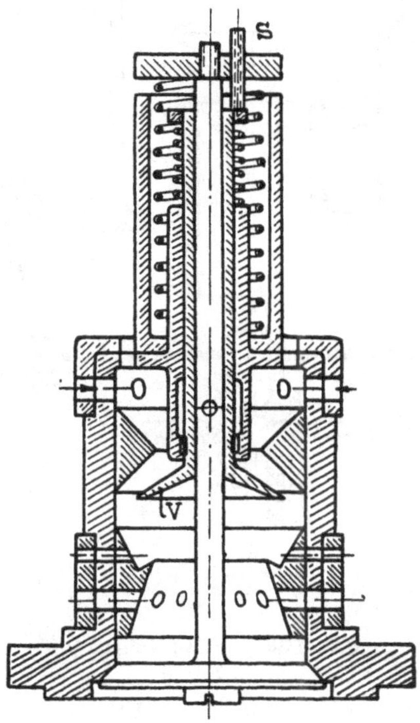

Abb. 149. Mischventil Henriod.

stellbaren Anschlagstift S mit. Der Brennstoff verteilt sich in dünner Schicht auf der geriffelten Kegelfläche und wird durch den darüber streichenden Luftstrom mitgerissen. Das Gemisch wird verdünnt durch die aus den unteren Oeffnungen zutretende Zusatzluft. Es ist also eine zweifache Regelung möglich, einerseits durch den Ventilhub mittels der Anschlagschraube S und andererseits durch das Verhältnis der Haupt- und Zusatzluftquerschnitte mittels der beiden Deckringe für die Luftlöcher.

Bei den besprochenen Bauarten schwimmerloser Vergaser wurde die Brennstoffdüse durch eine Saugplatte oder ein Saugventil gesteuert. Der Vollständigkeit wegen seien noch einige bemerkenswerte Versuche erwähnt, das Abschlußorgan in die Zuleitung zur Brennstoffdüse zu verlegen und durch den Unterdruck vermittels einer Membran oder Flüssigkeitsabsperrung zu betätigen.

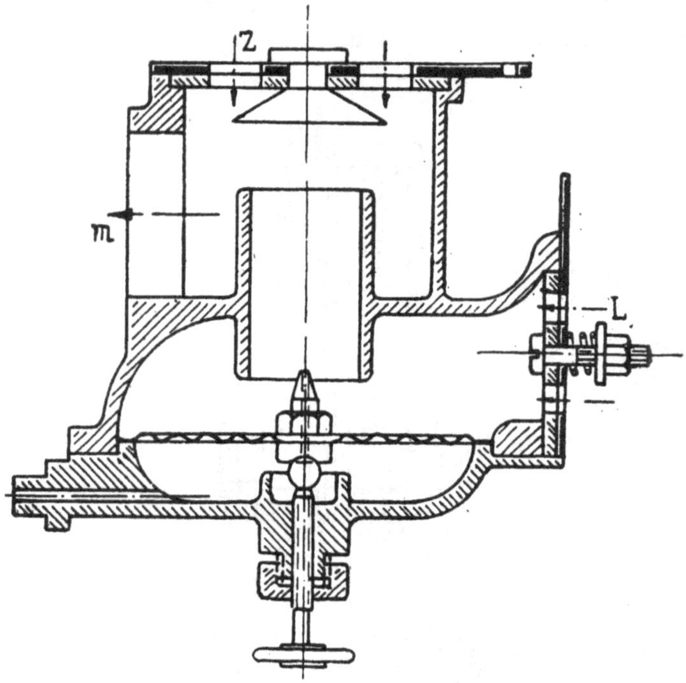

Abb. 149a. Blake-Vergaser.

Bei dem „Blake-Vergaser" (Abb. 149a) ist die Düse auf einer Metallmembran so befestigt, daß eine darüber angebrachte und verstellbare Kugel als Abschlußorgan wirkt. Beim Ansaugen hebt sich die Membran von der Kugel ab, so daß der Brennstoff ausfließen kann. Einstellung ist sowohl durch die Verstellung des Membranhubes mittels der Regulierschraube, als auch durch Zusatzluft möglich.

Flüssigkeitsabsperrung weist der in Abb. 149b schematisch dargestellte Vergaser von Howard-Johnston auf. Das Düsenrohr ist am unteren Ende mit Einströmschlitzen versehen, die im Ruhezustand durch Quecksilber verschlossen werden, das in 2 kommunizierenden Gefäßen steht, von denen das größere mit der Saugleitung A verbunden ist. Beim Ansaugen wirkt der Unterdruck auf letzteres ein, so daß sich der Spiegel hebt und die Einströmöffnungen der Düse im anderen Gefäß freigelegt werden. In Wirklichkeit sind beide Gefäße konzentrisch ineinander angeordnet.

Zum Schluß seien noch Bestrebungen erwähnt, die Vergaser durch Brennstoffpumpen zu ersetzen, die, etwa in der Art wie bei Glühkopfmotoren, den Brennstoff während des Verdichtungshubes in den Zylinder spritzen. Diese z. B. bei Junker's Flugmotoren benutzte

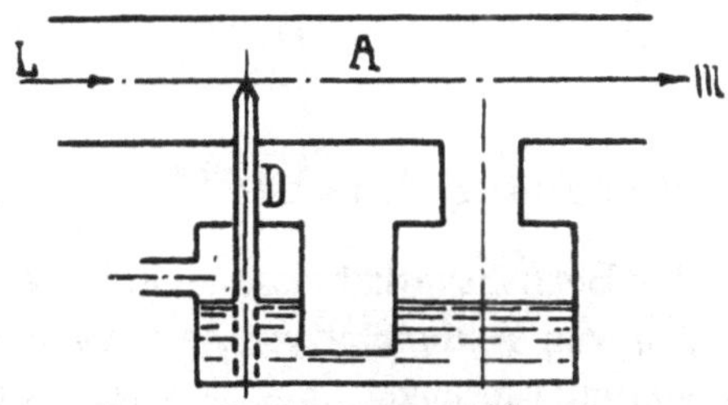

Abb. 149b. Vergaser Johnston.

Arbeitsweise hat namentlich bei Zweitaktmotoren den Vorteil, Brennstoffverluste durch die Spülung zu vermeiden. Auf die Behandlung der für diesen Zweck ausgebildeten, recht interessanten Pumpen soll an dieser Stelle, da nicht zum Thema gehörig, nicht näher eingegangen werden (vergl. Abb. 177, Seite 208, Egtalpumpe).

IV. Vergaser für Luftfahrzeuge.

Die Eigenart der Betriebsverhältnisse stellt an Vergaser für Luftfahrzeuge außer den von Automobilvergasern zu erfüllenden Bedingungen noch Sonderanforderungen, die sich teils auf bauliche Verhältnisse, teils auf die verschiedenen Luftdichten beziehen, in denen diese Vergaser arbeiten. Bei dem geringen Umfang des Flugbetriebes vor dem Kriege und bei den damals üblichen geringen Höhen erkannte man die Bedeutung dieser Frage noch nicht und begnügte sich mit normalen Automobilvergasern. Auch in der ersten Kriegszeit nahm die beispiellose Entwicklung des Flugwesens alle Kräfte zur quantitativen Steigerung der Produktion so sehr in Anspruch, daß darüber die qualitative Verbesserung zunächst zurücktreten mußte. Erst mit der Verbesserung der Prüfungseinrichtungen und mit dem Wachsen der Ansprüche in Bezug auf Betriebsstoffverbrauch und Höhenleistung kam man zur genaueren Erkenntnis des Problems und damit zum Bau einwandfreier Vergaser für Luftfahrzeuge.

Ehe auf diese verbesserten „Höhenvergaser" näher eingegangen wird, mögen zuvor der Vollständigkeit wegen, die meist angewandten älteren Vergaser kurz besprochen werden.

Der Vergaser der Benz-Motoren (Abb. 150)*) wird in Luftkanäle, die mit dem Kurbelgehäuse aus einem Stück gegossen sind, derart eingebaut, daß nur das Schwimmergehäuse mit den Düsen und der Drosselschieber besonders eingesetzt werden, was eine sehr leichte, einfache und bequem auszubauende Konstruktion ergibt. Durch die Entnahme der Luft aus Kanälen des Kurbelgehäuses erzielt man zugleich eine Vorwärmung des Vergasers und eine Kühlung der Lager. In das Schwimmergehäuse ist seitlich ein Düsenrohr schräg eingesetzt, das eine Hauptdüse und eine Leerlaufdüse trägt. Durch Ausschnitte in der Mantelfläche des Luftschiebers werden diese Düsen abwechselnd je nach der Drosselstellung eingeschaltet. Gleichzeitig tritt Zusatzluft durch die Ausschnitte in der Stirnfläche des Schiebers

*) Motorwagen 1914, S. 438.

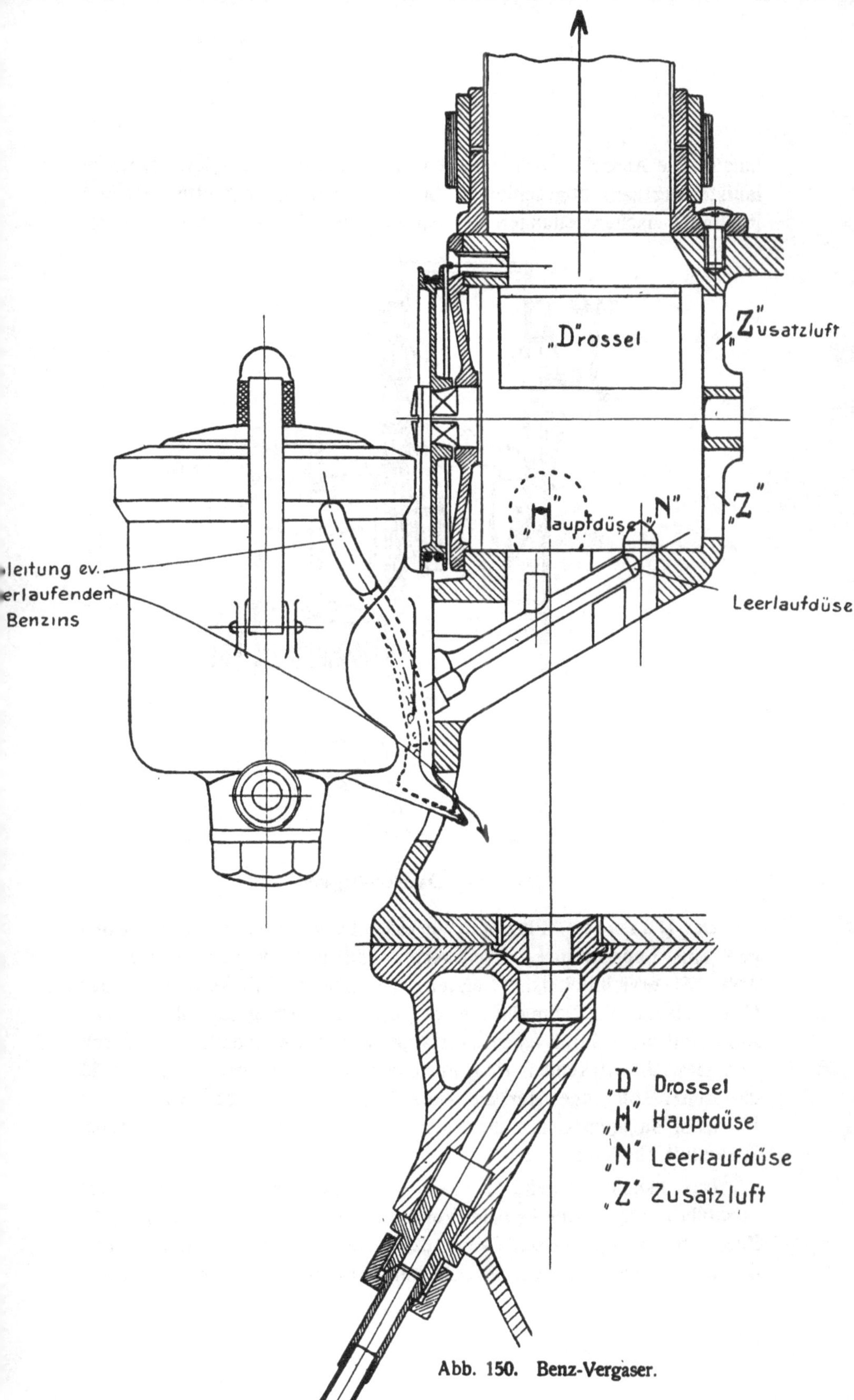

Abb. 150. Benz-Vergaser.

hinzu. Die Ausschnitte sind so bemessen, daß die Zusatzluft bei Leerlaufstellung ganz abgeschlossen, bei Volleistung ganz geöffnet ist und in allen Zwischenstellungen in entsprechender Menge zugelassen wird.

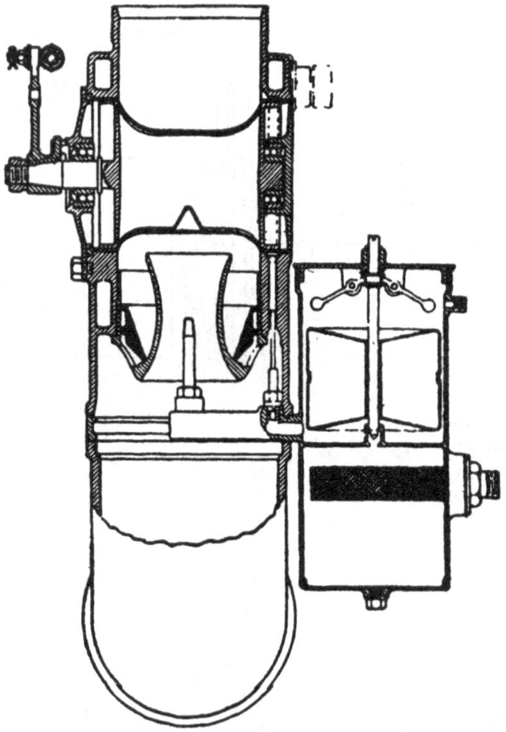

Abb. 151. Daimler-Vergaser.

Der Daimler-Flugmotorvergaser besitzt ebenfalls eine Haupt- und eine Leerlaufdüse, deren Anordnung und Wirkungsweise aus Abb. 151 ersichtlich ist. Letztere tritt nur in Tätigkeit, wenn der Drehschieber die Hauptdüse gegen die Saugleitung abschließt. Die Zusatzluft wird durch einen die Hauptluftdüse umgebenden und durch sein Gewicht wirkenden Ring gesteuert, der bei langsamer Drehzahl die Eintrittsöffnungen für die Zusatzluft abschließt, bei wachsender Drehzahl dagegen durch die Saugwirkung gehoben wird und dabei Zusatzluft eintreten läßt.

Das gleiche Regelprinzip, ein Gewichtsring zum Steuern der Zusatzluft, wird ebenfalls beim Vergaser der „Austro-Daimler“-Flugmotoren angewendet (Abb. 152). Diese Art der Zusatzregelung, die wesentlich primitiver als die bei Automobilvergasern gebräuch-

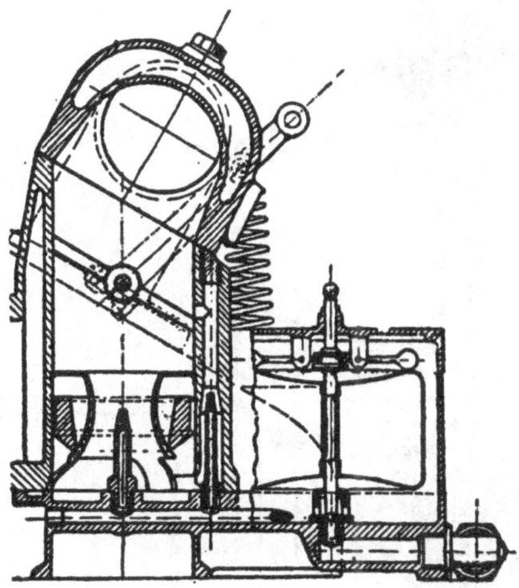

Abb. 152. Austro-Daimler-Vergaser.

lichen Zusatzluftventile durchgebildet ist, genügt für Flugmotoren, weil infolge der gleichbleibenden Belastung durch die Luftschraube die Betriebsverhältnisse viel gleichmäßiger sind.

Als abweichend von allen übrigen Bauarten sei noch der „Schiske“-Vergaser des „Hiero“-Flugmotors von Eisler, Warchalowski & Co., Wien, erwähnt, der eine Vereinigung von Ventil- und Schwimmervergaser darstellt. Wie Abb. 153 zeigt, besitzt dieser Vergaser ein gemeinsames Drosselventil für Gemisch- und Brennstoff, das aus einem flachen Teller besteht, der oben in eine schlanke Spitze übergeht. Diese Spitze reicht nach oben in die Benzindüse, die sich im Boden, des über dem Mischraum angeordneten Schwimmergehäuses befindet, und schließt diese ab, wenn sich das Drosselventil in Schlußstellung befindet. Beim Öffnen des Drosselventils öffnet sich die Benzindüse in einem bestimmten Verhältnis zum Querschnitt des jeweils freigegebenen Ringspaltes für das Gemisch infolge der besonderen Formgebung von Ventil und Vergasergehäuse. Am unteren Ende trägt das Ventil Einstellmuttern, die den Hub nach oben begrenzen und einen federnden Stössel, an dem der Drosselhebel angreift. Eine weitere Regelmöglichkeit ist durch Verstellung des Lufteintrittsquerschnittes mittels eines ringförmig das Vergasergehäuse umgebenden Schiebers gegeben. Die Schwimmervorrichtung hält bei diesem Vergaser also nur den Druck des ausfließenden Brennstoffes konstant, ohne das Ausfließen selbst zu verhindern.

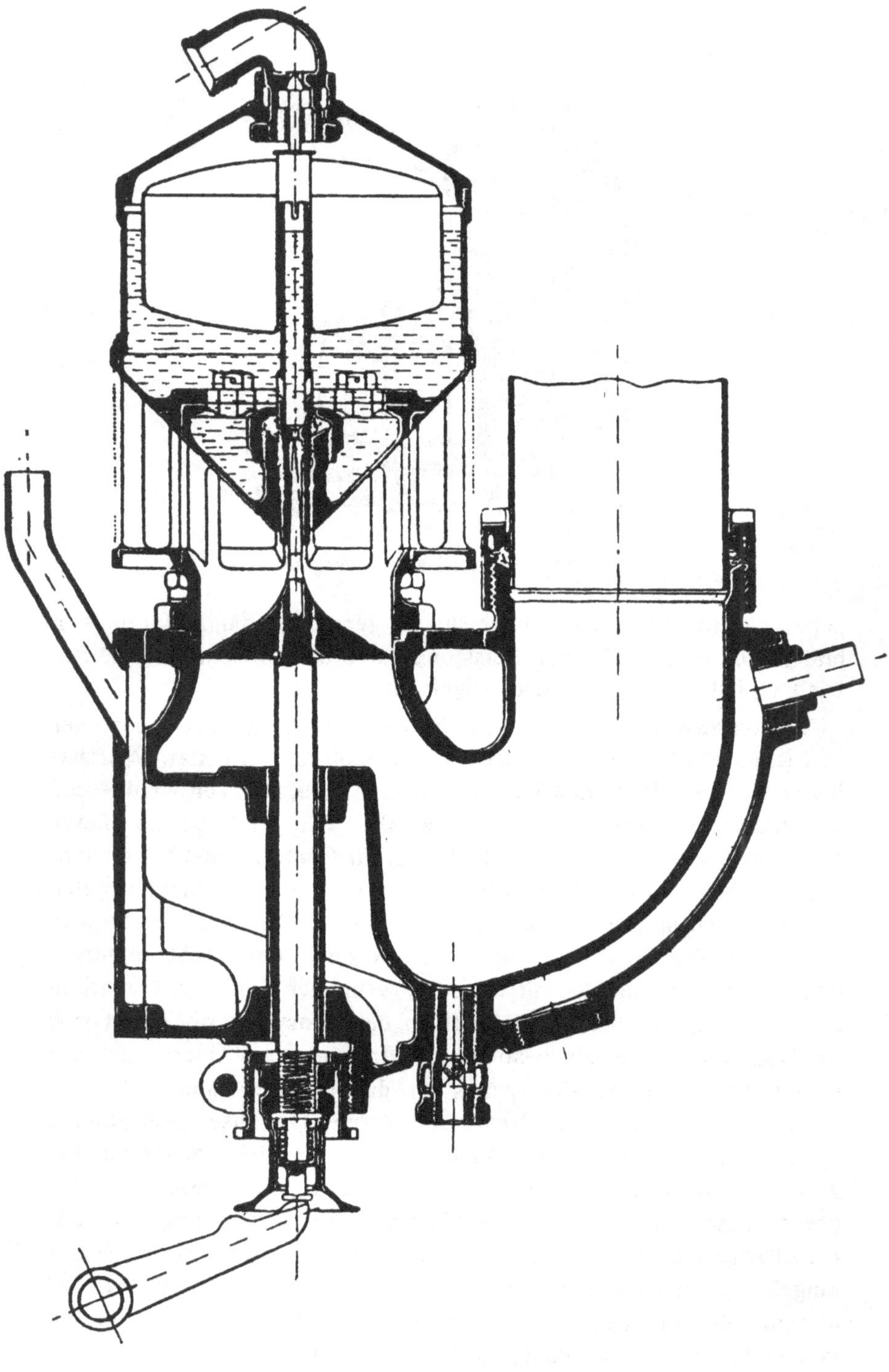

Abb. 153. Schiske-Vergaser des Hiero-Flugmotors.

Die übrigen Flugmotorenwerke verwendeten keine Sonderkonstruktionen, sondern bekannte Vergaser, vor allem Pallas und Zenith.

All diese Bauarten haben den Übelstand gemeinsam, daß die Brennstoffmischung mit zunehmender Höhe ständig reicher wird. Um die Ursachen dieser Erscheinung zu erkennen, muß man auf die Gleichung für die Gemischzusammensetzung zurückgehen, die bekanntlich nach der Theorie der Strahlpumpe aufzustellen ist.

Nach Prof. Kutzbach: Die Anpassung der Flugmotoren an die Flughöhe (Technische Berichte der Flugmeisterei, Band III, Nr. 4) verhalten sich die in den Brennstoff- und Luftdüsen D_B und D_L durch den Druckabfall $\Delta p_{/B}$ bezw. $\Delta p_{/L}$ erzeugten Geschwindigkeiten W_B und W_L, wenn die Geschwindigkeit vor den Düsen vernachlässigt werden kann, angenähert nach der Gleichung:

$$\frac{W_B}{W_L} = \sqrt{\frac{\Delta p_B}{\Delta p_L} \cdot \frac{\gamma_L}{\gamma_B}}$$

wo γ_B und γ_L die Dichte in den Mündungsquerschnitten F_B und F_L darstellt. Freilich gilt diese Gleichung genau nur oberhalb einer „oberen Grenzgeschwindigkeit", was jedoch die Anwendbarkeit auf den vorliegenden Fall nicht wesentlich beeinträchtigen dürfte.

Das Mischungsverhältnis der Gewichtsanteile ist demnach:

$$M = \frac{G_B}{G_L} = \frac{F_B}{F_L} \cdot \frac{W_B}{W_L} \cdot \frac{\gamma_B}{\gamma_L} = \frac{F_B}{F_L} \sqrt{\frac{\Delta p_B}{\Delta p_L} \cdot \frac{\gamma_B}{\gamma_L}}$$

Da nun bei abnehmender Luftdichte γ_L die Brennstoffdichte γ_B gleich bleibt, ändert sich das Gemischverhältnis proportional der Quadratwurzel aus der Luftdichte.

Den zahlenmäßigen Einfluß erkennt man aus folgender Zusammenstellung, in der $\mu = \frac{\gamma}{\gamma_0}$ das Verhältnis der Luftdichten auf dem Boden unter Berücksichtigung der mittleren Jahrestemperatur in diesen Höhen bedeutet.

Höhe km	2	3	4	5	6	7
μ	0,83	0,74	0,67	0,59	0,53	0,47
$M = \frac{1}{\gamma_L}$	1,1	1,16	1,23	1,3	1,37	1,45

Das Gemisch wird also in 7000 m Höhe um etwa das 1,45 fache luftärmer oder „fetter“.

Diese Brennstoffanreicherung in der Höhe hat nicht nur eine Brennstoffvergeudung und damit eine Verkleinerung des Aktionsradius zur Folge; sondern das überreiche Gemisch ergibt auch ein Nachbrennen im Auspuff, was an langen roten Flammen zu erkennen ist, und den Motor, namentlich die Ventile, übermäßig erhitzt. Bei Motoren, die von vornherein auf ein reiches Gemisch eingestellt sind, kann die Anreicherung so weit gehen, daß ein Leistungsabfall damit verbunden ist.

An Vergaser für Luftfahrzeuge ist demnach die Forderung zu stellen, daß das Mischungsverhältnis bei jeder Luftdichte konstant bleibe. Die verschiedenen Wege, auf denen dies Ziel zu erreichen ist, ergeben sich aus der angeführten Gleichung für das Mischungsverhältnis. Soll M gleich bleiben, so muß sein:

$$\frac{F_B}{F_L} \sqrt{\frac{\Delta p_B}{\Delta p_L}} = C \sqrt{\gamma_L}$$

Man hat es somit in der Hand durch Änderung von $\frac{F_B}{F_L}$ oder von $\frac{\Delta p_B}{\Delta p_L}$ oder durch gleichzeitiges Ändern beider Werte das Mischungsverhältnis konstant zu halten, und kann unterscheiden:

I. $\frac{\Delta p_B}{\Delta p_L}$ konstant; dann muß sein:

$$\frac{F_B}{F_L} = C_1 \sqrt{\gamma_L}$$

II. $\frac{F_B}{F_L}$ konstant; dann muß sein:

$$\sqrt{\frac{\Delta p_B}{\Delta p_L}} = C_2 \sqrt{\gamma_L}$$

I. Änderung des Querschnittsverhältnisses $\frac{F_B}{F_L}$ bei gleichbleibendem Gefällsverhältnis $\frac{\Delta p_B}{\Delta p_L}$

Die Bedingung des gleichbleibenden Druckverhältnisses ist bei Vergasern, deren Lufteintrittsöffnung und Schwimmergehäuse mit der Außenluft in Verbindung steht, erfüllt. Das Querschnittsverhältnis von Luft- und Brennstoffdüsen kann verändert werden:

1. Durch Verschieben der Brennstoffdüse in der feststehenden Luftdüse, oder umgekehrt der Luftdüse zur feststehenden Brennstoffdüse.
2. Durch Änderung der Brennstoffdüse durch ein Nadelventil oder durch Einschaltung einer oder mehrerer Zusatzdüsen.
3. Durch Veränderung der Luftdüse oder Einschaltung einer Zusatzluftöffnung.

II. Änderung des Gefällsverhältnisses $\frac{\Delta p_B}{\Delta p_L}$ bei gleichbleibendem Querschnittsverhältnis $\frac{F_B}{F_L}$

Diese Bedingung ist erfüllt, wenn die Düsenmündungen nach Querschnitt und Lage ungeändert bleiben. Bei Aenderung des Druckverhältnisses durch Einschaltung von Widerständen in die Leitung ist zu beachten, daß diese aus möglichst reibungslosen Düsen bestehen, damit das eingestellte Druckverhältnis auch bei wechselndem Außendruck erhalten bleibt. Diese Bedingung ist z. B. nicht erfüllt, wenn als Widerstände enge Spalten in der Brennstoffleitung verwendet werden. Bei abnehmender Luftdichte muß das Druckgefälle der Brennstoffleitung vermindert oder das Druckgefälle der Luftleitung vergrößert werden. Dies kann erfolgen:

1. Durch Einbau einer verstellbaren Drosseldüse in die Brennstoffleitung zur Düse.
2. Durch Einbau einer verstellbaren Drosselvorrichtung in die Luftleitung vor der Luftdüse.
3. Durch Verbindung des gegenüber der Außenluft abgeschlossenen Schwimmerraumes mit verschiedenen Stellen der Luftdüse, oder mit einer festen Stelle der Luftdüse unter Einschaltung einer Drosselvorrichtung.
4. Durch Verbindung des Schwimmerraums mit der Außenluft und der Luftdüse durch einen veränderlichen Querschnitt.
5. Durch Verbindung der Leitung vom Schwimmerraum zur Brennstoffdüse mit der Außenluft durch einen veränderlichen Querschnitt

Alle hier aufgezählten möglichen Lösungen wurden nicht in der Praxis ausgeführt, wie überhaupt zu bemerken ist, daß systematische Versuche über die Vor- und Nachteile der verschiedenen Verfahren zur Lösung dieses erst verhältnismäßig spät vollständig erkannten Problems durch das Kriegsende unterbrochen wurden, weshalb man sich vielfach mit unvollkommenen Annäherungen behalf.

Die Lösungen I_1 wurde nicht angewandt, obgleich gerade die

Verschiebung der Luftdüse derart, daß sie bei abnehmender Luftdichte so weit gehoben oder gesenkt wird, daß die Brennstoffmündung aus dem engsten Querschnitt herausrückt, eine sehr einfache Konstruktion ergibt. Bei Automobilvergasern finden sich mehrfach entsprechende Bauarten, um den Einfluß der Drosselung auf die Gemischbildung auszugleichen.

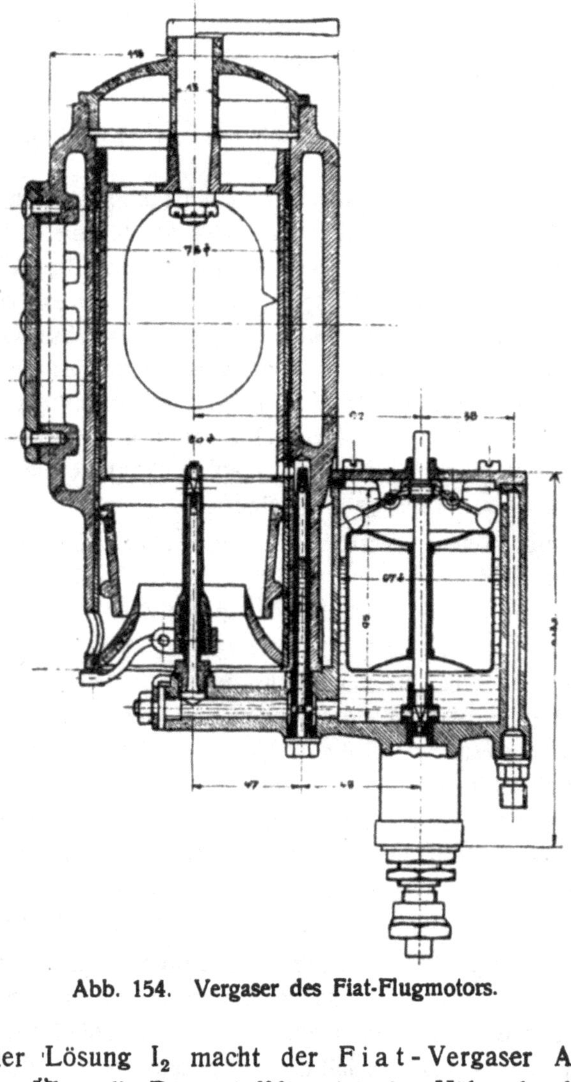

Abb. 154. Vergaser des Fiat-Flugmotors.

Von der Lösung I_2 macht der Fiat-Vergaser Anwendung, Abb. 154 *). Über die Brennstoffdüse ist eine Hülse durch ein Steil-

*) Motorwagen 1919. S. 461, Abb. 9.
*) Motorwagen 1919. S. 479, Abb. 16.

gewinde in der Höhe verschiebbar aufgesetzt, die eine nach innen gerichtete Nadel trägt und seitliche Austrittsöffnungen für den Brennstoff besitzt, so daß beim Verdrehen der Hülse die Brennstoffdüse selbst mehr oder weniger gedrosselt wird. Durch die äußere Führung der Drosselnadel wird die bei den häufiger angewendeten Innennadeln notwendige Stopfbüchse vermieden. Als weiteres Regelorgan besitzt diese in ihren übrigen Teilen dem Daimler-Vergaser sehr genau nachgebildete Bauart einen die Hauptluftdüse umgebenden Gewichtsring zur Zusatzluftführung.

Auch die Einschaltung mehrerer Düsen nach Art der bekannten Registervergaser, die mit abnehmender Luftdichte der Reihe nach geschlossen werden, würde brauchbare Lösungen ergeben.

Zur Veränderung der Luftdüse nach I_3 würde man diese zweckmäßig als Teil einer entsprechend geformten Klappe ausbilden, wie z. B. beim v. Soden- und Homa-Vergaser, mit dem Unterschied, daß diese Düsenklappe dann nur zur Vergrößerung des Luftquerschnittes bei abnehmender Luftdichte dienen würde, während ein besonderes Drosselorgan getrennt davon vorzusehen wäre.

Die gleiche Wirkung erzielt man durch ein bei größeren Höhen einschaltbares Zusatzluftventil in der Gemischleitung hinter der Düse. Die Bauart dieses Ventils kann wesentlich einfacher sein als die bekannten gleichen Organe bei Automobilvergasern, da sich wegen der konstanten Drehzahl von Flugmotoren Brems- und Dämpfungsvorrichtungen erübrigen. Aus Gründen der Feuersicherheit ist darauf zu achten, daß die Eintrittsöffnung der Zusatzluft durch ein Rohr aus dem Flugzeugrumpf herausgeführt wird, damit Rückzündungen unschädlich werden.

Eine Lösung nach II_1 findet sich beim Vergaser des Rolls-Royce-Eagle-Motors (Abb. 155 *). In die Leitung vom Schwimmergehäuse zur Brennstoffdüse ist ein Drosselventil b eingeschaltet, das mittels des Gewindekopfes C gesenkt werden kann, um bei abnehmender Luftdichte das Druckgefälle zur Hauptdüse und damit die ausfließende Brennstoffmenge zu verringern.

Ein entsprechendes Organ kann man in die Luftleitung einbauen, um die Regelwirkung nach II_2 zu erzielen. Beim Öffnen dieses Vorschaltwiderstandes in größerer Höhe wird der Gesamtwiderstand der Luftleitung verringert und dadurch das Gemisch ärmer. Eine derartige Anordnung besitzt der besprochene Schiske-Vergaser des Hiero-Motors (Abb. 153) in dem ringförmigen das Vergasergehäuse umgebenden Schlitzschieber. Als Klappe ausgebildet findet man sie

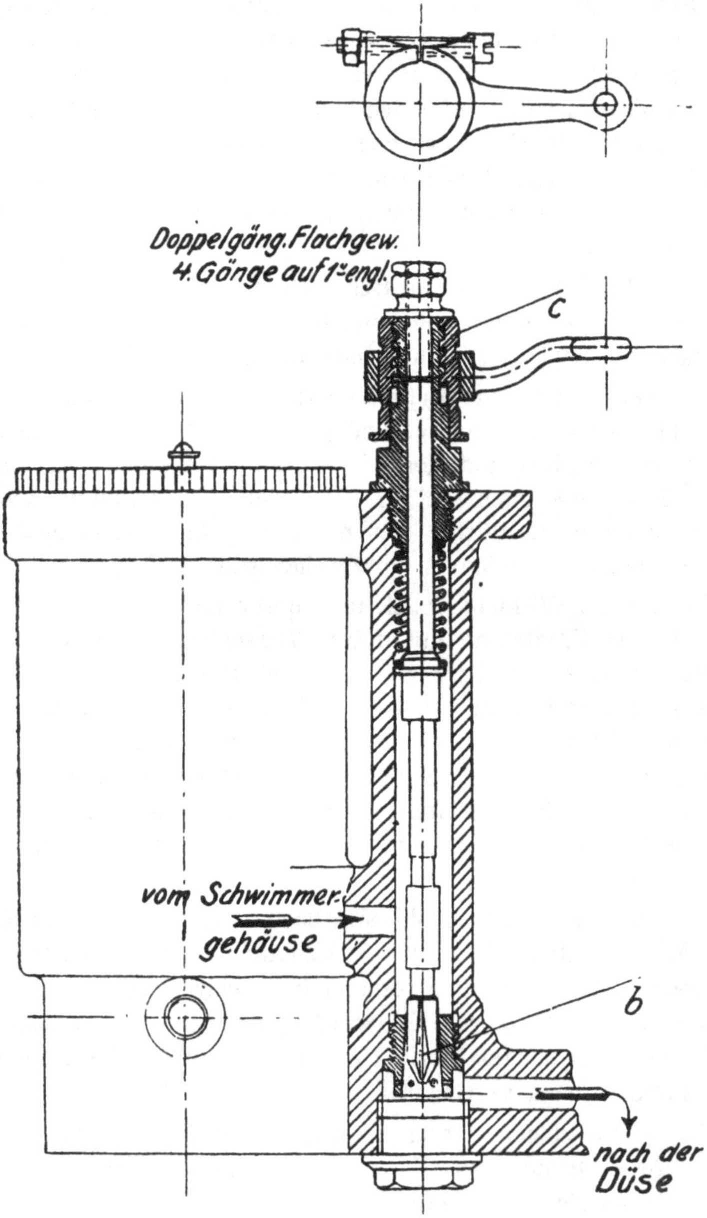

Abb 155. Rolls-Royce-Eagle-Vergaser.

bei vielen anderen Bauarten, z. B. dem Zenith-Vergaser des Hispano-Suiza-Motor (Abb. 159).

Wieder eine andere Ausführungsform gleicher Wirkung finden wir beim Claudel-Vergaser (Abb. 156**), bei dem ein birnenförmiger auf der Brennstoffdüse geführter Körper durch Heben und Senken den ringförmigen Lufteintrittsquerschnitt verändert. Bemerkenswert bei diesem Vergaser ist ferner die Ausbildung der Düse, die das beim Zenith-Vergaser angewendete und bekannte Regelverfahren in andere konstruktive Form kleidet. Die Hauptdüse trägt nach oben

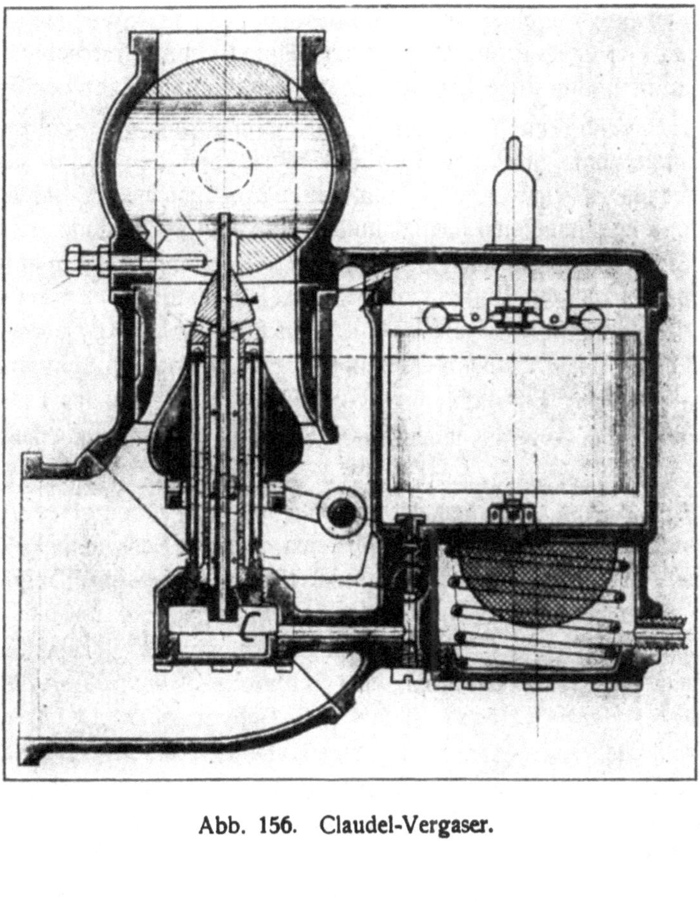

Abb. 156. Claudel-Vergaser.

*) Motorwagen 1919. S. 479, Abb. 15.

einen Fortsatz, der in den Drosselschieber hineinragend, als Leerlaufdüse wirkt. Oberhalb der eigentlichen Hauptdüse, die als Rohrverengung kenntlich ist, befinden sich zwei seitliche Austrittsöffnungen. Diese münden in die Kompensatordüse, welche erstere zentral umgibt und in der Bohrung C den maßgebenden Querschnitt für den Zufluß hat. Dieses zweite Düsenrohr ist durchlöchert und von einem dritten Rohr umgeben, so daß sich beim Stillstand Brennstoff in dem Hohlraum ansammeln kann, um das Anlassen zu erleichtern. Um das Ganze schließt sich ein weiteres Rohr, an dessen unterem Ende Bohrungen für Lufteintritt vorgesehen sind. Hierdurch wird eine Mischung des Brennstoffes mit einer kleinen Menge Luft vor dem Ausströmen aus der Zerstäuberdüse herbeigeführt, die die Vernebelung sehr begünstigt. Diese Regelart ist deshalb besonders beliebt, weil sie gleichzeitig das Anwerfen erleichtert, da der beim Drehen mit geschlossener Klappe auftretende hohe Unterdruck die Zerstäubung sehr begünstigt.

Die Regelart nach II_3 durch Verbindung des abgeschlossenen Schwimmerraums mit der Luftdüse wird bei den französischen Zenithvergasern verwendet. Man begnügte sich jedoch bei diesen mit einer angenäherten Lösung, indem man die Verbindung an einer festen Stelle der Luftdüse anschloß und durch einen Hahn in einer bestimmten Höhe betätigte, wodurch der Brennstoffdruck verringert wurde. Vollkommener wäre es, die Wirkung abzustufen, etwa derart, daß ein in der Luftdüse verschiebbares Röhrchen den Schwimmerraum je nach der Luftdichte mit verschiedenen Stellen der Luftdüse und dadurch mit verschiedenem Unterdruck in Verbindung bringt.

Der Zenithvergaser des 130 PS Renault-Motors (Abb. 157 *) ist ein für den Einbau zwischen die beiden Zylindergruppen eines V-Motors bestimmter Doppelvergaser mit gemeinsamem Schwimmer. Seitlich an den Luftdüsen ist ein zylindrischer Hahnschieber angebaut, der durch Bohrungen sowohl mit der Außenluft als auch mit den Luftdüsen und dem Schwimmerraum verbunden ist. In Normalstellung stellt der Hahn eine Verbindung des Schwimmers mit der Außenluft her, während er in „Höhenstellung“ den Schwimmerraum unter den Unterdruck der Luftdüsen setzt. Eigenartig bei diesem Vergaser ist auch die Anbringung eines mit dem Schwimmerraum verbundenen kleinen Hilfsbehälters auf der gegenüberliegenden Seite der Luftdüse. Der Luftraum beider Behälter ist durch eine Ausgleichleitung verbunden. Dieser Hilfsbehälter dient dazu, bei Schräglagen des Flugzeuges den Brennstoffspiegel an der Düse gleich zu halten.

*) Motorwagen 1919 S. 462, Abb. 11.

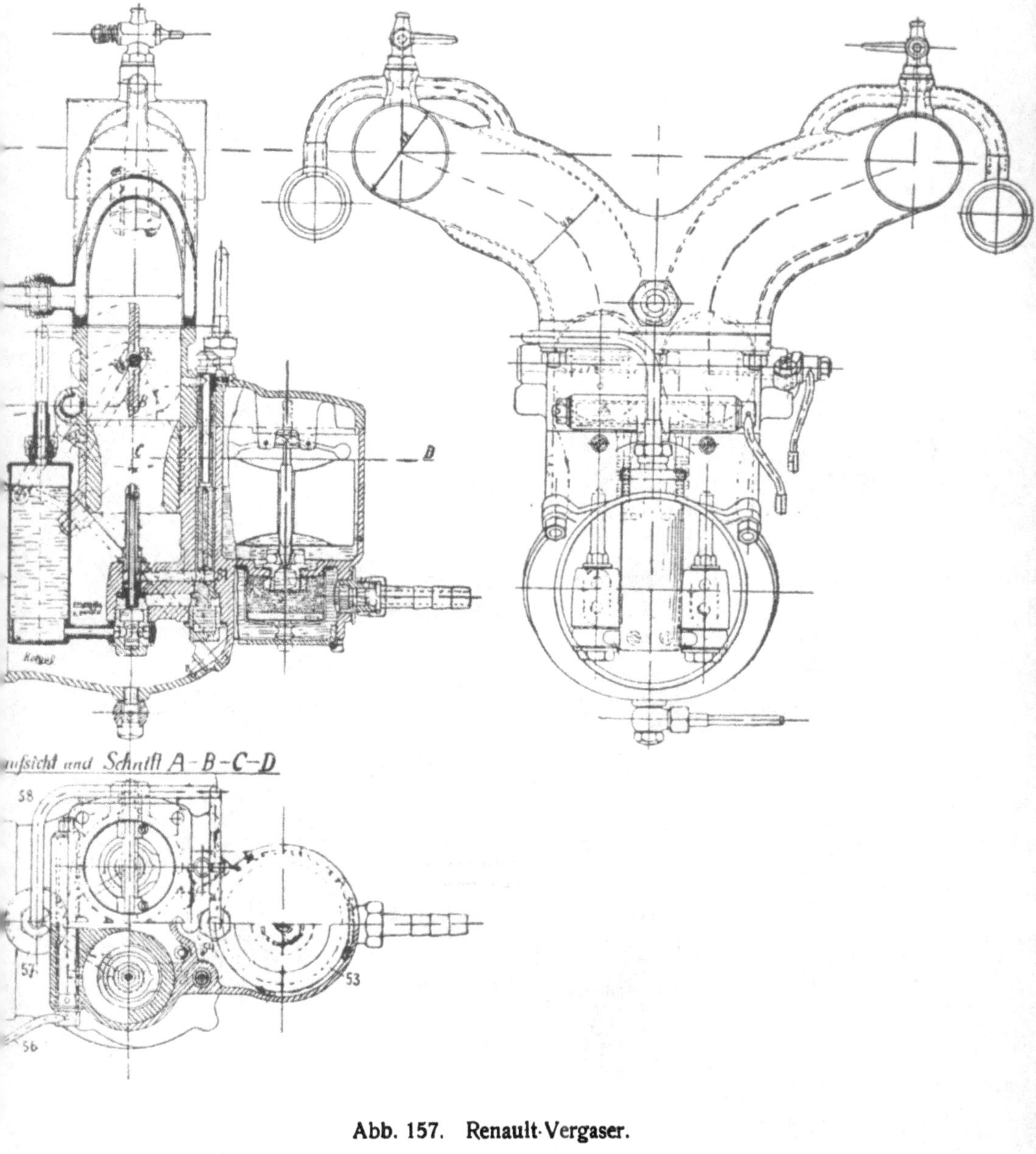

Abb. 157. Renault-Vergaser.

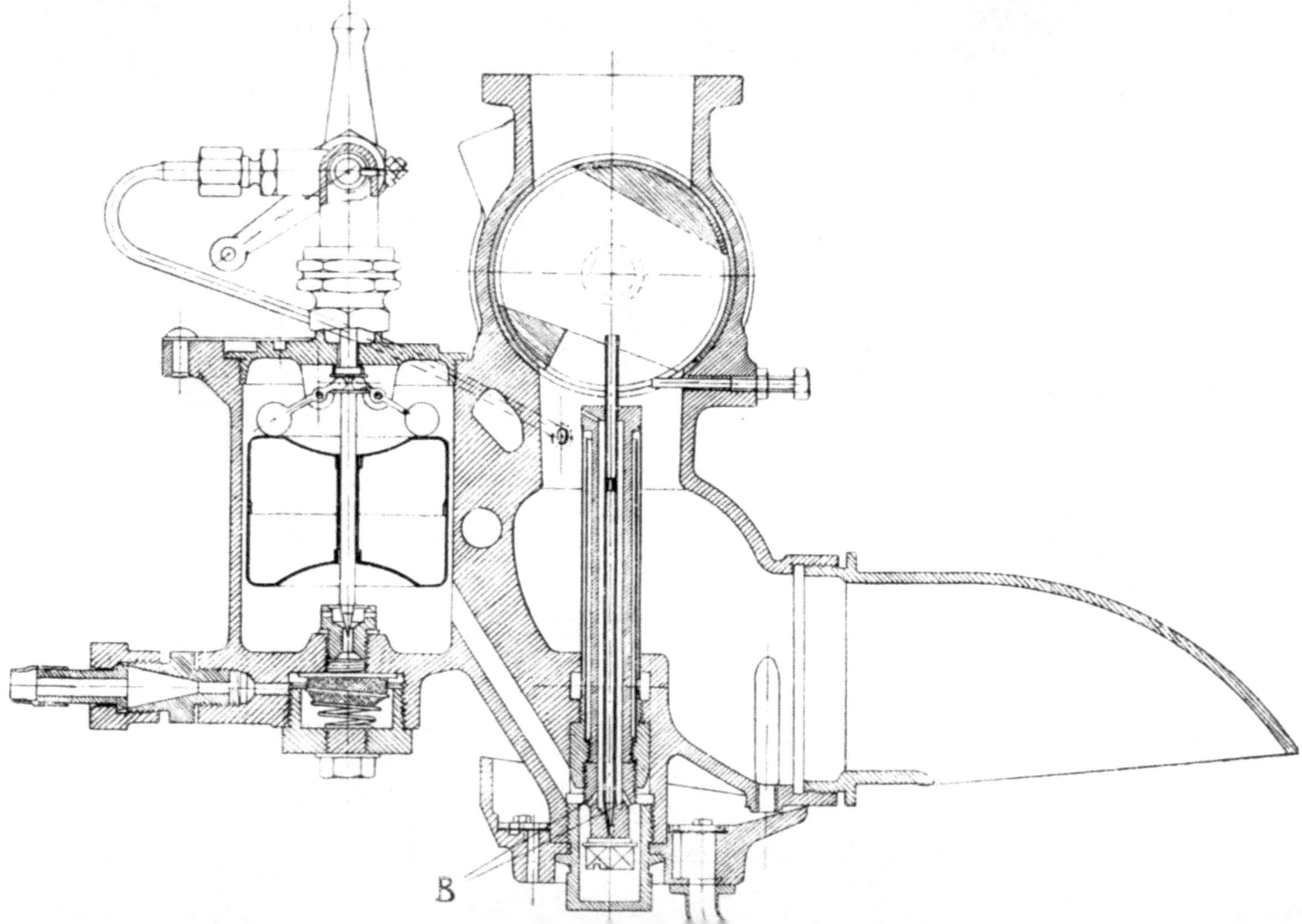
B

Die unter II_4 angeführte Regelart ist bei Automobilvergasern vielfach unter dem Namen „Gillet-Lehmann-Benzinsparer“ bekannt (vergl. Seite 136). Sie beruht darauf, daß der Schwimmerraum mit einer festen Stelle der Luftdüse durch einen gleichbleibenden, mit der Außenluft durch einen verstellbaren Querschnitt verbunden ist, der bei abnehmender Luftdichte abgedrosselt wird, so daß ein sinkender Druck im Schwimmerraum entsteht. Dieser einfache Apparat ist zum nachträglichen Anbau an Vergasern verschiedener Herkunft geeignet, wie die Abb. 158 des Rolls-Royce-Vergasers zeigt. Dieser Vergaser ist ebenfalls mit der bereits besprochenen Claudel-Düse ausgerüstet.

Die gleiche Wirkung kann man nach II_5 erzielen, indem man in die Brennstoffleitung vom Schwimmerraum zur Düse eine Nebenluftleitung mit veränderlichem Querschnitt einschaltet, durch die sogenannte „Bremsluft“ eintritt. Dies vom Pallas-Vergaser bekannte, jedoch mit unveränderlichem durch die Korrekturluftdüse festgelegten Querschnitt angewendete Verfahren findet sich verstellbar ausgeführt auch bei Flugzeug-Vergasern.

Abb. 159 a u. b*) zeigt das neuere Modell des Zenith-Vergasers für Hispano-Suiza-Motoren, bei dem die beiden Düsen, statt wie üblich konzentrisch ineinander geschachtelt zu sein, nebeneinander angeordnet sind. Zwischen ihnen und der Luftdüse ist ein Hahn eingebaut, der in „Höhenstellung“ eine Verbindung des Brennstoffkanals mit der Außenluft herstellt, so daß die eintretende Bremsluft den Brennstoffzufluß vermindert. Als weiteres Regelorgan weist dieser Vergaser eine Klappe im Ansaugrohr für die Luft auf, wie unter II_2 besprochen. Sehr bemerkenswert bei dieser Bauart ist die Verwendung einer „Multiplikatordüse“, d. h. zweier ineinander geschachtelter Zerstäuberdüsen, um bei geringem Druckverlust der Luft einen erheblichen die Zerstäubung des Brennstoffes befördernden Unterdruck zu erzielen. Die innere Düse weist nur eine Bohrung von 12 mm auf, an deren Umfang die Brennstoffleitung in kleinen Löchern mündet. Die Mündung dieser Düse befindet sich im engsten Querschnitt der Hauptdüse, wodurch die gewünschte Wirkung erzielt wird.

Die Mehrzahl der besprochenen Konstruktionen ist ausländischen Ursprungs, was darauf zurückzuführen ist, daß man sich bei uns erst verhältnismäßig spät mit diesem Problem befaßte und dann mit echt deutscher Gründlichkeit bestrebt war, statt der angenäherten Lösung gleich etwas Vollkommenes zu schaffen. Leider sind die verschie-

*) Motorwagen 1919. S. 463, Abb. 13.

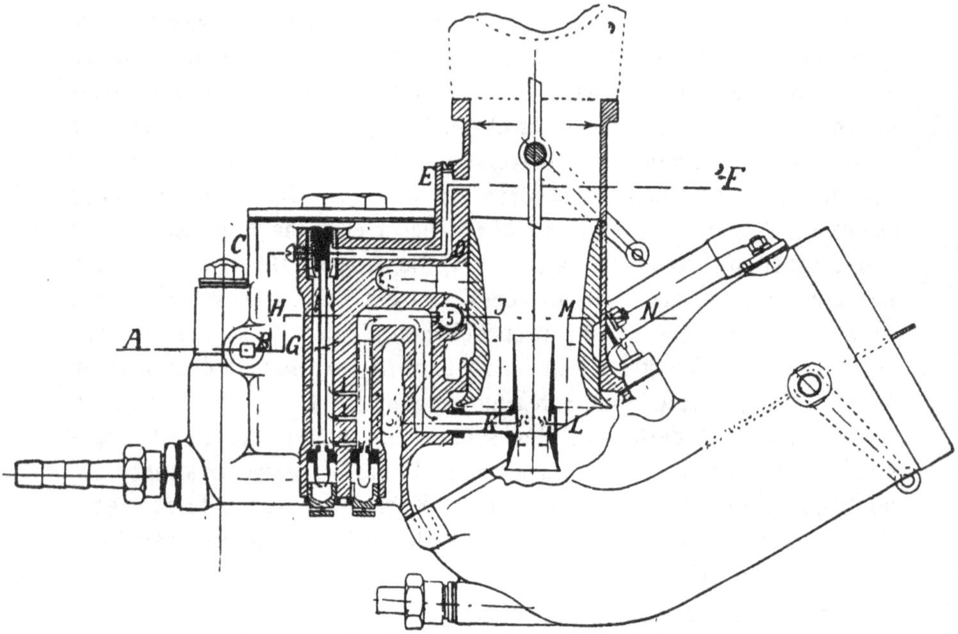

Abb. 159 a. Zenithvergaser des Hispano-Suiza-Motors.

denartigen Regelverfahren, die erprobt wurden, nicht mehr zur fabrikationsmäßigen Ausführung gekommen.

Unabhängig von den bisher behandelten Regelverfahren ist ihre Betätigung zu besprechen. Um eine vollkommene Gleichhaltung des Gemisches in allen Luftdichten zu gewährleisten, müßten die erwähnten Regelvorrichtungen beim Steigen des Flugzeuges ständig bedient werden. Dies könnte geschehen von Hand nach Angaben eines Barometers, wobei die Regelvorrichtung mit entsprechender Einteilung versehen sein müßte, oder selbsttätig durch eine barometrisch gesteuerte Vorrichtung.

Die Verstellung von Hand entsprechend der jeweiligen Höhe ist unzweckmäßig, da die Aufmerksamkeit des Flugzeugführers durch Steuerung des Flugzeuges und Beobachtung so vieler anderer Motororgane, abgesehen von etwaigen Kampfhandlungen oder Aufgaben, so in Anspruch genommen ist, daß man ihm die Bedienung eines weiteren Hebels nicht zumuten kann. Die Ausbildung selbstätiger barometrischer Regelvorrichtungen kam über freilich viel versprechende Versuchsausführungen nicht hinaus. Deshalb begnügte man sich meist mit einer angenäherten Lösung, indem man einmalig in einer bestimmten Höhe von etwa 3000 m durch Umlegen eines sogenannten Höhenhebels eine Berichtigung der Gemischzusammensetzung vor-

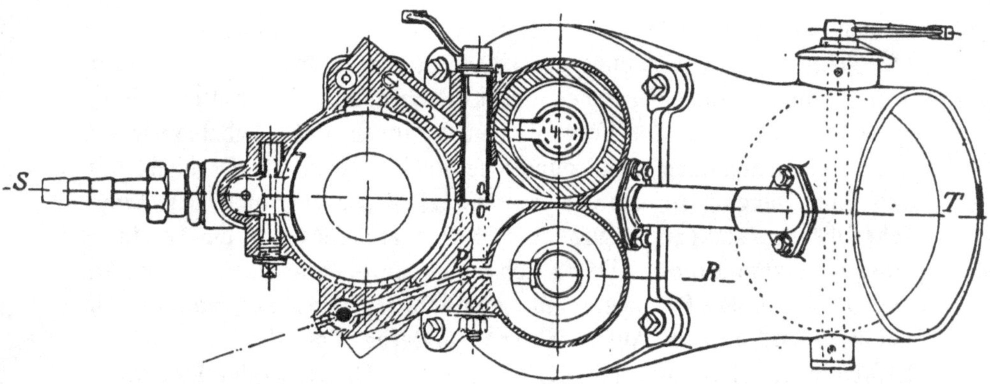

Abb. 159b. Zenithvergaser des Hispano-Suiza-Motors.

nahm. Die hierdurch zu erzielende Brennstoffersparnis erfüllt für die Praxis meist ihren Zweck und vermeidet verwickelte Apparate. Diese Lösung wurde bei sämtlichen bisher besprochenen Konstruktionen angewendet und hat sich gut bewährt.

Ein noch einfacheres Verfahren bei gewöhnlichen Vergasern, den Brennstoffüberchuß in größeren Höhen zu vermindern, besteht darin, den Vergaser auf der Erde nicht auf die größte Leistung, sondern auf ärmstes Gemisch einzustellen, so daß eben kein Knallen in der Saugleitung eintritt. Beim Steigen reichert sich dann das Gemisch selbsttätig an, so daß es etwa in 2000 m Höhe der größten Leistung entspricht und der Überschuß in noch größeren Höhen nicht so fühlbar wird.

Dies Verfahren ist das gegebene für wenig gesteigerte, sogenannte überdimensionierte Höhenmotoren, deren Zylinder verhältnismäßig größer bemessen sind als das Triebwerk, und die in Erdnähe ihre maximale Leistung ohne Gefahr für das Triebwerk nicht hergeben dürfen. Bei diesen bemißt man das Verhältnis von Drosselklappe und Zusatzluftführung derart, daß sie bei völlig geöffneter Drossel auf dem Boden wegen zu armem Gemisch knallen, wodurch der Führer verhindert wird, die Drossel über eine mit „Bodenstellung" bezeichnete Lage zu öffnen. Wenn in größeren Höhen die Drossel ganz bis zur „Höhenstellung" geöffnet wird, wird gleichzeitig der Zusatzluftzutritt erweitert, wodurch die Gemischbildung berichtigt wird.

Wie bereits erwähnt, kann eine vollkommene Lösung des Problems nur durch barometrische Regelvorrichtungen erzielt werden. Diese Aufgabe wird erschwert durch weitere mit der Motorenausbildung zusammenhängende Fragen, indem man solche Regelvorrichtungen nicht nur zur Gleicherhaltung des Gemisches, sondern auch zur Gleichhaltung der Leistung bei Höhenmotoren auszubilden bestrebt war, ja sogar zum Verstellen der Luftschraube. Diese Verstellung ist notwendig, um die Vorteile von Motoren mit gleichbleibender Leistung auszunutzen, denn ohne eine solche würde die Drehzahl mit der Höhe unzulässig zunehmen, da der Kraftverbrauch der Luftschraube mit sinkender Luftdichte ebenso abnimmt, als die Leistung eines normalen Motors. Da es sich um größere Verstellkräfte handelt, liegt es nahe, das Barometer nur zum Steuern eines Servomotors zu benutzen, d. h. zum Auslösen einer anderen Energiequelle, sei es Elektromotor, Kupplung mit der Motorwelle, Drucköl oder Druckluft. Von der weiteren Besprechung dieser Vorrichtungen kann aber an dieser Stelle abgesehen werden, da sie nur in losem Zusammenhang mit dem Vergaser stehen und da ihre Ausbildung noch nicht bis zur Marktreife gediehen ist.

Nur eine einfache barometrische Vergaserregelung sei erwähnt, die an einem Benz-Motor angebaut, ihren Zweck erfüllte und ein nahezu konstantes Gemisch bis zu 5000 m Höhe gab. Die in Abb. 160 *) schematisch dargestellte Einrichtung gehört zu den unter II_4 besprochenen. Das Druckgefälle der Brennstoffdüse wird dadurch geändert, daß der Schwimmerraum einerseits mit dem Saugrohr, andererseits mit der Außenluft in Verbindung steht und zwar durch ein Rohr, das mit einem Lufteintrittsschlitz versehen ist, der durch einen von einem Aneroidbarometer gesteuerten Kolben mehr oder weniger abgeschlossen wird. Die Vorrichtung war so eingestellt, daß

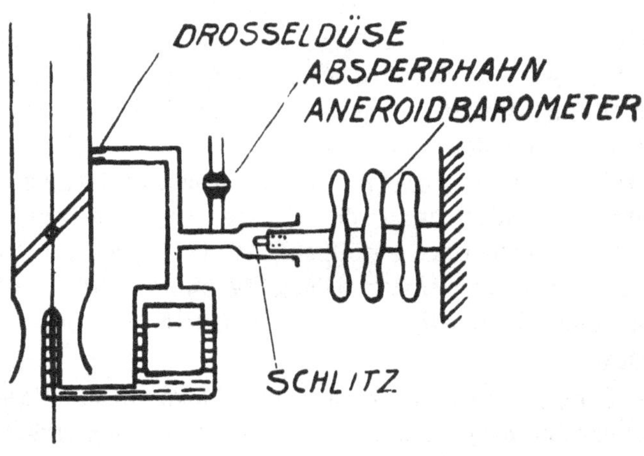

Abb. 160.

*) Motorwagen 1919. S. 479, Abb. 17.

auf dem Boden der Schlitz ganz geöffnet war, der Schwimmer also unter Atmosphärendruck stand. Beim Steigen dehnt sich die Luft im Barometer aus, der Kolben bewegt sich entsprechend und schließt bei 5000 m den Schlitz ganz ab, so daß ein wachsender Unterdruck im Schwimmerraum entsteht. Der Absperrhahn diente nur zu Vergleichsversuchen, indem bei Versuchsflügen in verschiedenen Höhen Brennstoffverbrauch und Drehzahl abwechselnd bei geöffnetem und geschlossenem Hahn gemessen wurde, um die Wirkung der Vorrichtung gegenüber nicht selbsttätig geregelten Vergasern zu erkennen.

Zum Schluß seien noch einige allgemeine Punkte gestreift, die bei Vergasern für Luftfahrzeuge in Frage kommen.

Bei Flugzeugen kommen im Gegensatz zu Motorwagen Schräglagen bis zu 45° vor, worauf bei Ausbildung der Schwimmervorrichtung Rücksicht zu nehmen ist. Um den Einfluß auf den Brennstoffstand in der Düse gering zu halten, ist zentrale Schwimmeranordnung vorteilhaft. Noch vollkommener kann man Unterschiede des Flüssigkeitsspiegels ausgleichen, wenn man statt der Schwimmervorrichtung einen Ueberlauf wählt, wie es beim Maybach-Vergaser geschehen ist. Die idealste Lösung wäre ein Überlauf zentral der Düse selbst.

Ueber die Frage der Ausbildung der Vergaser für Sechs-, Acht- und Mehrzylinder-Motoren sind die Ansichten sehr geteilt. Während die Mehrzahl der Sechszylindermotoren zwei vollständige Vergaser, einen für jede Motorhälfte besitzt, ist bei anderen die Schwimmervorrichtung gemeinsam, aber Luft- und Brennstoffdüsen getrennt, und bei wieder anderen nur ein einziger Vergaser vorhanden. Das gleiche ist bei Acht- und Mehrzylindermotoren der Fall. Bisher hat sich einwandfrei keine Überlegenheit eines dieser Systeme feststellen lassen, wenn die Saugleitung zweckmäßig ausgebildet ist.

Daß die Gleichmäßigkeit des Ansaugens einen Einfluß hat, erkennt man daraus, daß das Gemisch ärmer wird, wenn man die Saugrohre der beiden Gruppen von je 3 Zylindern eines Sechszylinder-Motors durch eine Ausgleichleitung verbindet. Aber man kann nicht feststellen, daß die entsprechend vergrößerten Brennstoffdüsen einer solchen verbundenen Saugleitung weniger gut arbeiten. Ebensowenig ist erwiesen, daß ein einzelner Vergaser trotz seiner größeren Düsen ein weniger vollkommenes Gemisch liefert, als mehrere kleine Vergaser, wie manchmal angenommen wird. Auch die Betriebssicherheit wird durch Anwendung mehrerer Vergaser nicht erhöht, da auch bei Störungen eines einzelnen, die Leistung durch Ausfall einer Zylindergruppe derart abnimmt, daß ein weiterer Flugbetrieb nicht mehr möglich ist. Deshalb ist diese Frage eine konstruktive Entscheidung, die von der Einbaumöglichkeit, Führung der Leitungen, Preis, Gewicht und anderen damit zusammenhängenden Erwägungen abhängig gemacht werden sollte. Eine bauliche Vereinigung mit gemeinsamem Schwimmer empfiehlt sich namentlich bei V-Motoren.

Der Heizung des Vergasers ist wegen der tiefen Temperaturen in großen Höhen besondere Beachtung zu schenken. Angebracht ist Vorwärmung der Luft sowohl als auch Ummantelung des Zerstäubers und eines Teils der Saugleitung für Heizung durch Kühlwasser. Hingegen scheint die vielfach angewendete Isolierung der Saugrohre zwecklos, da die Temperatur des Gemisches infolge der Verdunstungskühlung durchweg niedriger ist als die der umgebenden Luft, so daß die Isolierung eine Wärmezufuhr abhält, statt Wärmeabführung zu verhindern, wie sich aus theoretischen Erwägungen ergibt, und was in der Praxis nicht widerlegt ist.

Wegen der Feuergefährlichkeit der Flugzeuge ist auf die Brandsicherheit des Vergasers besondere Rücksicht zu nehmen. Rückzündungen in den Vergaser aus den bekannten Gründen lassen sich nie vermeiden, deshalb muß Vorsorge getroffen werden, daß Vergaserbrände unschädlich verlaufen. Zu diesem Zweck sollten alle Luftentnahmeöffnungen aus dem Flugzeugrumpf herausgeführt werden, gleichviel ob es sich um Zusatzluft oder Hauptluft handelt, und ob die Luft aus Gehäusekanälen entnommen wird. An allen Stellen, wo sich Brennstoff ansammeln kann, sind besondere Ableitungen bis durch die Außenhaut des Rumpfes anzubringen. Ein nahe am Vergaser angebrachter, vom Führersitz bedienbarer Rohrschalter muß das Absperren des Brennstoffes bei Vergaserbränden erlauben, damit diese durch Mangel weiterer Nahrung von selbst ersticken.

Bei Umlaufmotoren hat man bisher noch keine Schwimmervergaser verwendet, angeblich weil der Unterdruck des durch die hohle Kurbelwelle ansaugenden Motors zu gering ist. Ob dieser Grund stichhaltig ist, kann nur der Versuch entscheiden. Der Drosselschieber für den Luftzutritt besitzt eine feine Reguliernadel (vergl. Abb. 132), die die senkrecht darunter angeordnete Brennstoffdüse abschließt und entsprechend dem Luftquerschnitt einen wachsenden Brennstoffquerschnitt freigibt, so daß der Brennstoff unter dem Druck des Behälters ausströmt. In die Leitung ist noch ein empfindliches Regelorgan eingeschaltet, mittels dessen man die Gemischbildung, namentlich dem Brennstoffvorrat und der Flughöhe entsprechend berichtigen kann. Die Belastung des Führers mit 2 Regelorganen bringt eine unvorteilhafte Belastung mit sich, so daß es wünschenswert erscheint, diese etwas primitive Vorrichtung durch einen vollkommeneren Schwimmervergaser zu ersetzen. —

V. Vergaser für schwere Brennstoffe.

1. Petroleumvergaser.

Die große Knappheit an Benzin und Benzol hat in den letzten Jahren das Bedürfnis immer mehr zur Geltung gebracht, namentlich für Nutzfahrzeuge schwere und billigere Brennstoffe zu benutzen. Dies führte zu einer ausgedehnten Verwendung von Petroleum, welches insbesondere bei amerikanischen Motorpflügen schon in größerem Maßstabe als Betriebsstoff genommen wird.

Die Ursache, warum der Petroleumbetrieb sich so spät entwickelt hat, ist in der hohen Temperatur zu suchen, welche nötig ist, um Petroleum zur Verdampfung zu bringen. Diese Temperatur ist bedeutend höher als bei Benzin. Die eigentliche Verdampfungswärme dagegen, d. h. die Anzahl der Wärmeeinheiten, welche notwendig ist, um das Petroleum in Dampf von derselben Temperatur zu verwandeln, beträgt nur 68 % von der bei Benzin benötigten. Die totale Verdampfungswärme, also die Summe beider, ist bei Petroleum nur 19 % größer als bei Benzin. (Vergl. Dierfeld, „Motorwagen" 1919, Seite 131.) Diese hohe Temperatur, welche zur Dampfentwicklung erforderlich ist, erschwert naturgemäß bei Verwendung normaler Vergaser die Bildung eines homogenen Gemisches. Es treten Petroleumbläschen in den Verbrennungsraum ein und die Folge ist eine unvollkommene Verbrennung. Dies führt zu einem hohen spezifischen Brennnstoffverbrauch und Verkrustungen. Bei einem solchen unvollkommenen Gemisch tritt nach der Zündung zunächst eine langsame Verbrennung ein bis eine genügende Wärmeentwicklung erfolgt ist und eine heftige Entflammung stattfindet. Es gehen also zwei Stufen der Verbrennung vor sich, was sich häufig durch ein Klopfen des Motors bemerkbar macht. Bemerkenswert ist ferner, daß Petroleumbetrieb eine niedrigere Kompression als Benzinbetrieb erfordert und zwar 3,5 bis 4 Atm. absolut, da der Flammpunkt des Petroleum-Luft-Gemisches erheblich niedriger als der des Benzin-Luft-Gemisches liegt.

Es gibt verschiedene Wege, auf denen man anstrebt, ein homogenes Petroleum-Luft-Gemisch zu erzielen.

Vorwärmung des Brennstoffes, ehe er die Düsen verläßt. Hierdurch erzielt man eine gute Leistung und befriedigende Wirtschaftlichkeit. Die Erwärmung wird nicht zur rechten Zeit und in genügender Menge angewendet, so daß ein großer Teil des Brennstoffes mit dem Auspuff entweicht. (Vergl. Dierfeld, a. a. O. — Aus dieser Arbeit sind auch einige, nachstehende Abbildungen entnommen —.)

Eine mehrfach angewendete Methode ist die, das aus einem Spritzvergaser gesaugte Gemisch durch einen heißen Raum zu führen, in welchem eine völlige Verdampfung der Brennstoffteilchen stattfinden soll und damit eine bessere Möglichkeit zur innigen Mischung mit Luft gegeben ist. Ein derartiges Verfahren hat naturgemäß einen ungünstigen Einfluß auf den volumetrischen Wirkungsgrad, dem man durch nachträgliches Zusetzen von kalter Luft und Einspritzen von Wasser entgegenzuwirken sucht. Wird gleichzeitig mit dem Petroleum Wasser eingespritzt, so bereitet die richtige Dosierung Schwierigkeiten. An Stelle von unmittelbar eingeführtem Wasser oder Wasserdampf kann auch vorteilhaft die durch feuchte Luftreiniger gesaugte Luft zu diesem Zweck verwendet werden.

Bei der Ausbildung der Saugleitung muß bei Petroleumbetrieb, selbst wenn hinter dem Vergaser noch ein besonderer Verdampfer geschaltet ist, Sorgfalt auf eine Verhinderung der Kondensation des Gemisches gelegt werden, da dieselbe, falls die Gasgeschwindigkeit nicht hoch genug ist, bei Temperaturen unter 175° eintritt. Um der Kondensation entgegenzuwirken, kann man in der Ansaugleitung Ablenkplatten anbringen, welche zerstäubend wirken. Allgemein ist es vorteilhaft, die Ansaugleitung so kurz als möglich zu halten.

Bei entsprechender Verwendung der Auspuffgase kann das Saugrohr selbst als Verdampfer ausgebildet werden, so wie das z. B. bei dem Avery-Verdampfer (Abb. 161) der Fall ist. Einlaß- und Auslaßrohr sind zusammengegossen. Das vom Vergaser kommende Gemisch tritt bei A ein und wird durch B zum Zylinder geleitet. Um dieses Saugrohr B ist eine erweiterte Kammer angelegt, in welcher die schweren Brennstoffteilchen gegen die heiße wellige Wand geschleudert werden, wo sie solange aufgehalten werden, bis ihre Umbildung zu Gas erfolgt ist, falls sie nicht sofort verdampfen. Die Auspuffgase strömen von C nach D. Es ist ferner eine Leitung E zur Vorwärmung des Brennstoffes vorgesehen.

Bei dem Ansaugrohr des Waukesha-Motors (Abb. 162) umgibt das Auspuffrohr teilweise das Saugrohr, welches außen in der Mitte den Vergaserflansch und innen zwei Zylinderanschlüsse be-

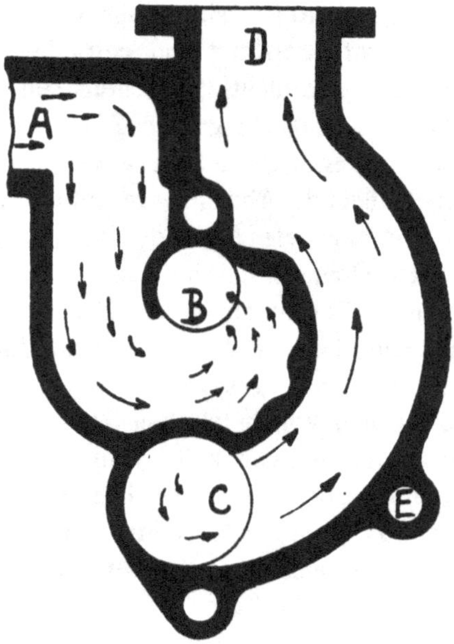

Abb. 161. Avery-Verdampfer.

sitzt. Bei dieser Ausführung wird nur der obere Teil des Ansaugrohres beheizt, was insofern ungünstig wirkt, als die schwereren, unvergasten Brennstoffteilchen an der unteren, nicht geheizten Wand entlang bewegt werden, was besonders bei kleineren Gasgeschwindigkeiten der Fall ist. Dies verhindert die Bildung eines homogenen Gemisches.

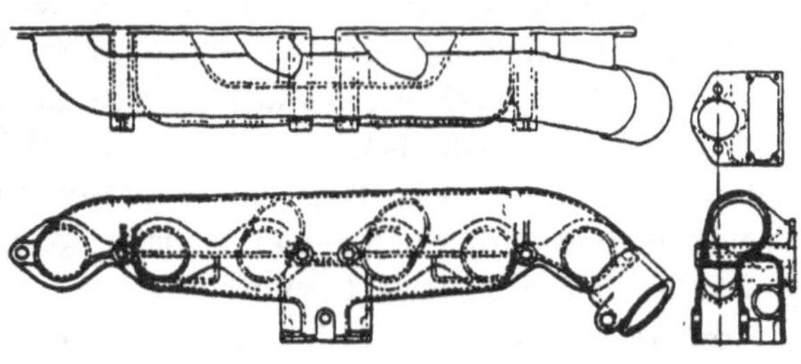

Abb. 162. Vereinigtes Saug- und Auspuffrohr.

Ganz von dem Auspuffrohr E ist das Saugrohr F bei der Sundermannleitung (Abb. 163) umgeben. Es sind hier zwei Heizrohre F angeordnet, welche das Saugrohr durchziehen, wodurch auch eine Erwärmung des Gasgemisches in seiner Mitte und nicht nur an der Wand des Rohre erfolgt. Zweckmäßiger für eine gleichmäßige

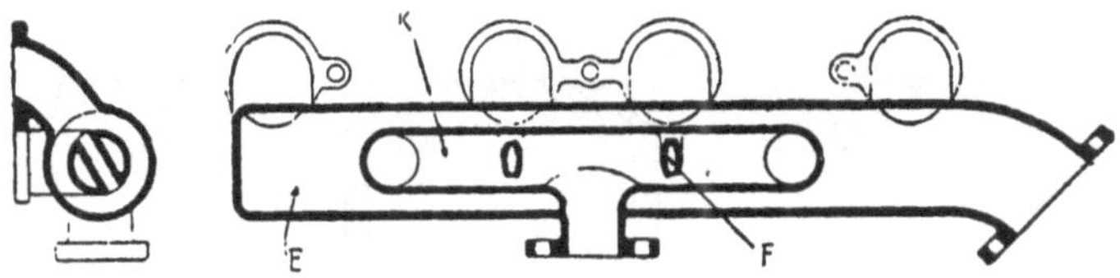

Abb. 163. Sundermann-Leitung.

Verteilung der Wärme wäre es noch, den Austritt der Auspuffgase nicht am Ende des Rohres, sondern in dessen Mitte anzuordnen.

Bei symmetrisch angeordneten Ventilen kann das Saugrohr nach einem Vorschlage von Dierfeld in der in Abb. 164 dargestellten Weise von einem Auspuffheizmantel umgeben werden. Die Auspuffgase treten bei A durch eine Regelvorrichtung ein und verlassen den Heizmantel bei B.

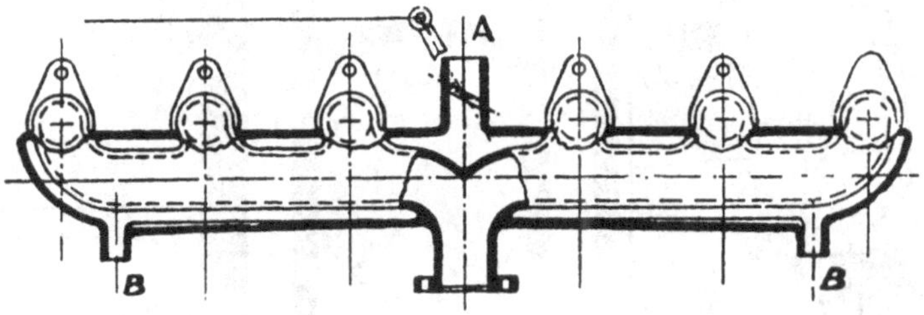

Abb. 164. Saugrohr mit Auspuffheizmantel.

Für Motoren mit hängenden Ventilen durchgebildet ist die Rohranordnung von Brusch (Abb. 165). Links befindet sich der Vergaser mit dem Lufteinlaß R. Das Gemisch strömt durch die kurze Saugleitung bis zur Wand H, von wo nach beiden Seiten unter rechtem Winkel das eigentliche Saugrohr abzweigt. Rechts ist die Auspuffleitung angebracht. Die Abgase durchströmen das Anschlußrohr bis zur Scheidewand H. Außen ist das Anschlußrohr durch einen Heizmantel umschlossen, durch den von W aus Kühlwasser fließt. Die oben erwähnte nachteilige Wirkung des Kühlwassers wird hierbei dadurch aufgehoben, daß die schweren Brennstoffteilchen an der Wand H vor Eintritt des Gemisches in die eigentliche Saugleitung völlig vergasen und das Wasser außerdem durch die Beheizung vom Anschlußrohr aus dauernd auf hoher Temperatur gehalten wird.

Eine besondere Heizvorrichtung, welche in Abb. 166 veranschaulicht ist, findet man bei dem Hart-Parr-Motor. Von dem Saugrohr ist an der Drosselklappe eine Nebenleitung für das Gemisch ab-

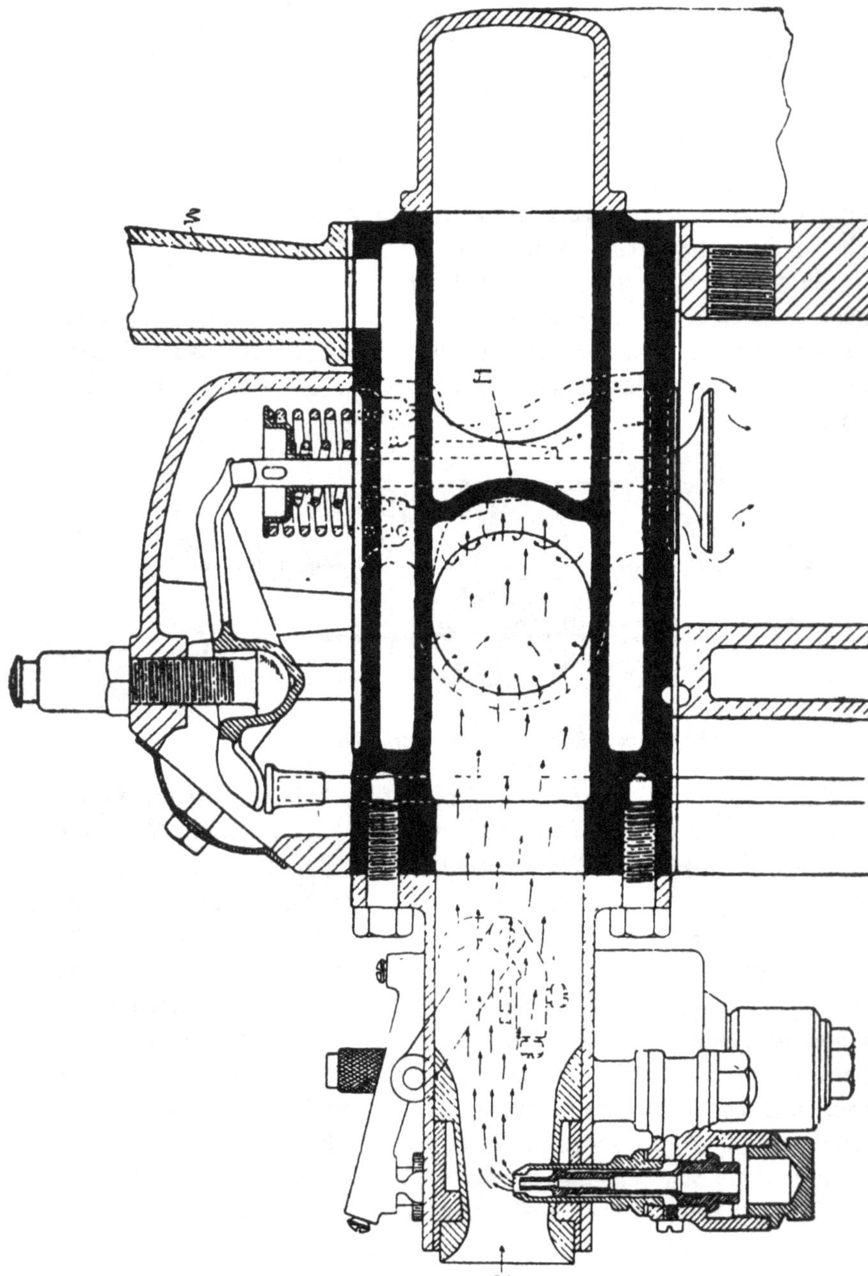

Abb. 165. Rohranordnung von Brusch.

gezweigt, welches zur Erwärmung durch eine besondere Heizkammer geleitet werden kann. Wenn der Motor voll belastet und die Drossel daher ganz offen ist (obere Abbildung), so strömt das Gemisch unmittelbar in den Zylinder, und zwar in kaltem Zustande, was bei Vollbelastung bezüglich des volumetrischen Wirkungsgrades anzustreben ist. Bei leichter Belastung oder Leerlauf schließt die Drossel das

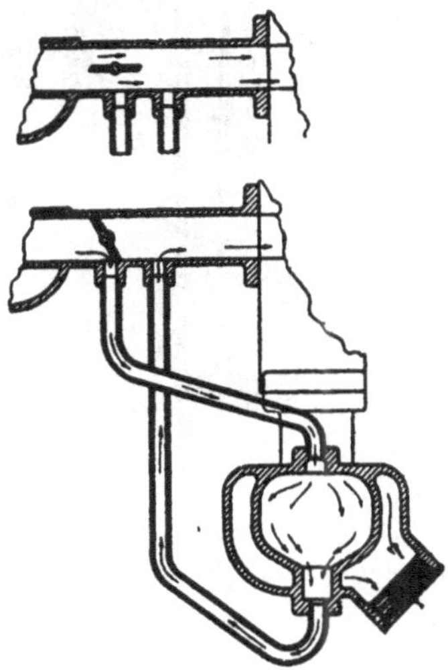

Abb. 166. Hart-Parr-Verdampfer.

Saugrohr ab, und das Gemisch ist vor seinem Eintritt in die Zylinder gezwungen, die von Abgasen geheizte Heizkammer zu durchströmen. Man hat bei dieser Gemischzuführung angeblich eine gute Elastizität des Motors beobachtet, und er soll rasch auf Touren kommen. Um eine wirksame Verdampfung der im Gemisch mitgerissenen Brennstoffteilchen zu erzielen, findet man vielfach besondere Verdampfer, welche zwischen Vergaser und Saugleitung angebracht werden.

Ein solcher neuerer Apparat ist der Aldo-Verdampfer (Abb. 167), welcher zusammen mit dem Genault-Verdampfer bei dem von der Commission Technique de l'Automobile Club de France 1918 stattgefundenen Wettbewerb geprüft wurde. Der Verdampfer ist an einem gewöhnlichen Spritzvergaser angeschlossen. Zum Anlassen mit einem leichtflüchtigen Brennstoff ist der Dreiwegehahn 7 angebracht. Die Regelung des Brennstoffaustritts geschieht mittels einer Schraube 3 durch die Nadel 12. Der Verdampfer wird durch Abgase geheizt, welche bei 22 eintreten und den Raum 24 durchströmen. Durch diese

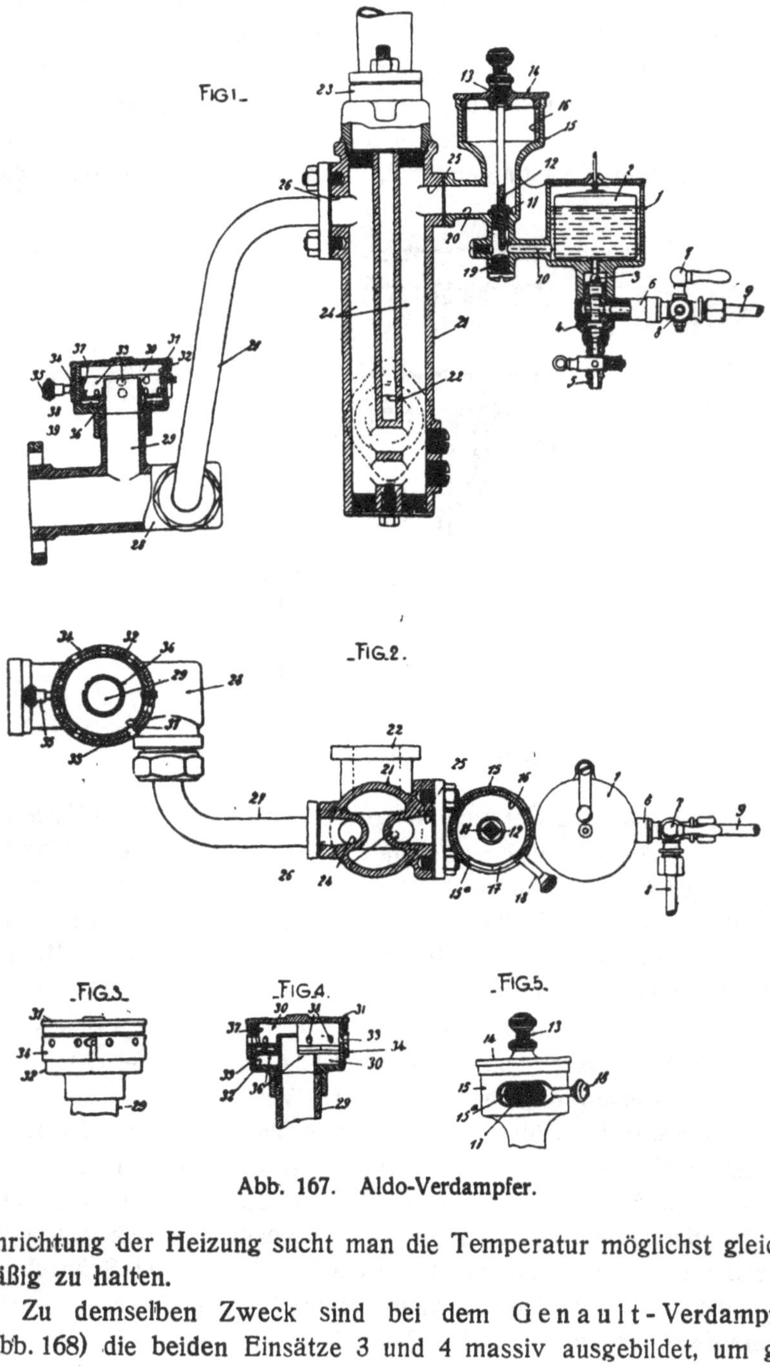

Abb. 167. Aldo-Verdampfer.

Einrichtung der Heizung sucht man die Temperatur möglichst gleichmäßig zu halten.

Zu demselben Zweck sind bei dem G e n a u l t - Verdampfer (Abb. 168) die beiden Einsätze 3 und 4 massiv ausgebildet, um gewissermaßen als Wärmeakkumulator dienend rasche Temperaturschwankungen zu verhindern. Zwischen diesen beiden Einsätzen, unter denen eine gewöhnliche Spritdüse 2 liegt, ist eine Expansionskammer 5 angebracht. Die Einsätze sind von feinen Kanälen durchzogen und von einer Heizkammer 7 umgeben, durch welche warmes Wasser geschickt wird. Das im Vergaser gebildete Gemisch wird durch die Kanäle des Einsatzes 4 gesaugt. Die Reibung und Zu-

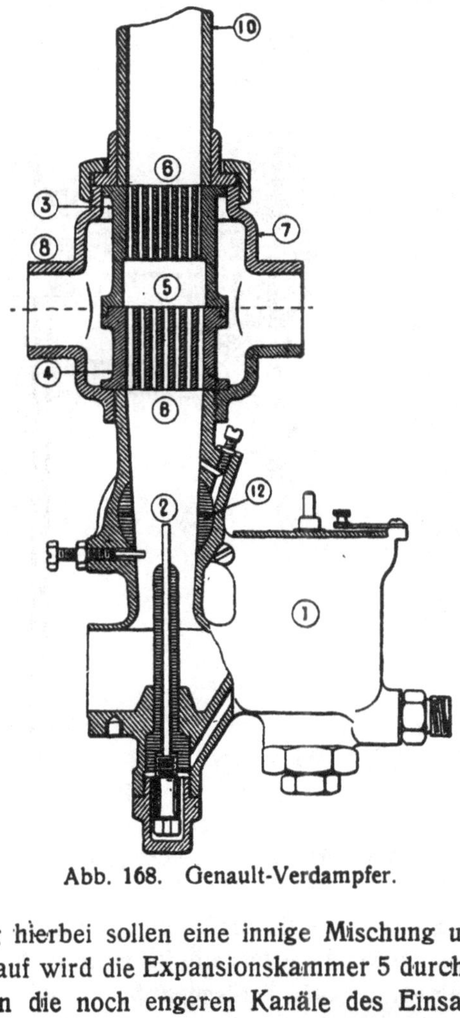

Abb. 168. Genault-Verdampfer.

sammenziehung hierbei sollen eine innige Mischung und Zerstäubung erzeugen. Hierauf wird die Expansionskammer 5 durchströmt, und das Gemisch tritt in die noch engeren Kanäle des Einsatzes 3, um die Mischung und Vernebelung noch weiter zu vervollkommnen. Das zum Heizen dienende Wasser wird durch den Auspuff erwärmt.

Die beiden Verdampfer (namentlich der Genault-Apparat) erwiesen sich als brauchbar, hatten jedoch gegenüber der dritten Einrichtung, welche geprüft wurde (vom Bellem & Brégéras) einen sehr hohen Brennstoffverbrauch, so daß dieser dritten Einrichtung die beiden ausgesetzten Preise zuerkannt wurden.

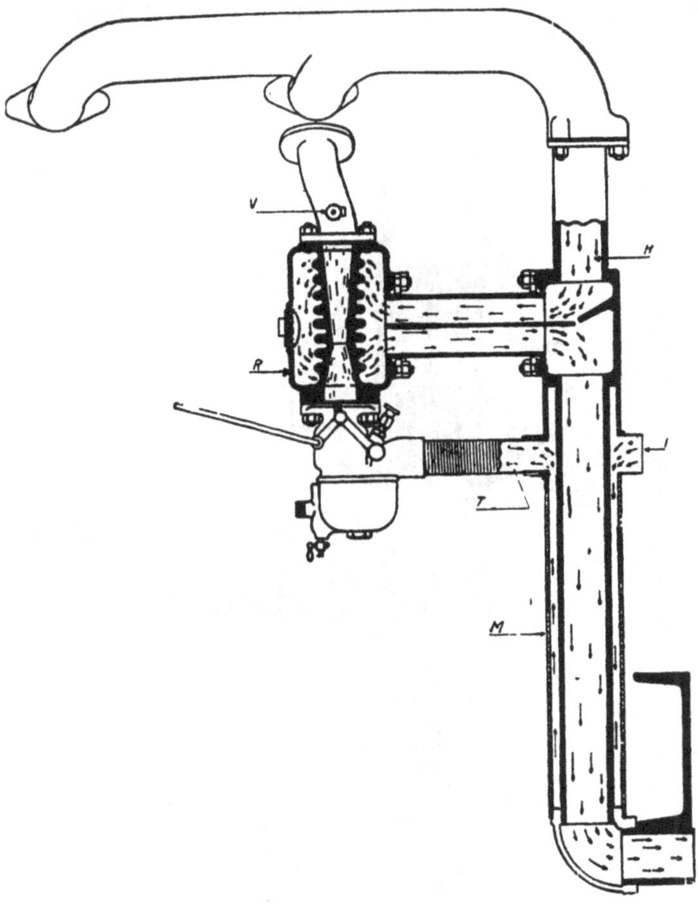

Abb. 169. Parrett-Verdampfer.

Der bei den Parrett-Motorpflügen in Verbindung mit einem Kingston-Vergaser verwendete Verdampfer ist in Abb. 169 dargestellt. Er besteht aus einem doppelt konischen Mischrohr, welches außen Heizrippen trägt. Die von H kommenden Auspuffgase durchströmen den Verdampfer in der dargestellten Weise. Um das Auspuffrohr ist ein doppelwandiges, mit Asbest gefüttertes Rohr M gelegt. Die Vergaserhauptluft wird von J aus durch dieses Rohr M und den Metallschlauch T in den Vergaser geführt. Durch die Öffnung V kann bei großer Belastung dem Gemisch Wasser zugeführt werden.

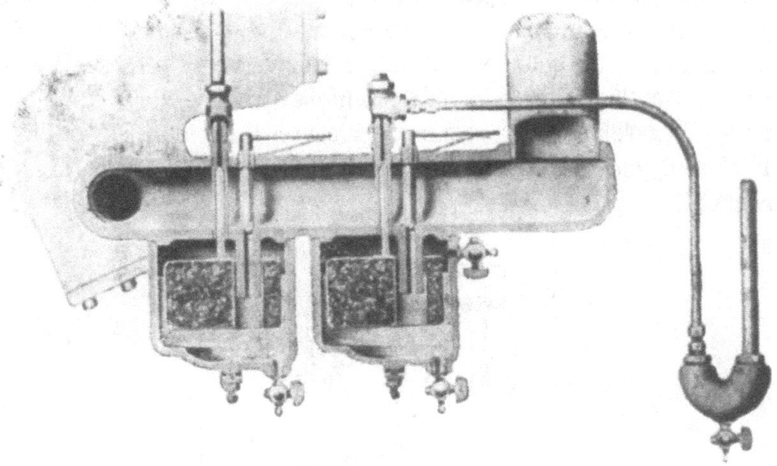

Abb. 170.

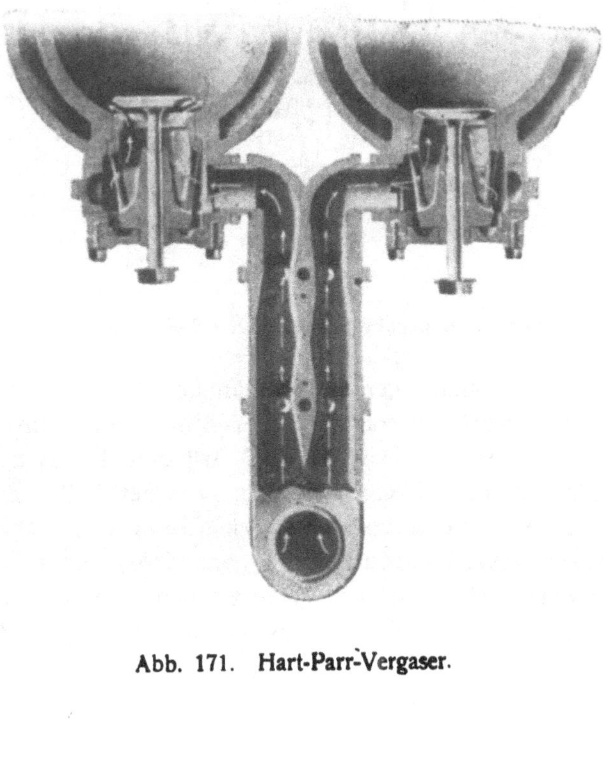

Abb. 171. Hart-Parr-Vergaser.

Bekannte Petroleumvergaser für Pflugmotoren sind der Case-Vergaser und der Hart-Parr-Vergaser.

Der bei liegenden Pflugmotoren zur Verwendung kommende Hart-Parr-Vergaser (Abb. 170 und 171) ist für Wasserzuführung eingerichtet. Er besteht aus einem horizontalen Saugrohr, welches durch eine Längswand in zwei Teile geteilt ist. In diese Abteilungen ragen die Nadelventile für die Petroleum- und Wasserzufuhr, welche von den unten liegenden Schwimmern bezw. von Hand aus betätigt werden. Das links dargestellte Schwimmergehäuse sorgt für die Zufuhr von Wasser und das rechte für die von Petroleum. Der Eintritt von Wasser und Brennstoff wird durch die Nadelventile von Hand aus eingestellt.

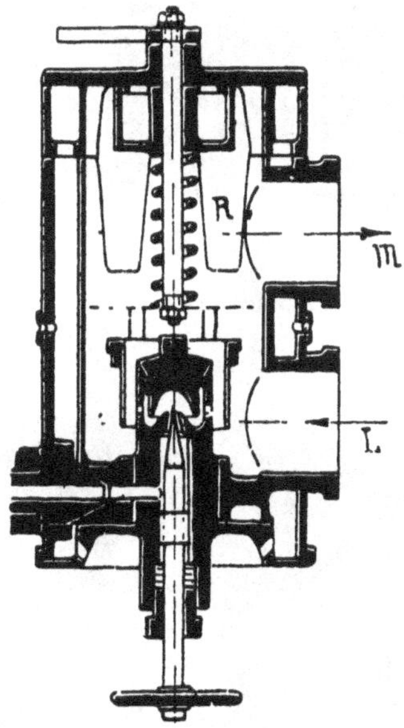

Abb. 172. Longuemare-Vergaser für schwere Brennstoffe.

Bei einigen Ausführungen findet man den Verdampfer mit dem Spritzvergaser derart vereinigt, daß der Mischarum selbst als Verdampfer ausgebildet ist. Dies ist z. B. bei dem Longuemare-Vergaser für schweren Brennstoff (Abb. 172) der Fall. Es ist hier nicht nur der Mischraum von einem ringförmigen Heizmantel umgeben, sondern dieser ist auch über die ganze Höhe sowie Deckel und Boden erweitert, und es ragt außerdem ein beheizter Rippenkörper R in den Zerstäubungsraum hinein. Des weiteren sind noch Bohrungen im Boden zum Anwärmen mit einer Lötlampe oder einem mit Spiritus getränkten Asbestpfropfen vorgesehen.

Ist die Zerstäubung im Vergaser weniger intensiv, so muß man die Heizflächen noch vergrößern und kommt dabei zu erheblichen Vergaserdimensionen. Bemerkenswert ist die gute Ausnutzung der Heizfläche zwischen den beiden Zylindern durch die eingeschobenen spiraligen Rohre, welche trotz der großen Flächen nur verhältnismäßig kleine Widerstände bieten.

Mit einer heizbaren Mischkammer ausgerüstet ist der Wilcox-Vergaser (Abb. 173). Der Vergaser hat bei amerikanischen Motor-

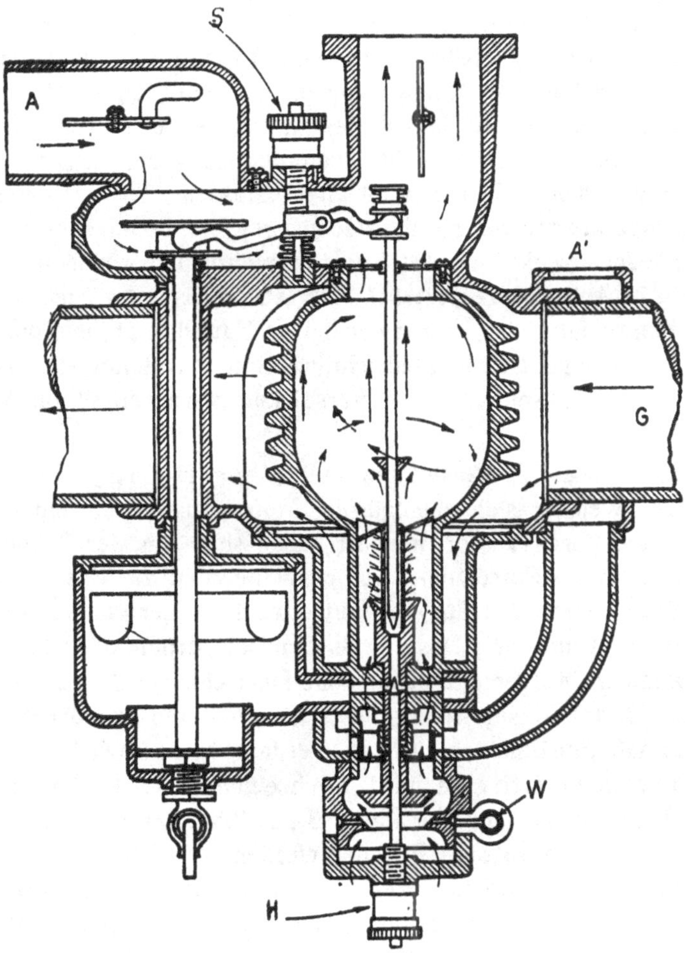

Abb. 173. Wilcox-Vergaser.

pflügen in weiten Kreisen Eingang gefunden. Die Auspuffgase treten bei G ein und umströmen die Mischkammer. Die Brennstoffzufuhr wird durch zwei Nadeln geregelt, von denen die untere mittels der Mutter H betätigt und die hohe Drehzahl einstellt, die obere dagegen durch die Mutter S und einen Hebel bewegt, den Langsamlauf. Über der Düse befinden sich Drahtborsten und ein Windflügelrad, angeblich zwecks besserer Zerstäubung der Brennstoffteilchen. Durch die Öffnung A wird dem aus der Mischkammer tretenden Gasgemisch kalte Zusatzluft zugeführt. Letztere wird dadurch geregelt, daß eine federbelastete Scheibe die Mündung des Kanals A beherrscht. Diese Scheibe sitzt auf einer zum Schwimmer zentrischen Spindel, welche unten einen Dämpfungskolben trägt. Die Scheibe ist zur oberen Brennstoffnadel durch einen Schwinghebel in Abhängigkeit gebracht. Auf der unteren Brennstoffnadel ist ein Kolbenschieber und ein Kegelventil geführt. Wenn der Motor nur leicht belastet ist, so ist dieser Kolbenschieber offen und läßt von A' her heiße Hauptluft eintreten. Hierbei ist der Kanal A von dem Scheibenventil abgeschlossen. Es tritt demgemäß eine Temperatursteigerung des Gemisches ein. Bei schwerer Belastung jedoch senkt sich das Zusatzluftventil und gibt den Kanal A frei (wie in Abb. 173 dargestellt). Der starke Saugzug schließt durch den Kolbenschieber den Zutritt der heißen Hauptluft ab, und durch das untere Kegelventil tritt in Pfeilrichtung kalte Zusatzluft ein. Um die Kühlung des Gemisches noch zu verstärken, wird von W aus Wasser zugeführt.

Eine eigenartige Ausbildung zeigt der Holley-Verdampfer (Abb. 174), welcher sich ebenfalls im Motorpflugbetrieb und namentlich bei dem Ford-Tractor bewährt haben soll. Aus der Schwimmerkammer fließt das Petroleum durch ein Nadelventil zur Brennstoffdüse. Es wird nun durch den Saugzug mit etwa 10 % der zur Verbrennung nötigen Luft gemischt. Das reiche Gemisch strömt dann in die aus dünnwandigem Kupferrohr bestehende Heizschlange A, welche in der Kammer B des Auspuffrohres fortschreitend immer stärker erhitzt wird, so daß allmählich eine völlige Verdampfung eintritt. Die Menge der verwendeten Heizgase wird durch einen Schieber C mittels des Hebels D geregelt. Von dem Raum B aus führt das Rohr A zu einem Hahn E und zu dem Konus F. Hier werden dem Gemisch etwa 90 % der insgesamt erforderlichen Luft als kalte Zusatzluft zugeführt. Letztere tritt durch den über F lagernden Luftschieber ein. Von F gelangt das nun fertige Gemisch in das Ansaugrohr des Motors. Der Hahn E ist in Abb. 175 besonders dargestellt. Hierin ist F der bereits

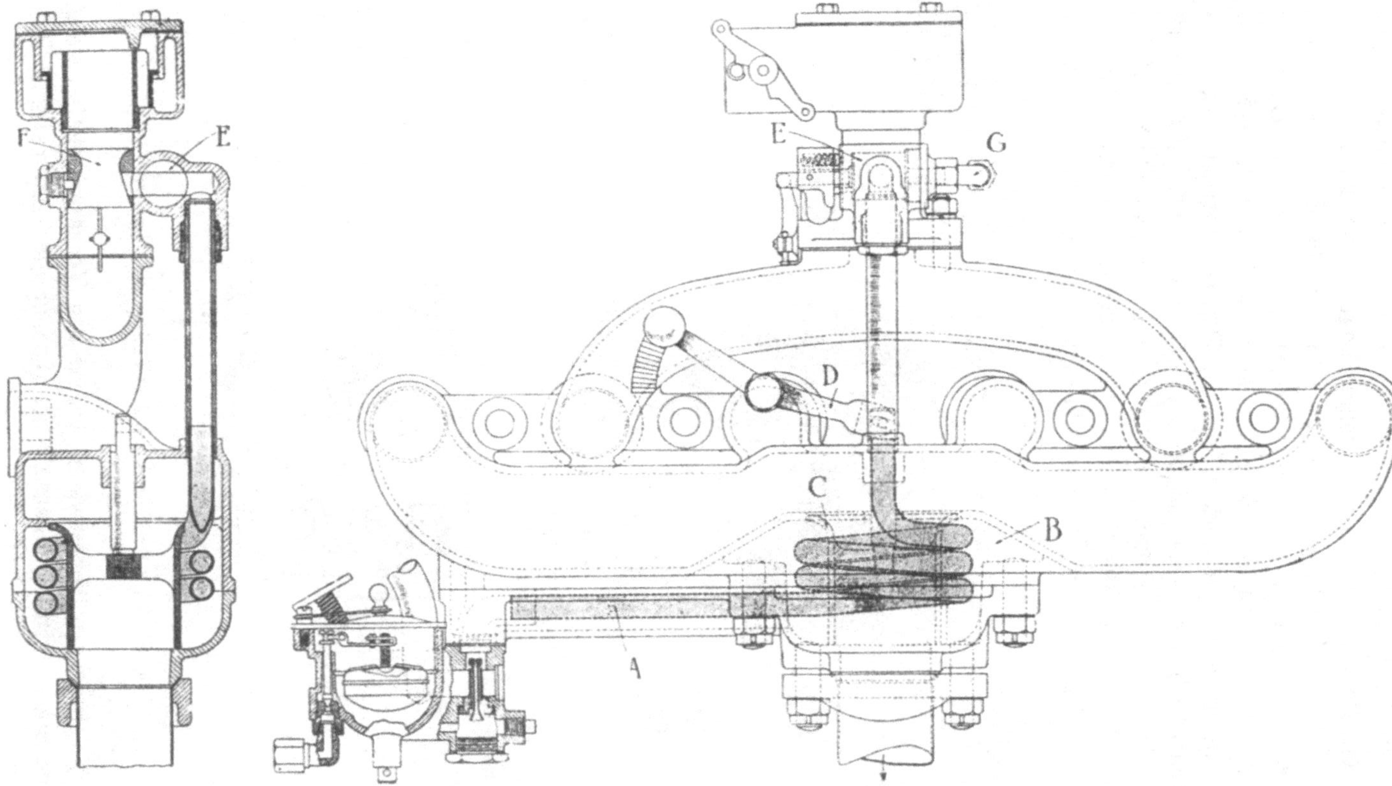

Abb. 174. Holley-Verdampfer der Ford-Zugmaschine.

erwähnte Konus und G der Rohranschluß für das zum Anlassen verwendete Benzin. In der dargestellten Lage sperrt der Hahn E den Anschluß des Heizrohres A ab und verbindet die Benzinleitung mit der Mischkammer. Man benötigt für den Übergang von Benzin- auf Petroleumbetrieb nur 15—30 Sekunden nach dem Anspringen. Die Höchstleistung des Motors zeigte bei Petroleumbetrieb gegenüber Benzinbetrieb einen Abfall um etwa 11½ %, wovon 7 % auf die niedrigere Kompression entfallen (3,8 Atm. absolut) und 4½ % auf die höhere Temperatur des Gemisches. Dagegen ist der Brennstoffverbrauch bei Petroleum nach Gewicht etwas geringer als bei Benzinbetrieb.

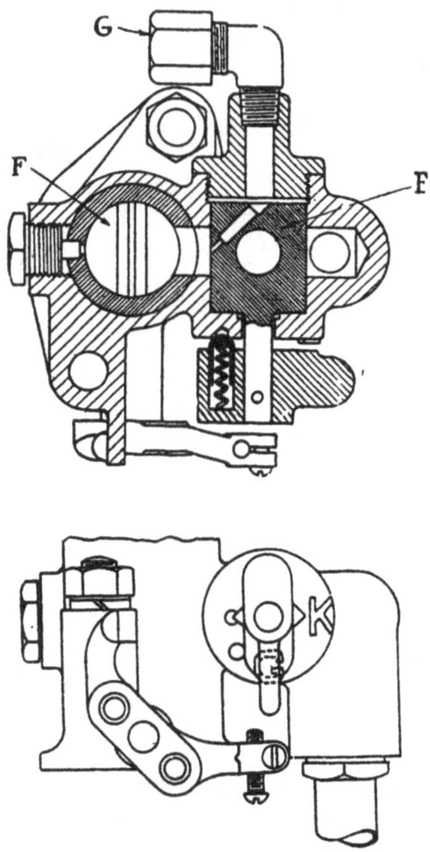

Abb. 175. Zwischenhahn des Holley-Verdampfers.

Wie bereits früher erwähnt, ist bei den Vergasern für schwere Brennstoffe wegen der Intensität der Heizung eine automatische Regulierung derselben unter Umständen angebracht. Eine eigenartige Ausführung einer solchen finden wir bei dem Vergaser „Hennebutte" (Abb. 176). Der Mischraum des eigentlichen, in der Abbildung nicht dargestellten Vergasers ist von einem Hohlmantel umgeben, der ein abgeschlossenes Quantum Luft enthält und durch eine Leitung mit der Unterseite einer Membrane in Verbindung steht. Die Membrane betätigt einen Mischschieber, der das Verhältnis der von L einströmenden vorgewärmten Luft und der von Z einströmenden kalten Luft regelt. Erhöht sich beispielsweise die Gemischtemperatur, so dehnt sich die Luft im Hohlmantel und der Leitung aus, der steigende Druck wirkt auf die Membran, welche den Schieber hebt und dadurch die Einströmungsöffnung für kalte Luft vergrößert. Eine Regulierung

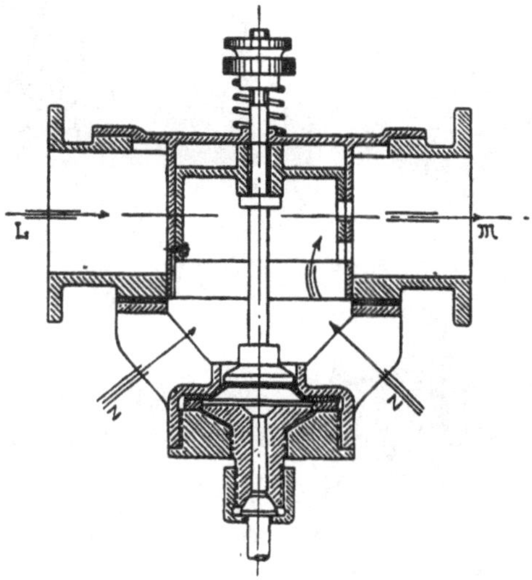

Abb. 176. Regulierung der Luftvorwärmerung des Vergasers Hennebutte.

der Wirkung ist ermöglicht durch eine Feder, die dem Luftdruck entgegenwirkt, sowie durch einen in der Leitung angebrachten Hahn, welcher gestattet, den Hohlmantel mit der Atmosphäre in Verbindung zu setzen und dadurch das abgeschlossene Luftquantum zu verändern.

Eine neuartige Einrichtung zur Verwendung von Petroleum als Betriebsstoff erschien bei dem 1918 stattgefundenen Wettbewerb für Motoren mit Petroleumbetrieb vor der Commission de l'Automobile Club de France. Es war dies die Konstruktion von Bellem & Brégéras, welcher beide ausgesetzten Preise zufielen. Bei dieser Ein-

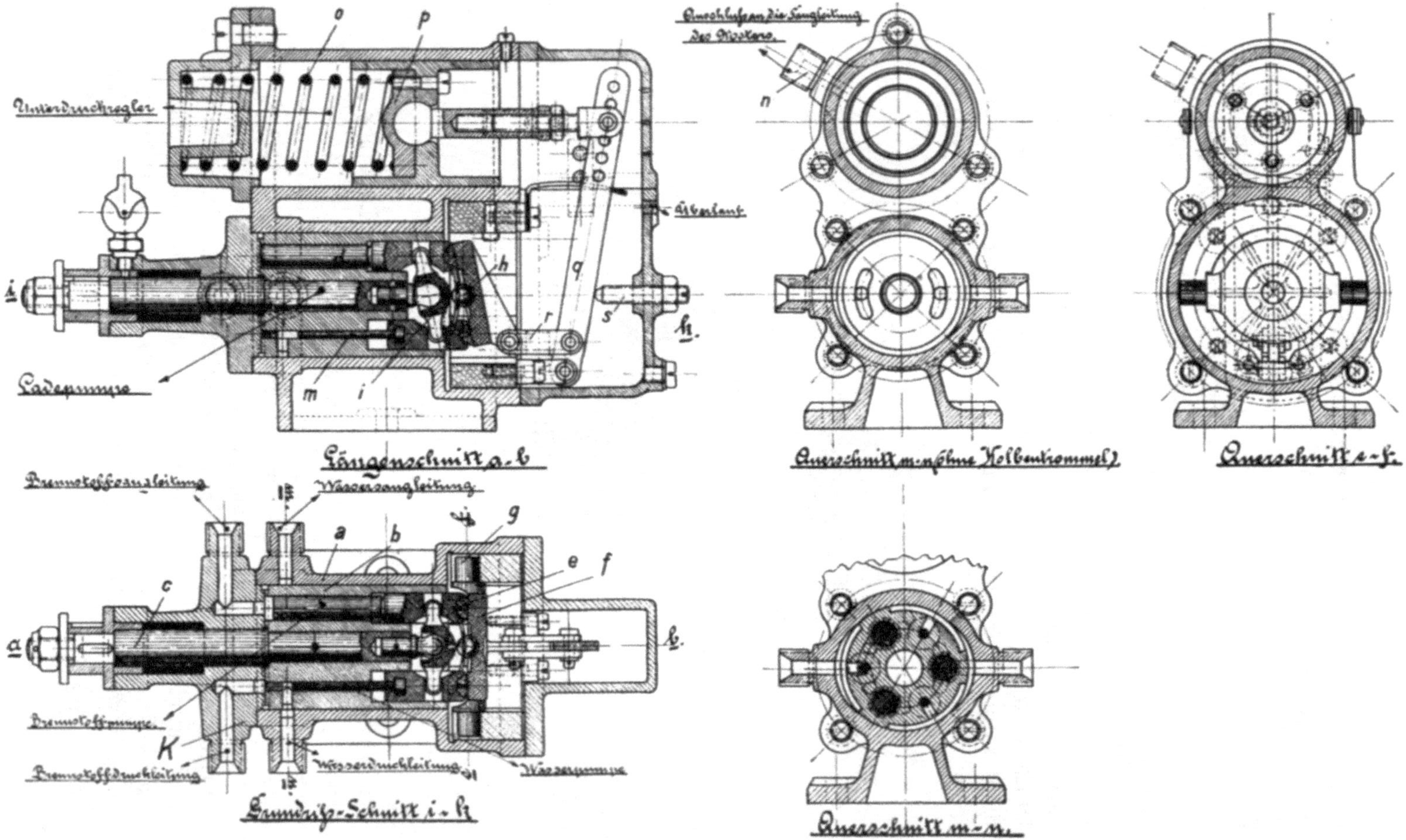

Abb. 177. Egtal-Brennstoffpumpe.

richtung wurde das Petroleum dem Verbrennungsraum von einer Brennstoffpumpe aus über eine Zerstäubervorrichtung unmittelbar zugeführt. Die Verdampfung im Motor wird durch den infolge der geänderten Steuerung im Zylinder erzeugten Unterdruck wesentlich unterstützt. Es ist einleuchtend, daß ein derartiges Verfahren der Verwendung der üblichen Verdampfer gegenüber den Vorzug eines besseren volumetrischen Wirkungsgrades hat, da die zur Verbrennung notwendige Luft dem Zylinder in kaltem Zustande zugeführt wird. Die Regelung der Brennstoffzufuhr wird durch Abhängigkeit der Fördermenge von der Drosselklappe für die Luftzufuhr bewirkt. Näher auf diese Vorrichtung einzugehen, ist nicht am Platze, da dieselbe eigentlich nicht als Vergaser anzusprechen ist. Einzelheiten hierüber siehe „Motorwagen" 1920.

Eine andere Vorrichtung zur Verwendung schwerer Brennstoffe, bei welcher eine Brennstoffpumpe benutzt wird und welche bereits vielversprechende Versuchsergebnisse brachte, wurde neuerdings von der Egtal-Pumpen G. m. b. H., Berlin, herausgebracht. Da diese Einrichtung sowohl zum unmittelbaren Einstäuben in den Verbrennungsraum dient, als auch in Verbindung mit einem Vergaser angewendet wird, soll näher darauf eingegangen werden. Einige Schnitte durch die Pumpe sind in Abb. 177 zu sehen. In dem Gehäuse a dreht sich die Trommel b, angetrieben von der Welle c. In der Trommel sind achsial verschiebbar eine Anzahl (hier drei) Brennstoffpumpenkolben angeordnet, in deren oberen Enden gehärtete, halbkugelige Einsätze e um den Kugelmittelpunkt schwingbar ruhen und gegen die gehärtete Fläche einer Hubscheibe f schleifen. Die Kolben sind durch einen sternartigen Hebel i miteinander verbunden, so daß, wenn der eine Kolben von der schrägen Hubscheibe beim Umlaufen der Trommel b den Druckhub erfährt, durch den Sternhebel andere Kolben in Saugrichtung herausgezogen werden. In dem Pumpenboden k befinden sich Steuerschlitze für die Brennstoffförderung. Die Hubscheibe f schwingt um die Zapfen g und wird von der Kugel h gehalten. Entsprechend der Anzahl der Brennstoffpumpen ist eine Anzahl von Wasserpumpen m für die Förderung von Einspritzwasser vorgesehen, welche in derselben Weise betätigt werden wie die Brennstoffpumpen und deren Fördermenge durch den Sternhebel in Abhängigkeit von der Brennstoffördermenge steht. Die Wassermenge ändert sich also stets proportional zur Brennstoffmenge. Eine Hubveränderung findet durch eine Veränderung der Schräglage der Hubscheibe f statt.

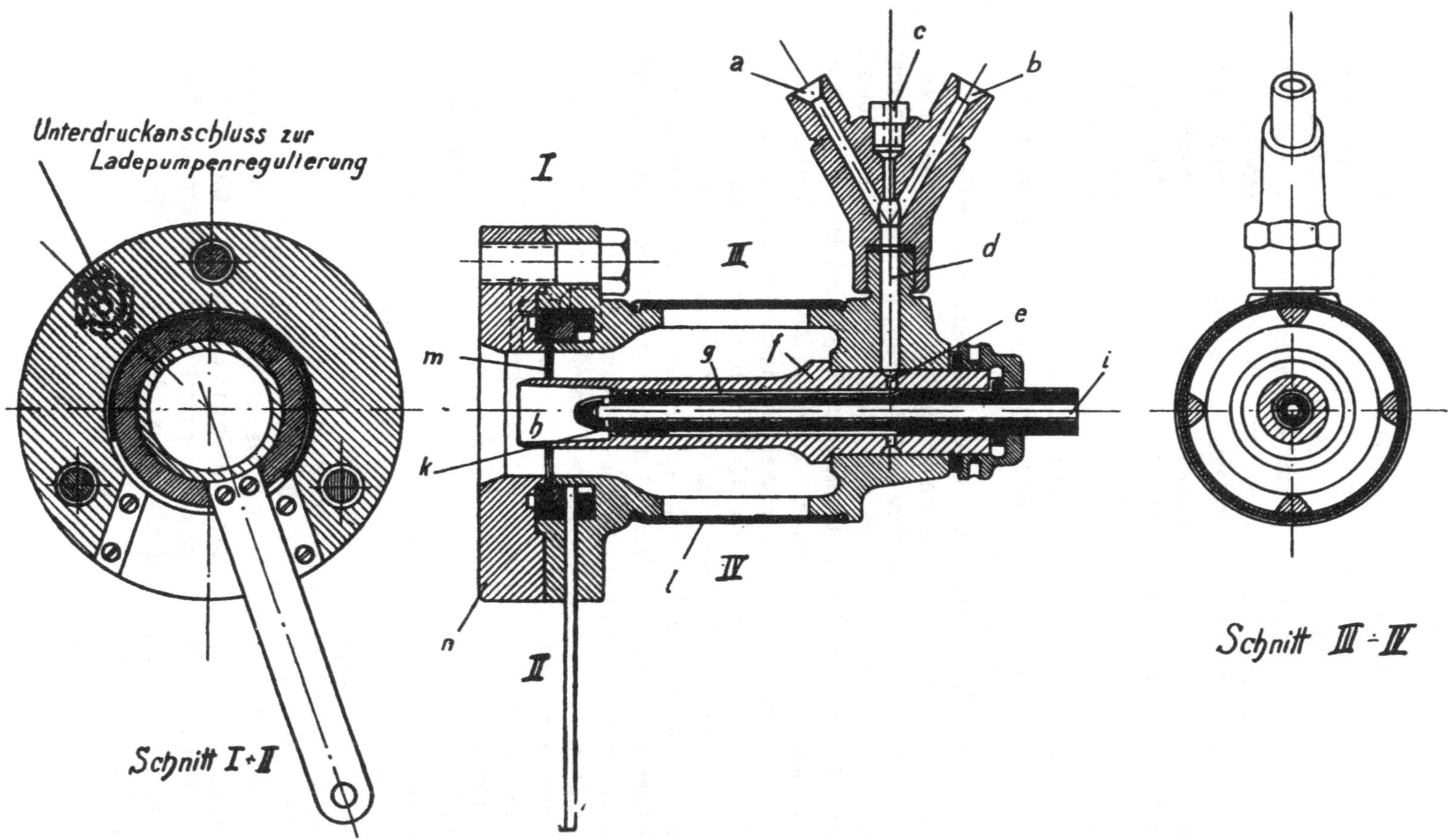

Abb. 178. Egtal-Zerstäuber.

Während bei der Einrichtung von Bellem & Brégéras die Fördermenge von der Stellung der Drosselklappe abhängig ist, was ja auch wohl für stationäre Motoren und solche, die hauptsächlich mit einer einzigen Betriebsdrehzahl laufen, ausreicht, ist bei der Egtal-Pumpe auf wechselnde Betriebsverhältnisse Rücksicht genommen und die Fördermenge in sinnreicher Weise unter den Einfluß des Unterdruckes in der Saugleitung gebracht. Hierdurch wird der mit wachsender Drehzahl dünner werdenden Verbrennungsluft Rechnung getragen. Der Stutzen n ist zu diesem Zwecke an dem Saugkanal zwischen Drosselklappe und Einlaßventil angeschlossen, so daß der Unterdruck unter Überwindung des Druckes der Feder o auf den Kolben p wirkt. Hierdurch wird mittels des Hebels g und des Zwischenstückes r die Schräglage des Hubstückes f geändert, so daß mit Änderung des Unterdruckes eine Änderung der Fördermenge bewirkt wird. Zur genauen Einstellung des Verhältnisses der Änderung sind in g eine Anzahl Bohrungen vorgesehen. Ein verstellbarer Anschlag s begrenzt die Fördermenge.

Die Druckleitungen dieser Pumpe werden nun mit einem Vergaser (Abb. 178) verbunden.

Der Brennstoff wird durch den Stutzen a und das Wasser durch den Stutzen b geführt. Die in den Kanal d hineingedrückte Flüssigkeit saugt durch die Düse c Luft nach und mischt sich mit dieser, worauf das Ganze durch die Querbohrungen e in das Innere des Einsatzes f eintritt und in dem ringförmigen Raum g durch ein Gewinde in die Gischtdüse h strömt. Das Gewinde dient dazu, ein inniges Gemisch zwischen Brennstoff, Luft und Wasser zu erzielen. Bei dem Austritt des Brennstoffgemisches findet ein intensives Zerstäuben desselben mittels der durch die Bohrung i und die Querbohrungen k angesaugten Zerstäuberluft statt. Die Hauptluft wird durch das Sieb l und die Irisblende m angesaugt. Diese Irisblende stellt eine regelbare Luftdüse dar, welche von Hand aus verstellt werden kann. Die ganze Vorrichtung wird mit dem Flansch n an einem mit Heizmantel versehenen Ansaugrohr oder unmittelbar am Zylinder angeflanscht. Diese Frischluft umzieht das Gemisch gleichsam als Luftpolster, einem Niederschlagen des Brennstoffes in der Saugleitung entgegenwirkend.

Die ersten Versuche, welche mit den Egtal-Apparaten vorgenommen wurden, haben sowohl bei Verwendung von Lampenpetroleum als auch von Marinetreiböl (mit geheizter Saugleitung) befriedigende Resultate ergeben, desgleichen ein Versuch mit einer Mischung von 40 % Benzol und 60 % Petroleum. Dieser Versuch wurde an einem Vierzylinder-Kraftwagen-Motor neuester Bauart von 80 mm Bohrung und 130 mm Hub mit unveränderter Kompression gemacht. Bei 1800 Umdrehungen wurde eine Leistung von 30 PS erzielt bei einem Brennstoffverbrauch von 270 g pro PS/Std. Der Vergaser war unmittelbar am Zylinderblock angebaut und die Saugleitung durch das Kühlwasser geführt.

2. Paraffinvergaser.

Ähnliche Kombinationen wie beim Petroleumbetrieb findet man für die Verwendung von Paraffinöl als Betriebsstoff.

Eine Vorrichtung zum Verdampfen des Paraffins ist in Abb. 179 dargestellt. Dieselbe wird auf den Anschlußflansch eines normalen Vergasers aufgesetzt. Das Paraffin-Luftgemisch tritt von a her in den Verdampfer ein und strömt in dem Rohr b nach oben über dessen

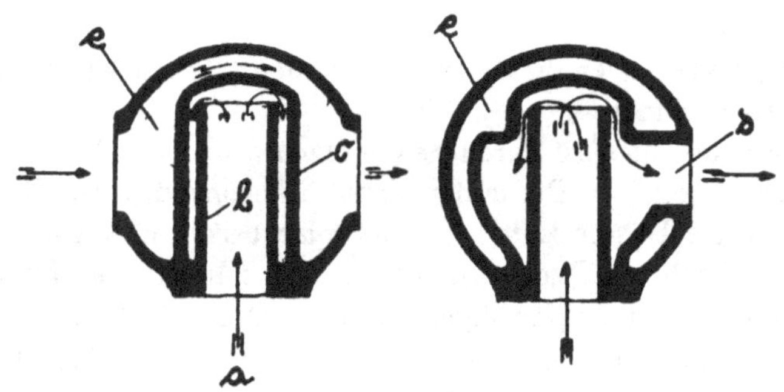

Abb. 179. Paraffin-Vergaser.

oberem Rand es nach unten an der heißen Wand c vorbeigeführt wird, um durch die Öffnung d dem Zylinder zugeführt zu werden. Durch den Raum e werden heiße Abgase geschickt. Der Vergaser muß derart eingerichtet sein, daß ein Anlassen mit einem leichtflüssigen Brennstoff stattfinden kann, um den Verdampfer vorzuwärmen. Dieses Verfahren hat den großen Nachteil, daß bei Vollast eine sehr starke Erwärmung des Verdampfers eintritt, wodurch der volumetrische Wirkungsgrad erheblich herabgesetzt wird, während bei geringerer Belastung des Motors eine niedere Erwärmung erfolgt. Diesem Faktor trägt Butler bei seinem in „The Automobile Engineer", Januar 1920 beschriebenen Paraffinvergaser dadurch Rechnung, daß er den Zutritt der Heizgase regelt. Diesem Heft sind die Abbildungen 180 I. bis VI. entnommen.

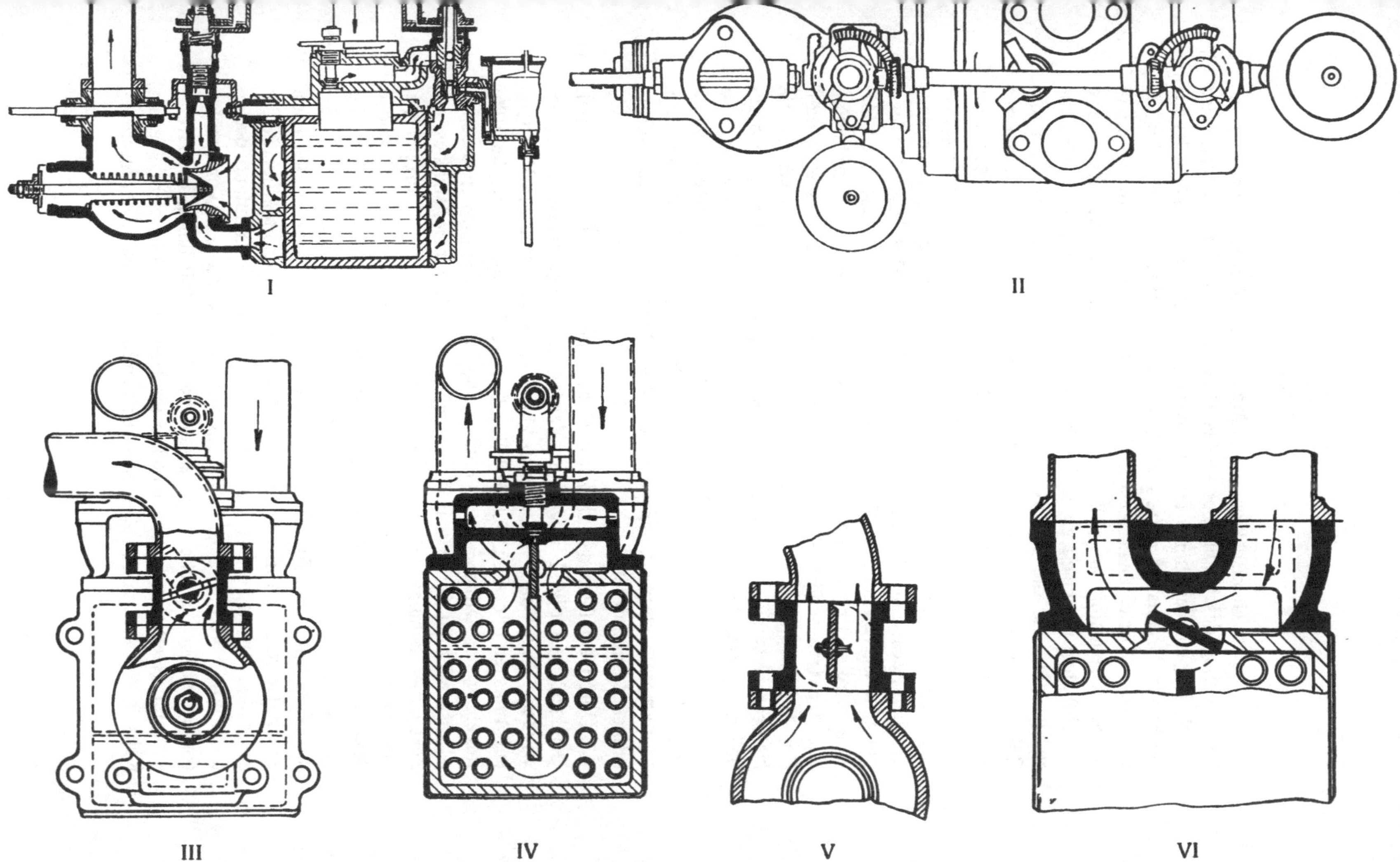

Abb. 180. Paraffin-Vergaser.

Um einem Gemischklopfen des Motors vorzubeugen, wird Wasser zur Kühlung des Gemisches eingespritzt und das Gemisch zeitweise durch Abgase verdünnt. Das Anlassen geschieht durch einen leichtflüchtigen Brennstoff mittels einer unter der Mischkammer (Fig. I) liegenden Vorrichtung. Aus letzterer gelangt der mit Luft versetzte leichte Brennstoff in Pfeilrichtung durch einen aus der Zeichnung ersichtlichen ringförmigen Schlitz in die Mischkammer. Der Paraffinverdampfer und die Anlaßvorrichtung sind durch eine Welle nebst Zahnrädern und Segmenten derart verbunden, daß beim Anlassen der Verdampfer abgeschaltet wird und desgleichen der Anlasser beim Übergang auf Paraffinbetrieb. In dem Verdampfer sind zur Vergrößerung der Heizfläche eine Anzahl von dünnwandigen Stahlrohren vorgesehen nebst einer Trennungswand (Fig. IV) zur Ablenkung der Auspuffgase ,welche um die Rohre streifen. Der Zutritt dieser Auspuffgase wird von einer Drosselklappe beherrscht, welche in Verbindung mit der Gemischdrossel steht. Wenn die Gemischdrossel gemäß Fig. V ganz offen ist, so wird, wie Fig. VI zeigt, die Drossel für die Heizgase fast ganz geschlossen. Wenn dagegen die Gemischdrossel fast ganz geschlossen ist (Fig. I und II), so wird die Heizdrossel so gestellt, daß die ganzen Heizgase durch den Verdampfer strömen (Fig. IV). Auf diese Weise findet eine Regelung der Temperatur des Verdampfers statt. Quer durch die Mischkammer führt ein selbsttätiges Zusatzluftventil.

Durch ein über der Heizdrossel befindliches Ventil können dem Gemisch, wie Fig. I zeigt, zur Verdünnung Auspuffgase zugeführt werden. Das Ventil ist gänzlich abgeschlossen, wenn der Vergaser auf Anlassen oder Leerlauf gestellt ist. Eine Schraube ermöglicht die Regelung der Öffnung des Ventils. Die in das Gemisch gelassenen Abgase werden ferner zur Verdampfung des Brennstoffstrahles am Zerstäuber benutzt. Das Zerstäuberventil ist aus Stahl angefertigt, mit feinem Gewinde und oben mit einer Verstärkung versehen, welche dazu dient, die zerstäubende heiße Luft bezw. die Abgase selbsttätig abzuschließen, wenn die Brennstoffzufuhr abgeschlossen wird. Bei den Versuchen von Butler mit dieser Einrichtung zeigte es sich nach einem Betrieb von 100 Stunden, daß auf der Verdampferoberfläche ein rußiger Niederschlag entstand, welcher die Verdampfung beeinträchtigte. Von diesem Gesichtspunkte aus wurde ein Verdampfer hergestellt, bei welchem der zerstäubte Brennstoff durch eine Heizkammer geleitet wurde, in welcher die Heizgase durch zerkleinerten Koks in etwa 15 mm großen Stücken geführt wurden. Hierdurch erreichte man einen reineren Auspuff, bis der Koks ebenfalls nach 30stündigem Betrieb einen Überzug erhielt und die günstige Wirkung verschwand. Es müßte also eine öftere Erneuerung der Füllung stattfinden.

Bei dem Paraffinvergaser von Hallett (Abb. 181) versucht man ein Anlassen mit leichtflüchtigen Brennstoffen dadurch zu umgehen, daß in der Brennstoffkammer A eine Reihe von elektrischen Heizwiderständen angeordnet ist, durch welche das Paraffin

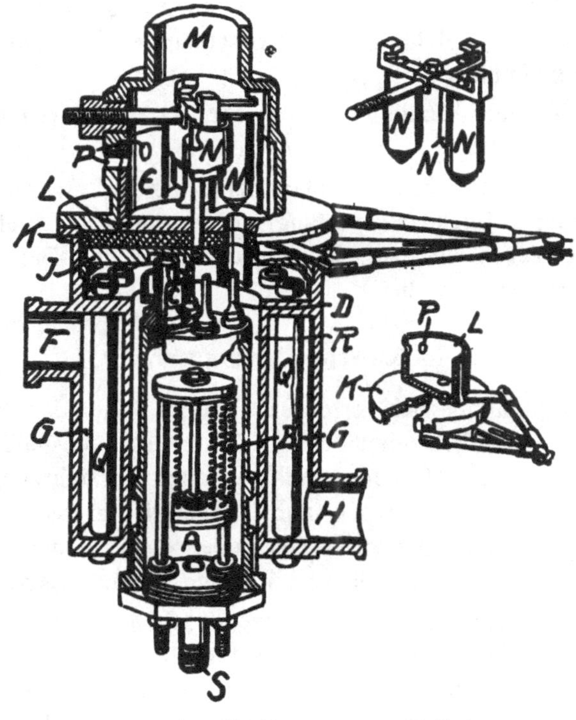

Abb. 181. Paraffin-Vergaser von Hallett.

vor dem Anlassen zum Sieden gebracht wird. Im Oberteil der Kammer A sind drei Düsen, welche nach und nach in Wirkung treten, und ein Gasrohr C eingesetzt. Die Düsen D ragen mit ihrem unteren Ende in das flüssige Paraffin hinein, so daß solches in die Gemischkammer E gesaugt wird, wenn ein Anlassen erfolgt. Nach dem Anlassen wird der elektrische Heizstrom ausgeschaltet, und die Erwärmung erfolgt durch die bei F eintretenden und bei H austretenden Heizgase, welche den Mantel G durchströmen. Die

Düsen D sind an ihrem oberen Ende von Röhren umgeben. Das Drosselventil besteht aus zwei aufeinandergleitenden Scheiben K und L. Die Scheibe L ist oben als Zylinder ausgebildet, der in dem abnehmbaren Deckel läuft. Letzterer steht mit dem Ansaugrohr M in Verbindung. Jede der beiden Drosselscheiben ist mit drei Löchern versehen, welche je einer Düse gegenüberstehen. Die Drosselscheiben bewegen sich in entgegengesetzter Richtung, so daß die Düsenöffnungen stets der Mitte der Löcher gegenüberstehen. Beim Eintreten des Brennstoffes in die Mischkammer stößt der Brennstoff auf den elektrisch erhitzten Zerstäuber N. Bei hohen Geschwindigkeiten wird, entsprechend der Stellung der Drosselklappe, Zusatzluft durch die Löcher P zugeführt.

Wie aus der Abbildung hervorgeht, ist der Vergaser sehr umständlicher Bauart.

Im allgemeinen findet infolge der starken Erwärmung, welche das Paraffin-Luftgemisch verlangt, ein erheblicher Leistungsabfall statt, was gegen die Verwendung desselben als Betriebsstoff für Fahrzeugmotoren spricht.

3. Naphtalinvergaser.

Der Naphtalinbetrieb erfordert ebenso wie der Betrieb mit Paraffin eine ziemlich umständliche Einrichtung, weshalb er wohl in der Hauptsache für stationäre Anlagen oder Nutzfahrzeuge in Frage kommt. Auch hierbei findet man zweierlei Vergaserausführungen, nämlich Verdunstungsvergaser, bei denen die Luft durch den flüssig gemachten Brennstoff geschickt wird, und Spritzvergaser.

Einen Vertreter der ersten Gruppe sehen wir in Abb. 182 (vgl. Strakosch in „Der Ölmotor“, April 1915, und „Revista Marittima“, November 1919). Die zum Heizen benutzten Auspuffgase teilen sich in einem Schmetterlingsventil. Ein Teil wird zur Vergaserheizung benutzt und vereinigt sich nach seinem Durchtritt durch den Heizmantel des Vergasers mit dem anderen Zweig, um gemeinsam mit diesem in den Heizmantel des Schmelzbehälters einzutreten. Soll nur die Oberflächenvergasung benutzt werden, so werden die Hähne 1 und 2 geöffnet und der Hahn 3 geschlossen. Es wird dann durch Rohr M der Naphtalindampf und aus dem Vorwärmeraum g angewärmte Luft vom Motor angesogen. Öffnet man dagegen die Hähne 1 und 3 und schließt 2, so wird die in g angewärmte Luft mittels einer Art Brause durch das Naphtalin gesaugt und gelangt mit diesem vermischt durch die Leitung M zum Motor. Zur Regelung der Heizung des Vergasers ist, um einer übermäßigen Verdampfung vorzubeugen, folgende Einrichtung getroffen: Im Vergaser ist, allseitig vom Naphtalin umgeben, ein Luftbehälter B eingebaut, dessen Inneres mittels eines Kapillarröhrchens C mit einem muschelförmigen Behälter in Verbindung steht, welcher durch das elastische Diaphragma E geschlossen ist. Steigt nun die Temperatur im Vergaser über ein gegebenes Maß, so wirkt die sich in B ausdehnende Luft auf das Diaphragma E und dieses wiederum durch eine entsprechende Hebelübertragung auf das Schmetterlingsventil, wodurch die den Vergaser umströmenden Heizgase gedrosselt werden. Durch Einstellen der Spannung der Feder m kann die gewünschte Temperatur und somit auch der Brennstoffverbrauch geregelt werden. Mit dieser Einrichtung soll bei einer stationären 35 KW - Anlage ein Naphtalinverbrauch von 0,330 kg für die PS/Std. erzielt worden sein.

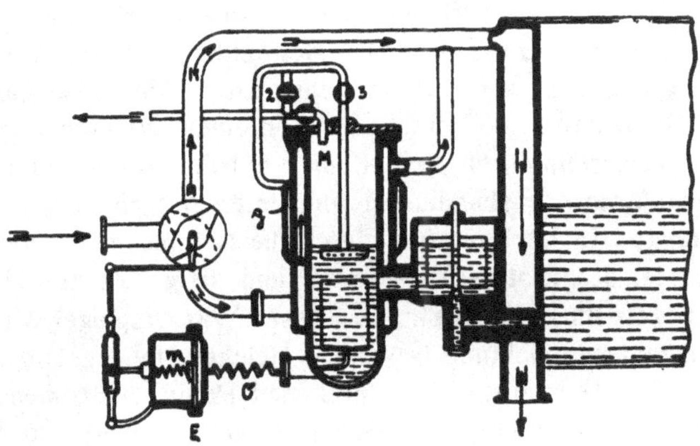

Abb. 182. Naphtalin-Vergaser.

Derartige Regelungsvorrichtungen, wie sie hier zur Dosierung der Heizgase Verwendung finden, arbeiten erfahrungsgemäß nicht immer zuverlässig. Aus diesem Grunde ist bei dem bewährten Naphtalin-Motor der Gasmotoren-Fabrik Deutz eine patentierte Temperaturregelung vorgesehen, welche keine mechanische Beeinflussung erfordert. Es handelt sich in diesem Falle um die Heizung des Behälters, welcher zur Verflüssigung des Naphtalins dient. Die Vergasung erfolgt in einem Spitzvergaser. Die Heiztemperatur muß wohl ausreichen, um das Naphtalin dauernd flüssig zu halten, es darf jedoch kein Verdampfen desselben stattfinden. Die Temperatur des Brennstoffes wird höher als 100° gehalten, ohne daß jedoch die Siedetemperatur des Naphtalins, welche bei etwa 217° liegt, erreicht wird. Eine Regelung dieser Erwärmung wird dadurch erzielt, daß zwischen den zur Heizung verwendeten Abgasen und dem Naphtalinbehälter ein Dampfmantel geschaltet wird. Der Dampf wird von der Verdampfungskühlung des Motors entnommen. Diese Einrichtung wirkt dadurch regelnd, daß bei minderer Belastung des Motors eine kleinere und bei höherer Belastung eine größere Dampfentwicklung stattfindet. Gegenüber der Verwendung nassen Dampfes (von 100°) hat die Verwendung überhitzten Dampfes hierbei den Vorteil, daß wegen der höheren Eintrittstemperatur des Naphtalins in die zum Vergaser führende Leitung ein Erstarren des Brennstoffes in der Leitung — auch bei verhältnismäßig kaltem Motor — verhindert wird. Ein wesentlicher Vorteil der Anordnung ist der, daß auch bei niedriger Belastung, also bei verhältnismäßig wenig Wärmeentwicklung, der Betrieb mit Naphtalin aufrecht erhalten werden kann, da die auf eine besondere Wassersäule wirkenden Auspuffgase für eine zur Verflüssigung genügende Heizung sorgen. Betrachtet man die Deutzer Einrichtung (Abb. 183 a bis c), so sieht man in Abb. 183a links oben den Naphtalinbehälter a. Derselbe ist von einem Dampfmantel b umgeben, der einerseits durch die Leitung c mit der Verdampfungs-Kühlanlage des Motors verbunden ist und unten mit einem Rohr d zusammenhängt. In letzteres tritt durch die Leitung e aus dem Kühlwassermantel des Motors Wasser ein und steigt bis zur Höhe des Wasserspiegels im Zylindermantel. Dieser Wasserspiegel wird durch eine Schwimmervorrichtung in ständig gleicher Höhe gehalten. Entsprechend der Temperatur der durch den Raum g strömenden und bei h austretenden Abgase tritt eine mehr oder weniger starke Verdampfung der in d befindlichen Wassersäule ein und somit eine jeweilige Regelung der Erhitzung des Naphtalinbehälters entsprechend der Belastung des Motors. Das flüssige Naphtalin fließt durch ein Filter an einer Regelungsvorrichtung für den Durchfluß vorbei, durch die Kanäle i und k in die Schwimmerkammer m und von hier in den Vergaser n, wo ein Zerstäuben des Brennstoffes erfolgt. Durch die mittels Schieber einstellbare Öffnung o wird Luft zugeführt, welche, von p aus angesaugt, an der Außenwand des Rohres g erwärmt und durch das Rohr g zum Vergaser geleitet wird. Das Gemisch wird durch den Kanal r in den Motor geführt. Eine Heizung des Naphtalinschwimmers findet durch Dampf statt, welcher von b her durch die Räume s und t geführt wird und bei u austritt. Das Anlassen geschieht

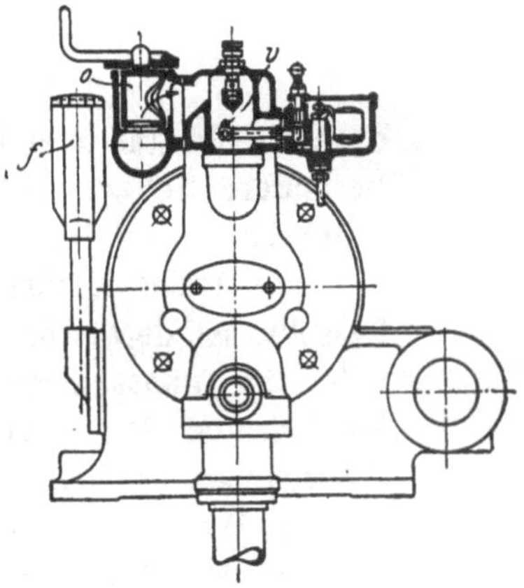

Abb. 183 c.

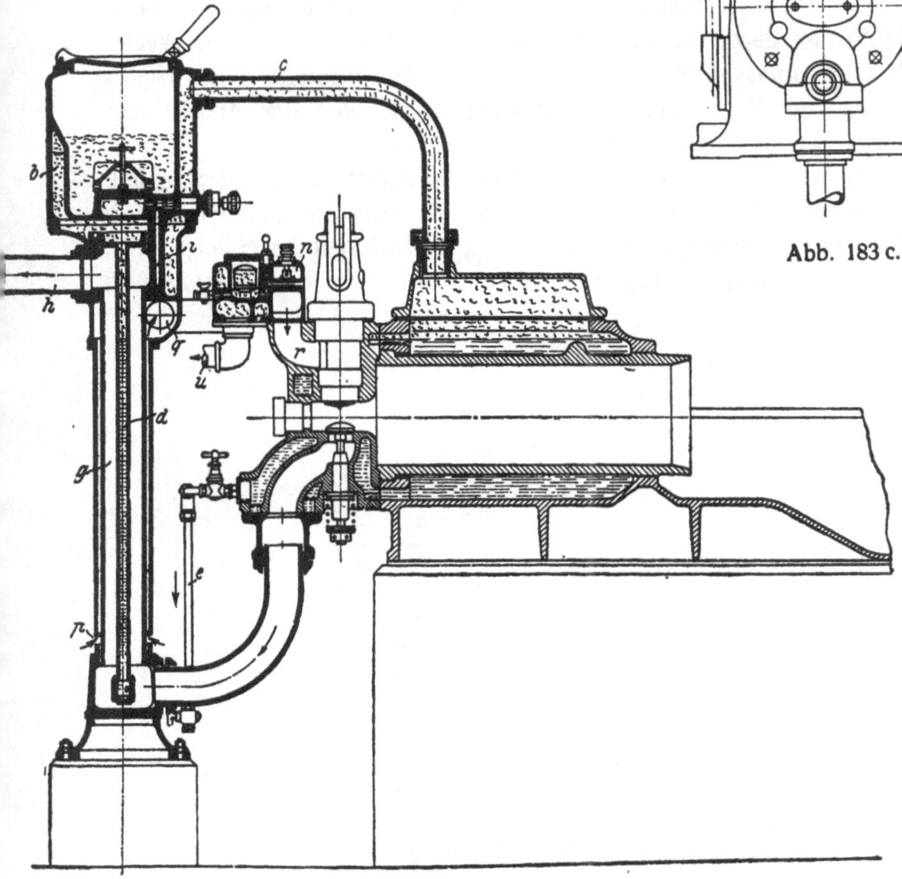

Abb. 183 a.

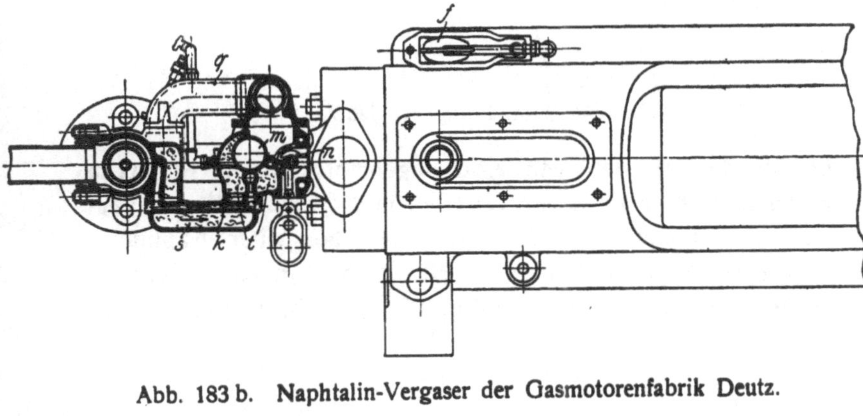

Abb. 183 b. Naphtalin-Vergaser der Gasmotorenfabrik Deutz.

durch Leuchtgas oder Benzol. Für letzteren Fall ist (Abb. 183c) eine besondere Schwimmervorrichtung mit der Zerstäuberdüse v vorgesehen.

Bemerkenswert ist die Lage der Leitung für das flüssige Naphtalin. Dieselbe ist derart an den mit Dampf gefüllten Räumen angebracht, daß beim Anlassen mittels eines anderen Betriebsstoffes ein rasches Verflüssigen des in der Leitung nach Kaltwerden der Anlage fest gewordenen Naphtalins erfolgt.

Bei Anlagen, an welchen eine derartige Anordnung nicht getroffen ist, muß der Motor vor dem Abstellen mit leichtflüssigem Brennstoff laufen, der durch dieselben Leitungen wie das Nachtalin geführt wird, um ein Verstopfen der Leitungen durch Festwerden des Naphtalins zu vermeiden.

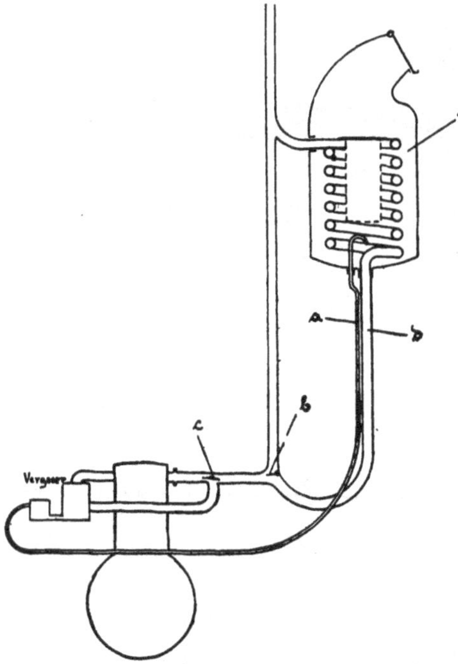

Abb. 184. Einrichtung von Noël.

Auch für den Betrieb von Kraftwagenmotoren mit Naphtalin liegen Versuche vor. So schreibt Heller in der Zeitschrift des Vereins Deutscher Ingenieure in Heft 1, 1914, über einen Naphtalinvergaser von Noël (Abb. 184 und 185), welcher an einer Renault-Droschke mit einem Zweizylindermotor 102 × 120 brauchbare Resultate ergeben haben soll. Die Auspuffgase werden durch eine Rohrschlange d im Schmelzbehälter m um ein mit Naphtalin gefülltes Sieb geführt. Das flüssige Naphtalin fließt durch die Leitung a dem Vergaser zu. Die durch die Rohrschlange d geschickte Menge an Heizgasen wird durch eine Drosselklappe b geregelt, während die dem Vergaser zugeführten Heizgase von der Drossel c beherrscht werden. Der Vergaser selbst ist in Abb. 185 dargestellt. Derselbe ist ein gewöhnlicher Spritzvergaser mit selbsttätiger Zusatzluftzuführung. Das Zusatzluftventil a ist als Kolbenschieber ausgebildet und in seiner

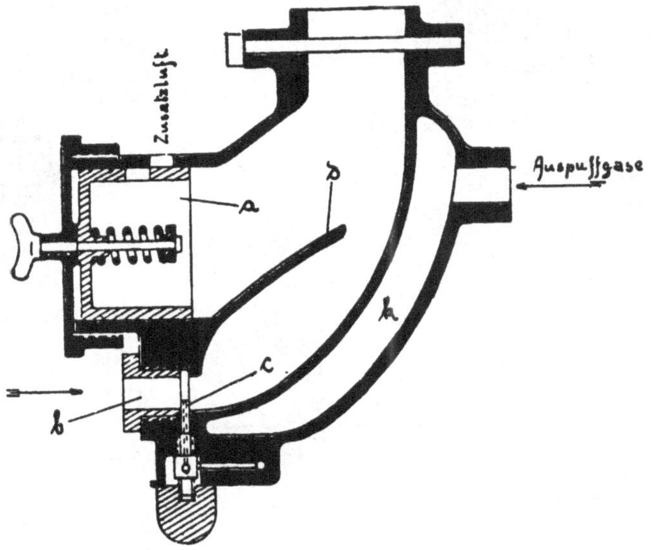

Abb. 185. Naphtalin-Vergaser von Noël.

Lage durch eine Feder beherrscht, deren Spannung von außen her eingestellt werden kann. Durch die Düse b wird Hauptluft angesaugt, welche den aus der Brennstoffdüse c eintretenden Brennstoff zerstäubt. An der Mischkammer befindet sich ein Heizmantel k, durch welchen Auspuffgase geschickt werden. Die zur besseren Verdampfung geheizte Mischkammer ist durch eine Zunge d von der Zusatzluftzuführung getrennt in dem Bestreben, den volumetrischen Wirkungsgrad der Zusatzluft durch starke Heizung derselben nicht zu verschlechtern.

Heller beschreibt am angeführten Orte noch einen Naphtalinvergaser, welcher in Abb. 186 und 187 zu sehen ist. Derselbe wurde bei einem Vierzylindermotor 140 $\times$ 200 einer Schlepplokomotive von

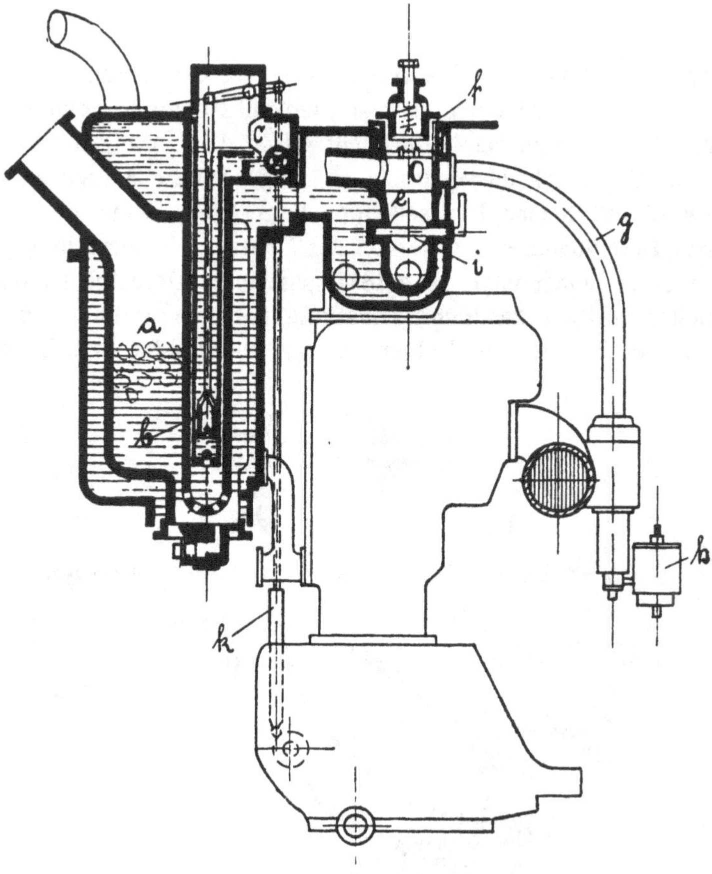

Abb. 186.

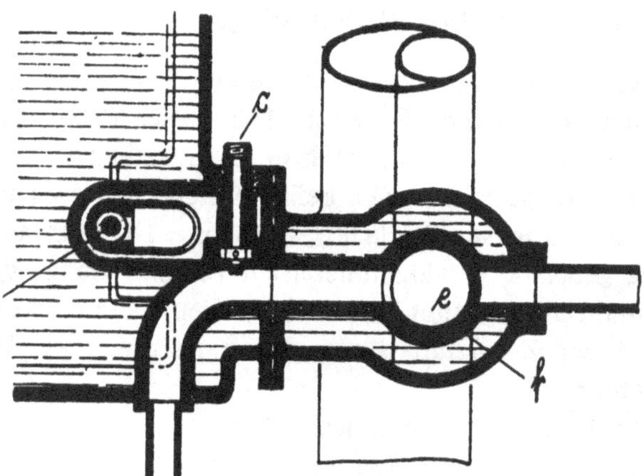

Abb. 187. Naphtalin-Vergaser.

Schneider & Co. angewendet. Die Heizung des Naphtalinbehälters wird hier durch das mit Siedetemperatur aus dem Kühlwassermantel des Motors tretende Kühlwasser bewirkt. Die Führung des Kühlwassers ist in Abb. 188 veranschaulicht. Das im Behälter a verflüssigte Naphtalin wird durch eine von einer Exzenterwelle und Gestänge betätigte Pumpe zu einer Düse c gehoben, welche in geheiztes Luftsaugrohr d mündet. Der Mischraum e, in den ein Zusatzluftventil mündet, kann durch einen Schieber f entweder mit dem Rohr d oder mit dem Ansaugrohr g des zum Anlassen dienenden Vergaser h für Benzin oder Benzol verbunden werden. Der Mischraum e und die Drosselklappe i ist für Anlaß- und Naphtalinbetrieb gemeinsam. Solange die Maschine kalt ist, steht die Pumpe b im Naphtalin fest. Aus diesem Grunde ist in dem Antriebsgestänge k eine Feder eingeschaltet.

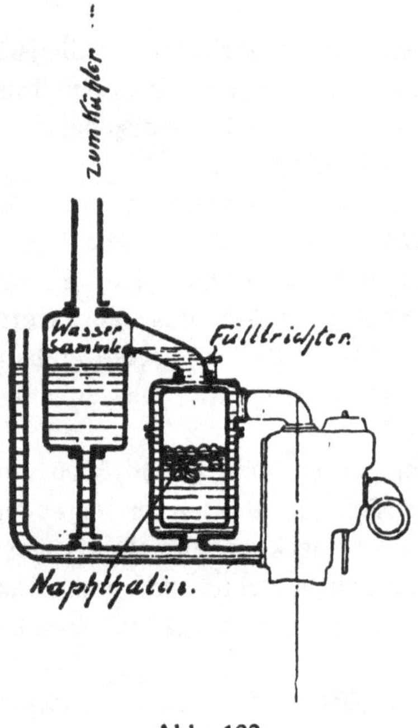

Abb. 188.

In der jetzigen Zeit der allgemeinen Brennstoffknappheit ist zu erwarten, daß der Naphtalinvergaser einer weiteren Entwicklung entgegengeht. Wenn er auch kaum für Personenfahrzeuge wegen des Aktionsradius in Betracht kommt (da der feste Brennstoff räumlich zu hohe Ansprüche stellt), so ist doch die Möglichkeit vorhanden, daß er nicht nur für schwere stationäre Anlagen, sondern auch für Nutzfahrzeuge mit kleinerem Aktionsradius und schnellaufende Lichtmaschinensätze und dergleichen in größerem Maße Verwendung finden wird.

VI. Aus der Praxis.

Bei der Auswahl der Vergaserbauart für einen Verbrennungsmotor sind vor allem die Betriebsverhältnisse, unter denen der Motor Verwendung finden soll, ausschlaggebend, wobei natürlich vorausgesetzt sei, daß der Motor selbst seinem Verwendungszweck vollauf entsprechend gebaut ist.

Die Anforderungen an den Vergaser für den Kraftwagenbetrieb sind die höchsten. Man muß daher bei der Auswahl und beim Einregeln des Kraftwagenvergasers besonders sorgfältig vorgehen.

Zu berücksichtigen sind nachstehende Momente:

a) Rasche und sichere Anpassung des Gasgemisches an die häufig schnell wechselnden Betriebsverhältnisse, d. h. Belastungs- und Geschwindigkeitsänderungen des Fahrbetriebes. Die Praxis nennt diese Anpassungsfähigkeit die „Elastizität" des Vergasers.

Zur Erreichung einer guten Elastizität muß der Vergaser so gebaut sein, daß die zu beschleunigenden Brennstoff- und Luftmassen möglichst gering sind.

Bei raschlaufenden Wagenmotoren, deren Drehzahlen 3000 und mehr in der Minute betragen, machen sich die Massenschwingungen des Gemisches im Vergaser sehr störend bemerkbar, zumal sich diese auf die von den Luft- und Brennstoffmassen bewegten und umspülten Vergaserteile übertragen (Schwimmer, Schwimmernadel, Ventile, selbsttätige Zusatzluftorgane u. dgl.).

Die Massenwirkung, besonders der Brennstoffmenge zwischen Schwimmergehäuse und Düsenmündung, beeinflußt die Elastizität des Vergasers nachteilig, da die rasche Beschleunigung und Verzögerung der bewegten Brennstoffmenge infolge ihrer Trägheit behindert wird und verschleppend auf den Regelvorgang einwirkt.

Ferner ist zu beachten, daß die Reibungswiderstände sowohl für die zugeführten Brennstoff- und Luftmengen, als auch für das fertige Gemisch möglichst gering sind, da die bei plötzlicher Regelwirkung erforderliche Geschwindigkeitsänderung durch den Reibungswiderstand stark behindert wird.

Die Elastizität des Vergasers wird begünstigt durch gute Zerstäubung des Brennstoffes und selbsttätig wirkende, vom Unterdruck in der Gemischkammer beeinflußte Gemischzusammensetzung. Je einfacher die Mittel zur Erreichung des jeweilig richtigen Gemisches sind, um so schneller wird sich der Vergaser den raschen Einwirkungen der Regelung anpassen.

Die Verwendung von Vergasern, die mit Brennstoff-Mischdüsen (Bremsdüsen) oder mehrstufigen Diffusoren arbeiten, wird daher für raschlaufende Wagenmotoren zu empfehlen sein.

Ein wichtiger Faktor für die Wahl des Vergasers ist der bei den praktisch vorkommenden Betriebsdrehzahlen des Wagenmotors in der Mischkammer des Vergasers jeweilig herrschende Unterdruck. Der Unterdruck muß bei der Mindestdrehzahl des Motors, also bei noch zulässiger Überlastung, ausreichen, um den Brennstoff kräftig genug aus der Düse anzusaugen und genügend zu zerstäuben. Bei der Höchstdrehzahl des Motors darf der Unterdruck jedoch nicht übermäßig ansteigen, da infolge der erhöhten Reibungsverluste der volumetrische Lieferungsgrad sinken würde und damit auch die Höchstleistung der Maschine abnehmen müßte. Im allgemeinen wird man über einen Unterdruck von etwa 40 cm Wassersäule nicht hinausgehen.

Je größer der Tourenbereich des Motors ist, um so schwieriger wird es sein, eine ausreichende Elastizität des Vergasers zu erzielen. In solchen Fällen wird es sich empfehlen, Vergaser mit mehreren Registern zu verwenden. Auch die Verwendung mehrstufiger Diffusoren, deren Ejektorwirkung auf die Brennstofflieferung der Düsen bei kleinen Drehzahlen und voller Belastung, also geringem Unterdruck, günstig einwirkt, ist hier angezeigt.

Je geringer die Luftwiderstände im Vergaser sind, desto geringer wird der Unterdruck in der Mischkammer bei hoher Drehzahl des Motors sein. Es werden somit diejenigen Vergaser, welche die Gemischzusammensetzung durch Beeinflussung der Brennstoffzufuhr regeln, günstiger sein und geringere Abmessungen erhalten als Vergaser mit Luftregelung (Zusatzluftvergaser etc.).

b) Zur Erleichterung des Fahrbetriebes eines Kraftwagens wird es erwünscht sein, daß die quantitative Regelung des Gemisches möglichst gleichmäßig erfolgt, d. h. daß die jeweilig von der Vergaserdrossel frei gegebenen Durchgangsquerschnitte möglichst proportional dem Wege des Vergaserhebels oder Pedals zunehmen. Die Wahl des Drosselorganes muß also nach diesem Gesichtspunkte erfolgen.

c) Mit Rücksicht auf die Wirtschaftlichkeit des Fahrbetriebes muß der Vergaser so einreguliert sein, daß der spezifische Brennstoffverbrauch des Motors bei allen vorkommenden Belastungsstufen möglichst gering ist. Es wird sich daher empfehlen, innerhalb des praktischen Tourenbereiches der Maschine die Leistungskurve für Vollast aufzunehmen und gleichzeitig durch Messung des jeweiligen Brennstoffverbrauches die Kurve des spezifischen Verbrauches pro PS und Std. aufzunehmen (vgl. Abb. 189). .

Abb. 189 zeigt z. B. die Kurve a des spezifischen Brennstoffverbrauches, welche für einen Kraftwagenmotor bei Vollbelastung mit

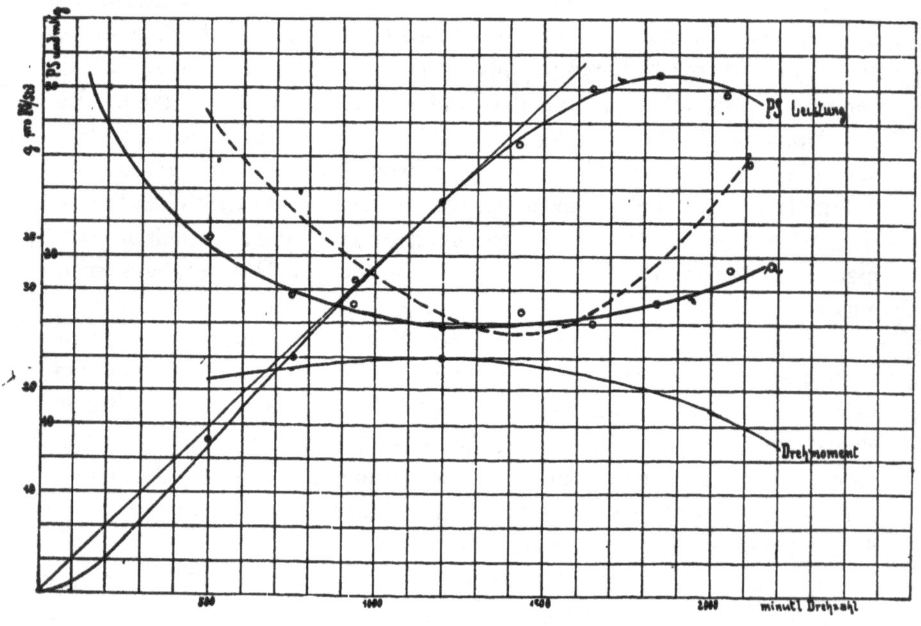

Abb. 189.

Drehzahlen innerhalb von 500 und 2000 Umdrehungen in der Minute anzustreben ist. Die Kurve hat ihr Minimum bei etwa 1200 Umdrehungen und weist hier einen Verbrauch von 280 g pro PS und Stunde auf.

Verläuft der spezifische Brennstoffverbrauch in einer Kurve wie z. B. b, so deutet dies eine schlechte Anpassungsfähigkeit des so eingestellten Vergasers an die wechselnde Belastung an, und der Vergaser wäre nur dort brauchbar, wo der Betrieb bei gleichbleibender

Belastung und der dem Verbrauchsminimum entsprechenden Drehzahl stattfindet.

Hier ist also die Wärmeausnutzung des Brennstoffes am günstigsten. Bei Drehzahlen unter oder über diesem günstigsten Bereich steigt der spezifische Brennstoffverbrauch je nach der Güte des Vergasers allmählich oder rascher an. Je flacher die Verbrauchskurve innerhalb des praktischen Tourenbereiches liegt, um so geeigneter erscheint der Vergaser für den Wagenbetrieb.

Für die Wirtschaftlichkeit des Fahrbetriebes ist aber nicht nur die Güte der Gemischbildung bei Vollast und verschiedenen Drehzahlen maßgebend, sondern auch bei den verschiedenen Drosselstellungen, also ¼, ½, ¾ Belastung. Es wird also für die Wertung des Vergasers besonders wichtig sein, den Brennstoffverbrauch im praktischen Fahrbetriebe für eine bestimmte zurückgelegte Fahrstrecke genau zu messen und auf den beförderten Tonnenkilometer zu beziehen.

Die Abnahmeprüfungen für Wagenmotoren gehen bezüglich der Einregelung der Vergaser meistens darauf hinaus, die Höchstleistung aus der Maschine herauszuholen, und vernachlässigen leider das Verhalten des Vergasers bei den übrigen Belastungsstufen, woraus sich erklärt, daß der Brennstoffverbrauch im praktischen Betriebe meist weit höher ist, als er nach dem heutigen Stande der Vergasertechnik sein dürfte.

Andererseits zwingen die Rücksichten auf den elastischen Vergaserbetrieb und seine Anpassungsfähigkeit an die oft wechselnden Brennstoffe und an die verschiedenen Witterungseinflüsse etc. zu Kompromissen, die es mit sich bringen, daß man bei guten Kraftwagenmotoren immer noch Brennstoffverbrauchszahlen von 260 bis 300 g (bei schlechten Brennstoffen bis 320 g) per PS u. Std. bei Vollast und der dem voll ausgefahrenen Wagen entsprechenden Motordrehzahl vorfindet.

d) Der Kraftwagenvergaser muß eine Leerlauf-Mindestdrehzahl des Motors von 150 bis 200 Umdr. i. d. Min. ermöglichen und leichtes und sicheres Anspringen beim Anwerfen des Motors gewährleisten.

Aus diesem Grunde wird man Vergasern den Vorzug geben, welche mit einer besonderen Leerlaufvorrichtung versehen sind.

e) Entsprechend den Betriebsverhältnissen müssen alle Organe des Kraftwagenvergasers gegen Neigungen, Stöße und dauernde Erschütterungen, sowie Witterungseinflüsse unempfindlich sein. Dies gilt besonders für die Schwimmervorrichtung und die Regelungsorgane (z. B. Zusatzluftventile, Absperrventile etc.), welche in dieser Hinsicht häufig zu Anständen Anlaß geben. Ventilvergaser eignen sich wegen ihrer Empfindlichkeit gegen Erschütterungen nicht gut für den Kraftwagenbetrieb.

f) Mit Rücksicht auf die beim Befahren von Steigungen sich ergebende Schräglage des Motors ist es empfehlenswert, das Schwimmergehäuse in bezug auf die Mischkammer und Mischdüse in die Richtung quer zur Längsachse des Motors zu verlegen oder noch besser konzentrisch um die Mischkammer anzuordnen. Ist eine solche Anordnung nicht möglich, so liegt das Schwimmergehäuse stets besser in der Fahrtrichtung vor der Mischkammer, wobei der Zutritt des Brennstoffes zur Mischdüse beim Befahren steiler Steigungen begünstigt wird.

g) Wegen der atmosphärischen Einflüsse ist es nötig, alle beweglichen Teile des Vergasers, wie z. B. als Kolben- oder Drehschieber ausgebildete Regelorgane, aus wetterbeständigem Material (Rotguß, Messing oder Kupfer) herzustellen. Ebenso müssen alle Vergaserteile, die vom Brennstoff dauernd benetzt werden, aus widerstandsfähigem Material hergestellt sein. Empfindliche Regelorgane, für deren Verstellung nur geringe Kräfte (Unterdruck) zur Verfügung stehen und die durch den Einfluß der Atmosphäre leicht oxydieren und dann hängen bleiben können, sind somit nicht brauchbar.

h) Um auch den großen Temperaturunterschieden bei wechselnder Jahreszeit Rechnung tragen zu können, sollen bei einem Kraftwagenvergaser Vorkehrungen getroffen sein, welche ein regulierbares Vorwärmen der Vergaserluft nach Bedarf gestatten.

i) Wichtig ist ferner beim Kraftwagenvergaser die gewährleistete Sicherheit gegen Vergaserbrände. Es muß daher die Schwimmervorrichtung auch bei Erschütterungen einwandfrei arbeiten. Dem Eintreten von Fremdkörpern in den Sitz der Schwimmernadel muß, um ein Überlaufen zu verhindern, durch Vorschalten eines Brennstoffreinigers vorgebeugt werden. Wesentlich ist es auch, den Vergaser so auszubilden, daß ein Zurückprallen des in der Mischkammer gebildeten Gemischnebels infolge der Schwingungen der Gemischsäule nach außen hin verhindert wird. Dies geschieht durch Anordnung einer entsprechend ausgebildeten Beruhigungskammer. Der andernfalls austretende Gemischnebel schlägt unter der Motorhaube nieder und kann zu Bränden leicht Anlaß geben. Regelorgane für die Brennstoffzufuhr, welche auf Erschütterungen reagieren, sind zu vermeiden, da sonst ein Überlaufen des Vergasers stattfindet. Ein von der tiefsten Stelle des Vergasers nach außen führendes Überlaufrohr ist in allen Fällen, wo ein Abtropfen von Brennstoff zu befürchten ist, empfehlenswert.

Bei Motorpflügen und sonstigen Bodenbearbeitungsmaschinen gelten im allgemeinen bei Wahl der Vergaser dieselben Richtlinien wie bei Kraftwagen. Da es sich hierbei meist um schwer gebaute und langsamlaufende (600 bis 1200 Umdrehungen in der Minute) Motoren handelt, die größtenteils unter Vollbelastung mit gleichbleibender Drehzahl arbeiten, kommt es hier weniger auf eine große Anpassungsfähigkeit an Drehzahlwechsel an, vielmehr ist besonderer Wert auf die Wirtschaftlichkeit des Betriebes zu legen. Beim Einregulieren des Vergasers wird die, vielfach durch einen Drosselregler sowieso festgelegte, Betriebsdrehzahl zugrunde gelegt und die Düsen für den günstigsten Brennstoffverbrauch bei voller Last bestimmt. Wesentlich ist es, daß die vom Vergaser angesaugte Luft wegen der starken Staubentwicklung beim Betrieb durch einen entsprechend ausgebildeten Luftreiniger geführt und gereinigt wird.

Bei Motoren, die mit einem Drosselregler arbeiten, ist es für das Anwerfen notwendig, ein Gestänge vorzusehen, mittels dessen die Drosselklappe beim Anwerfen von Hand aus auf Leerlauf gestellt werden kann.

Die Motoren für Motorboote und ortsfeste Kraftanlagen werden in der Regel für eine bestimmte Drehzahl und Belastung eingestellt. An den Vergaser werden somit in bezug auf Elastizität keine hohen Anforderungen gestellt, und es ist vor allem die Sparsamkeit im Betriebsstoffverbrauch ausschlaggebend. — Man begnügt sich aus diesem Grunde mit einfacheren und billigeren Vergaserkonstruktionen.

Bei den Vergasern für Bootsmotoren ist mit Rücksicht auf das seitliche Schwanken des Bootes der Schwimmer entweder konzentrisch zur Mischkammer und Düse anzubringen oder bei seitlicher Anordnung so zu legen, daß er mit der Mischkammer parallel zur Längsachse des Motors liegt.

Von den besonderen Anforderungen, welche an Flugzeugvergaser gestellt werden, ist bereits im Kapitel IV gesprochen.

Sach-Register.

M. KRAYN, Verlagsbuchhandlung f. technische Literatur, **BERLIN W10**

Automobiltechnische Bibliothek

Die Automobiltechnische Bibliothek behandelt die Automobiltechnik in wissenschaftlichen Einzeldarstellungen. Jeder Band bildet ein für sich abgeschlossenes Werk und ist von einem namhaften Fachschriftsteller verfaßt.

Band I Der Automobilmotor und seine Konstruktion

Von **W. Pfitzner,** weil. Dipl.-Ing. und **R. Urtel,** Dipl.-Ing. Dritte neu bearbeitete und erweiterte Auflage von Diplom-Ingenieur **A. G. von Loewe.** 312 Seiten Text. Mit 104 Abbildungen. Preis geheftet Mk. 200.—, gebunden Mk. 250.—.

Inhalts-Uebersicht:

I. Ueberblick über die Entwickelung des Automobilbaues.
II. Leitende Gesichtspunkte f.d.Konstruktion.
- A. Erschütterungen u. Deformationen.
- B. Gewicht.
- C. Betrieb und Bedienung.
- D. Einfachheit.
- E. Reparaturmöglichkeit
- F. Massenfabrikation.
- G. Geräuschlosigkeit.

III. Die Materialien.
IV. Hauptabmessungen.
- A. Leistungsbedarf.
- B. Zylinderzahl und -Einheit.
- C. Ausnützung des Raumes: Beziehungen zwischen Nutzleistung und Hubvolumen.
- D. Ausnützung der Brennstoffenergie Verhältnis von Kolbenhub zum Zylinderdurchmesser.

V. Konstruktive Ausbildung des Motors.
- A. Der Zylinder.
- B. Das Triebwerk.
- C. Die Schmierung.
- D. Steuerungen.
- E. Rohrleitungen.
- F. Das Kurbelgehäuse.
- G. Blockkonstruktionen.

Die freien Massenkräfte der Automobilmotoren in graphischer Darstellung.
- Größe der Massenkräfte.
- Der Massenausgleich.
- Betrachtungen der einzelnen Motorarten.

Band V Der Konstruktionsstahl und seine Mikrostruktur

unter besonderer Berücksichtigung des modernen Automobilstahls. Mit einem Anhang: Mikrographische Untersuchungen über die Gefügebestandteile von abgeschrecktem Stahl. Von **A. Haenig,** Ingenieur. Mit 360 Abbildungen (382 Seit. Umfang). Preis broschiert Mk. 250.—. Gebunden Mk. 300.—. Inhaltsübersicht: A. Allgemeiner Teil. B. Die für den Automobilbau in Betracht kommenden Spezialstahle. C. Die praktische Metallmikroskopie.

Band VI Das Fahrgestell von Gaskraftwagen

Von Dr.-Ing. **R. Lutz,** Professor der Techn. Hochschule Trondhjem in Norwegen. Drei Teile: Teil I mit 147 Abbildungen. (202 Seiten Umfang.) Preis brosch. Mk. 100.—, geb. Mk. 150.—.

Inhalts-Uebersicht:

Abriß der Arbeitsübertragung: Wechselgetriebe — Ausgleichgetriebe — Gesamtaufbau der Arbeitsübertragung.

Die Unebenheiten der Fahrbahn: Achsbewegungen gegen den Wagenrahmen — Achsantrieb Achsabstützung — Die durch Wegunebenheiten hervorgerufenen Massenkräfte im Triebwerk — Formänderungen des Rahmens.

Beziehungen des Fahrgestells zu Wagenkasten.